U0265426

中国航天技术进展丛书

吴燕生　总主编

空地导弹制导控制系统设计（下）

王明光　著

中国宇航出版社

·北京·

目　录

第 11 章　现代控制理论在姿控回路中的应用

11.1　引言

第 7 章至第 9 章已详细介绍了基于经典控制理论的姿态控制回路设计方法（以下简称"基于经典控制理论设计方法"），此方法基于被控对象为传递函数，已形成完善的控制理论设计及分析方法，运用根轨迹法、nyqusit 曲线或 bode 图等设计工具设计姿控回路，适用于单输入-单输出系统。对于绝大多数制导武器（特别是对于气动外形较为简单，滚动-偏航之间气动耦合不严重的导弹）的姿态控制回路设计问题来讲，基于经典控制理论的设计方法可以设计出满足控制性能指标的控制回路，但对于某一些性能指标很高的姿态控制回路而言，基于经典控制理论的设计方法显得有些力不从心，其主要表现为：

1）基于经典控制理论设计方法适用于单输入-单输出系统，对于强非线性的多输入-多输出时变系统而言，需要对其进行大幅的简化处理，特别是忽略各通道之间的耦合作用，在工程上常碰见如下情况：基于单点特征值调试得到的控制回路具有很好的控制品质及较强的鲁棒性，而在整个飞行弹道条件下控制系统的控制品质较差；

2）对于某一些气动耦合较为严重、气动特性随飞行状态严重非线性变化的制导武器，基于经典控制理论设计方法很难设计出高品质的控制回路；

3）基于经典控制理论设计方法大多属于"试凑"法，所设计姿控回路的性能和鲁棒性取决于设计者的水平和经验，对于较为复杂的控制系统设计，设计者常需要不停地更换控制回路结构或调试各种控制参数，这一方面需要花费很长的时间，另一方面所设计的控制回路有可能性能较差或鲁棒性较差。

由于战术指标的提高，随之对控制系统的性能提出了越来越高的要求，控制系统也越来越复杂，各通道之间的耦合关联也越来越强，采用基于经典控制理论的控制系统设计方法越来越吃力。随着计算机技术的快速发展，20 世纪 60 年代发展起来的现代控制理论也得以迅速发展并应用于工程设计。现代控制理论非常丰富，包括线性系统理论、系统辨识、最优估计、最优控制、自适应控制等，其特点是基于状态空间，适用于弹载计算机计算。为了方便读者较快对现代控制理论应用于飞行控制设计有所认识，下面简单地介绍现代控制理论和经典控制理论之间的区别。

现代控制理论并不是经典控制理论的发展和继承，而是基于状态空间法发展起来的全新理论，两者之间既有联系，又有本质的区别，两者在研究对象、研究方法、数学建模和应用领域等方面存在差异，具体解释如下：

1）基于经典控制理论设计方法基于频域设计，适用于被控对象较为简单，单输入-单输出的线性定常系统；而基于现代控制理论设计方法基于时域设计，不仅可利用输入和输出信息，还可以利用系统的中间变量——状态变量信息，适用于多输入-多输出系统，系统可以是线性或非线性的，可以是定常或非定常的；

2）经典控制理论主要采用常微分方程和传递函数，仅描述了系统的输入和输出之间的关系，忽略了系统内部状态的变化。而现代控制理论的数学模型是基于状态空间表达式或状态变量图来描述的，用状态量描述系统内部的变化。从这一点来看，可将经典控制看成现代控制的一个特例，在理论上，基于现代控制理论设计控制系统，其利用信息更多，可以设计出性能更佳的控制系统；

3）通常情况下，基于经典控制理论设计方法大多采用"试凑"法，较难得到最优解，基于现代控制理论设计方法可根据给定的性能指标设计最优控制，可设计某种意义上性能最佳的控制系统（值得注意的是，在多数情况下，基于某种理论上的性能最佳并不具备多大的工程意义）；

4）基于经典控制理论设计回路基于完善的裕度分析方法，可以给出控制系统的裕度，进而判断控制系统的时域和频域性能指标；而基于现代控制理论设计回路不能直接得到控制系统的裕度，在投入使用之前需要理论分析其裕度或进行大量的仿真试验。

11.2　状态方程和被控对象

基于经典控制理论设计方法是针对被控对象模型为传递函数，即需要对时域里的一组微分方程组进行拉氏变换，生成复频域中的模型。而现代控制理论设计方法在本质上属于时域分析方法，下面以第 2 章介绍的纵向通道弹体模型为例说明基于现代控制理论设计方法所需建立的被控对象模型及空间状态方程。

弹体在惯性空间的运动是非线性时变的，姿控回路设计采用的模型是基于小扰动方程建立的一组线性微分方程，如下所示（具体见第 2 章内容）

$$\begin{cases} \dfrac{\mathrm{d}\Delta V}{\mathrm{d}t} = a_{11}\Delta V + a_{13}\Delta\theta + a_{14}\Delta\alpha + a_{16}F_{gx} \\[2mm] \dfrac{\mathrm{d}\Delta\omega_z}{\mathrm{d}t} = a_{21}\Delta V + a_{22}\Delta\omega_z + a_{24}\Delta\alpha + a'_{24}\dfrac{\mathrm{d}\Delta\alpha}{\mathrm{d}t} + a_{25}\Delta\delta_z + a_{26}M_{gx} \\[2mm] \dfrac{\mathrm{d}\Delta\alpha}{\mathrm{d}t} = -a_{31}\Delta V + \Delta\omega_z - (a_{34} - a_{33})\Delta\alpha - a_{33}\Delta\vartheta - a_{35}\Delta\delta_z - a_{36}F_{gy} \\[2mm] \dfrac{\mathrm{d}\Delta\vartheta}{\mathrm{d}t} = \Delta\omega_z \end{cases}$$

用向量矩阵方程可表示为

$$
\begin{bmatrix}
\dfrac{\mathrm{d}\Delta V}{\mathrm{d}t} \\[2mm]
\dfrac{\mathrm{d}\Delta \omega_z}{\mathrm{d}t} \\[2mm]
\dfrac{\mathrm{d}\Delta \alpha}{\mathrm{d}t} \\[2mm]
\dfrac{\mathrm{d}\Delta \vartheta}{\mathrm{d}t}
\end{bmatrix}
=
\begin{bmatrix}
a_{11} & 0 & a_{14}-a_{13} & a_{13} \\
a_{21} & a_{22} & a_{24} & 0 \\
-a_{31} & 1 & -a_{34}+a_{33} & -a_{33} \\
0 & 1 & 0 & 0
\end{bmatrix}
\begin{bmatrix}
\Delta V \\
\Delta \omega_z \\
\Delta \alpha \\
\Delta \vartheta
\end{bmatrix}
+
\begin{bmatrix}
0 \\
a_{25} \\
-a_{35} \\
0
\end{bmatrix}
\Delta \delta_z
+
\begin{bmatrix}
a_{16}F_{gx} \\
a_{26}M_{gx} \\
-a_{36}F_{gy} \\
0
\end{bmatrix}
$$

$$(11-1)$$

令 $\Delta V=x_1$，$\Delta \omega_z=x_2$，$\Delta \alpha=x_3$，$\Delta \vartheta=x_4$，$\Delta \delta_z=u$，则 $\boldsymbol{x}=[x_1，x_2，x_3，x_4]^{\mathrm{T}}=$ $[\Delta V，\Delta \omega_z，\Delta \alpha，\Delta \vartheta]^{\mathrm{T}}$ 可表征弹体的纵向运动，即为能完整确定纵向运动的一组最小状态量，定义为状态变量，以状态变量为元组成的向量称为状态向量，以状态变量为坐标轴组成的 n 维空间为状态空间。

忽略干扰量，将一阶微分方程组（11-1）写成如下通用的格式

$$
\begin{cases}
\dot{\boldsymbol{x}}=\boldsymbol{A}\boldsymbol{x}+\boldsymbol{B}\boldsymbol{u} \\
\boldsymbol{y}=\boldsymbol{C}\boldsymbol{x}+\boldsymbol{D}\boldsymbol{u}
\end{cases}
\tag{11-2}
$$

其中方程组第一式为状态方程，第二式为输出方程，其中 $\boldsymbol{x}$，$\boldsymbol{u}$ 和 $\boldsymbol{y}$ 分别为状态向量、控制变量和输出变量，定义如下

$$
\boldsymbol{x}(t)=
\begin{bmatrix}
x_1(t) \\
x_2(t) \\
\cdots \\
x_n(t)
\end{bmatrix}，
\boldsymbol{u}(t)=
\begin{bmatrix}
u_1(t) \\
u_2(t) \\
\cdots \\
u_r(t)
\end{bmatrix}，
\boldsymbol{y}(t)=
\begin{bmatrix}
y_1(t) \\
y_2(t) \\
\cdots \\
y_m(t)
\end{bmatrix}
$$

其中 $\boldsymbol{A}$ 为状态矩阵，为 $n\times n$ 维，$\boldsymbol{B}$ 为控制矩阵，为 $n\times r$ 维，$\boldsymbol{C}$ 为输出矩阵，为 $m\times n$ 维，$\boldsymbol{D}$ 为输出控制矩阵，为 $m\times r$ 维，此四者可写成如下矩阵的形式

$$
\boldsymbol{A}=
\begin{bmatrix}
a_{11} & a_{12} & \cdots & a_{1n} \\
a_{21} & a_{22} & \cdots & a_{2n} \\
\vdots & \vdots & \vdots & \vdots \\
a_{n1} & a_{n2} & \cdots & a_{nn}
\end{bmatrix}，
\boldsymbol{B}=
\begin{bmatrix}
b_{11} & b_{12} & \cdots & b_{1r} \\
b_{21} & b_{22} & \cdots & b_{2r} \\
\vdots & \vdots & \vdots & \vdots \\
b_{n1} & b_{n2} & \cdots & b_{nr}
\end{bmatrix}
$$

$$
\boldsymbol{C}=
\begin{bmatrix}
c_{11} & c_{12} & \cdots & c_{1n} \\
c_{21} & c_{22} & \cdots & c_{2n} \\
\vdots & \vdots & \vdots & \vdots \\
c_{m1} & c_{m2} & \cdots & c_{mn}
\end{bmatrix}，
\boldsymbol{D}=
\begin{bmatrix}
d_{11} & d_{12} & \cdots & d_{1r} \\
d_{21} & d_{22} & \cdots & d_{2r} \\
\vdots & \vdots & \vdots & \vdots \\
d_{m1} & d_{m2} & \cdots & d_{mr}
\end{bmatrix}
$$

11.3　输出反馈和状态反馈

基于经典控制理论设计方法是依据描述被控对象输入-输出之间关系的传递函数来设计控制器，采用被控对象输出量作为反馈信号；而基于现代控制理论设计方法，则依据描

述被控对象的状态方程来设计控制器，采用被控对象的状态量反馈对控制系统进行综合设计。

11.3.1　输出反馈

输出反馈是采用输出矢量 y 构成线性反馈律，在经典控制理论中主要采用这种反馈形式。多输入-多输出系统输出反馈的结构示意图如图 11-1 所示，其中 v 为 $r \times 1$ 维参考输入向量，H 为 $r \times m$ 维输出反馈增益阵，对单输出系统，H 为 $1 \times m$ 维列矢量。

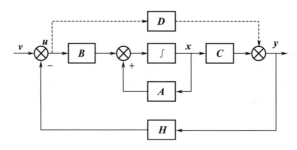

图 11-1　输出反馈结构图

假设所需设计控制系统的被控对象状态方程如式（11-3）所示

$$\begin{cases} \dot{x} = Ax + Bu \\ y = Cx + Du \end{cases} \tag{11-3}$$

式中 $x \in \mathbf{R}^n$，$u \in \mathbf{R}^r$，$y \in \mathbf{R}^m$，通常情况下，$D = 0$，则被控对象可简化为

$$\begin{cases} \dot{x} = Ax + Bu \\ y = Cx \end{cases} \tag{11-4}$$

简记为 $\boldsymbol{\Sigma}_0 = (A, B, C)$。

利用拉氏变换，可得被控对象的传递函数为

$$G_0(s) = C(sI - A)^{-1}B \tag{11-5}$$

输出反馈控制律为

$$u = -Hy + v = -HCx + v \tag{11-6}$$

将式（11-6）代入式（11-4），可得闭环系统状态空间表达式

$$\begin{cases} \dot{x} = (A - BHC)x + Bv \\ y = Cx \end{cases} \tag{11-7}$$

简记为 $\boldsymbol{\Sigma}_H = (A - BHC, B, C)$。

增加输出反馈后，闭环系统的传递函数为

$$G_H(s) = C[sI - (A - BHC)]^{-1}B \tag{11-8}$$

比较开环系统 $\boldsymbol{\Sigma}_0 = (A, B, C)$ 与闭环系统 $\boldsymbol{\Sigma}_H = (A - BHC, B, C)$ 可见，输出反馈阵 H 的引入，并不增加系统的维数，但可通过 H 的选择改变闭环系统的特征根（值得注意的是，在理论上，当 $r < n$ 时，通过调整 H 并不能任意配置闭环系统的特征根），从而在一定程度上改变控制系统的特性。

可以推导得到，输出反馈传递函数与被控对象传递函数之间的关系

$$G_H(s) = \frac{G_0(s)}{I - HG_0(s)}$$

在工程上，如果被控对象为零型系统，输出反馈后，闭环系统在低频段的增益不是 1，即系统在阶跃响应下存在稳态误差，则需要对参考输入进行补偿或者在被控对象前串联一个控制器。

（1）参考输入补偿

对参考输入进行补偿的原理如图 11-2 所示，主要在参考输入端增加参考输入增益 L（也称为输入增益因子），其目的是对参考输入进行补偿，以使反馈后闭环系统的低频段增益为 1。

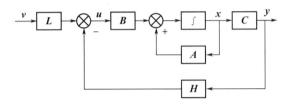

图 11-2　带参考输入增益的输出反馈结构图

增加增益因子后，闭环系统的传递函数为

$$G_H(s) = C \ [sI - (A - BHC)]^{-1} LB$$

通过调节增益因子 L 的大小，即可使 $G_H(s)$ 在低频段的增益为 1，从而使响应趋于输入指令。

增加增益因子后系统的维数并不增加，这是参考输入补偿方案的优点，当系统状态矩阵和控制矩阵的参数确定时，可优先采用此方案。

（2）串联控制器

在被控对象前串联一个控制器主要用于改变闭环系统的阶数，以调整闭环系统在低频段的增益，对于零型被控对象，常需串联一个积分控制器（一般情况下为 PI 控制器或 PID 控制器等），其控制结构如图 11-3 所示。

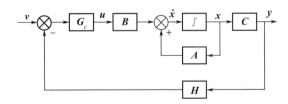

图 11-3　带串联控制器的输出反馈结构图

假设控制器传递函数为 G_c，则闭环系统的传递函数为

$$G_H(s) = C \ [sI - (A - G_c BHC)]^{-1} G_c B$$

通过调整控制器传递函数 G_c，即可使 $G_H(s)$ 在低频段的增益为 1，从而使响应趋于输入指令。

串联控制器后系统的维数则可能增加，在第 8 章和第 9 章介绍的经典控制都可以看成是此方案的一个特例，此方案的一个突出优点是允许系统模型存在一定的结构不确定性及参数不确定性。

11.3.2 状态反馈

状态反馈是将系统的状态变量乘以相应的反馈系数反馈到输入端并与参考输入做差形成控制律，如图 11-4 所示。

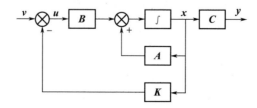

图 11-4 状态反馈结构图

状态反馈控制律 $\boldsymbol{u}$ 为

$$u = -\boldsymbol{K}\boldsymbol{x} + \boldsymbol{v} \tag{11-9}$$

其中 $\boldsymbol{v}$ 为 $r \times 1$ 维参考输入，$\boldsymbol{K}$ 为 $r \times n$ 维状态反馈增益阵，对单输出系统，$\boldsymbol{K}$ 为 $1 \times n$ 维行向量。

将式（11-9）代入式（11-4），整理可得状态反馈闭环系统的状态空间表达式

$$\begin{cases} \dot{\boldsymbol{x}} = (\boldsymbol{A} - \boldsymbol{B}\boldsymbol{K})\boldsymbol{x} + \boldsymbol{B}\boldsymbol{v} \\ \boldsymbol{y} = \boldsymbol{C}\boldsymbol{x} \end{cases} \tag{11-10}$$

简记为 $\boldsymbol{\Sigma}_K = (\boldsymbol{A} - \boldsymbol{B}\boldsymbol{K}, \ \boldsymbol{B}, \ \boldsymbol{C})$。

增加状态反馈的闭环系统其传递函数为

$$G_K(s) = \boldsymbol{C} \left[s\boldsymbol{I} - (\boldsymbol{A} - \boldsymbol{B}\boldsymbol{K}) \right]^{-1} \boldsymbol{B} \tag{11-11}$$

比较开环系统 $\boldsymbol{\Sigma}_0 = (\boldsymbol{A}, \ \boldsymbol{B}, \ \boldsymbol{C})$ 与闭环系统 $\boldsymbol{\Sigma}_K = (\boldsymbol{A} - \boldsymbol{B}\boldsymbol{K}, \ \boldsymbol{B}, \ \boldsymbol{C})$ 可知：在理论上，状态反馈阵 $\boldsymbol{K}$ 的引入，并不增加系统的维数，但通过 $\boldsymbol{K}$ 的调节可任意地配置闭环系统的特征值，从而可在任意程度上改变控制系统的特性，以获得所需的性能。值得注意的是：在工程应用中，其实并不能任意改变系统的特征值，毕竟不同 $\boldsymbol{K}$ 对应着不同的控制裕度，设计时还需重点考虑控制系统的稳定性、准确性及快速性。

由于状态反馈不改变系统的阶数，如果被控对象为零型系统，其闭环系统在低频段的增益不为 1，即仅凭状态反馈，闭环控制系统往往存在稳态静差，故需要对参考输入进行增益补偿，如图 11-5 所示。

图中 $\boldsymbol{L}$ 为 $r \times 1$ 维参考输入增益，对单输入系统，$\boldsymbol{L}$ 为 1×1 维输入增益系数。

对于单输入-单输出系统，当状态反馈后，其闭环系统 $\boldsymbol{\Sigma}_K = (\boldsymbol{A} - \boldsymbol{B}\boldsymbol{K}, \ \boldsymbol{B}, \ \boldsymbol{C})$ 的传递函数为

$$G_K(s) = \frac{b_1 s^{n-1} + \cdots + b_{n-1} s + b_n}{s^n + a_1 s^{n-1} + \cdots + a_{n-1} s + a_n}$$

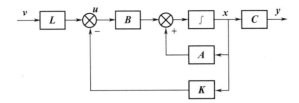

图 11 - 5　带参考输入增益的状态反馈结构图

则增加参考输入增益之后，其闭环系统 $\Sigma_{KL} = (A - BK，BL，C)$ 的传递函数为

$$G_K^L(s) = \frac{L(b_1 s^{n-1} + \cdots + b_{n-1} s + b_n)}{s^n + a_1 s^{n-1} + \cdots + a_{n-1} s + a_n}$$

令 $L = \dfrac{a_n}{b_n}$ 即可使闭环系统 $\Sigma_{KL} = (A - BK，BL，C)$ 在低频段的增益为 1，从而使响应趋于输入指令。

比较输出反馈和状态反馈的闭环控制系统，可以看出：

1）除了输出反馈串联校正控制器之外，两种反馈不引入新的状态变量，即闭环系统和被控对象具有相同的阶数；

2）输出反馈中的 HC 与状态反馈中的 K 相当，由于 $m < n$，所以 H 可供选择的自由度比 K 小，因而输出反馈相当于"部分状态反馈"的状态反馈，可将输出反馈视为状态反馈的一个特例，只有当 $C = I$，$HC = K$ 时，输出反馈才等同于状态反馈；

3）输出反馈由于反馈信息有限，在理论上不能任意将闭环极点配置至理想的位置，即其综合性能有可能较差；

4）在工程实现方面，一般输出量可测，故输出反馈在技术上容易实现，而状态反馈需要状态量可测，这为工程实现增加了较大的难度，需要增加量测设备（很多状态量较难采用相应的量测设备测量到），其一增加了成本，其二增加了系统的复杂度，随着技术的发展，目前也开发出各种状态观测器对状态量进行观察，可实现状态反馈；

5）状态反馈在理论上看起来很完美，可以通过状态反馈将系统极点配置至期望的位置，即可获得性能优良的控制系统，但是具体应用于工程时，实用的状态控制器通常只能依据系统的输出、输入和少量可测量的状态变量，这样就不能实现极点的任意配置，影响了控制的效果；

6）值得指出的是，在本节所讨论的输出反馈和状态反馈并没将控制系统执行机构的特性考虑在内，而执行机构的响应延迟特性（定义为执行机构响应与指令之间的时间差）在较大程度上影响控制系统的性能，故设计控制系统时，需要考虑执行机构的特性。

经典控制以输出反馈为主，如第 8 章和第 9 章介绍的姿控回路都属于串联控制器的输出反馈控制。现代控制主要以状态反馈为主，但实现状态反馈的前提条件是状态量在物理上是可测的，如果状态量不可测，则需重构状态量。

11.3.3　单输入系统的极点配置方法

众所周知，线性系统的特性在很大程度上取决于系统的极点位置，故在理论上，希望通过状态反馈将闭环系统的极点配置至一组期望的极点，这就是极点配置问题。

通过状态反馈矩阵 K 的选择，可将闭环系统 $\boldsymbol{\Sigma}_K = (\boldsymbol{A} - \boldsymbol{BK}, \boldsymbol{B}, \boldsymbol{C})$ 的极点，即状态反馈后的特征矩阵 $\boldsymbol{A} - \boldsymbol{BK}$ 的特征值配置至一组期望的极点。

下面简单地介绍能控标准型的单输入系统的极点配置。

假设某一单输入系统 $\boldsymbol{\Sigma}_0 = (\boldsymbol{A}, \boldsymbol{b}, \boldsymbol{c})$ 为能控标准型，即 $\boldsymbol{A}$、$\boldsymbol{b}$ 和 $\boldsymbol{c}$ 表示如下

$$\boldsymbol{A} = \begin{bmatrix} 0 & 1 & 0 & 0 \\ \vdots & \vdots & \ddots & 0 \\ 0 & 0 & 0 & 1 \\ -a_n & -a_{n-1} & \cdots & -a_1 \end{bmatrix}, \boldsymbol{b} = \begin{bmatrix} 0 \\ \vdots \\ 0 \\ 1 \end{bmatrix}, \boldsymbol{c} = \begin{bmatrix} b_n \\ \vdots \\ b_2 \\ b_1 \end{bmatrix}$$

其传递函数为

$$G_0(s) = \frac{b_1 s^{n-1} + b_2 s^{n-w} + \cdots + b_{n-1} s + b_n}{s^n + a_1 s^{n-1} + \cdots + a_{n-1} s + a_n}$$

设状态反馈矩阵为 $\boldsymbol{K} = \begin{bmatrix} k_n & k_{n-1} & \cdots & k_1 \end{bmatrix}$，则状态反馈后特征矩阵

$$\boldsymbol{A} - \boldsymbol{bK} = \begin{bmatrix} 0 & 1 & 0 & 0 \\ \vdots & \vdots & \ddots & 0 \\ 0 & 0 & 0 & 1 \\ -(a_n + k_n) & -(a_{n-1} + k_{n-1}) & \cdots & -(a_1 + k_1) \end{bmatrix}$$

则闭环系统 $\boldsymbol{\Sigma}_K = (\boldsymbol{A} - \boldsymbol{bK}, \boldsymbol{b}, \boldsymbol{c})$ 的传递函数为

$$G_K(s) = \frac{b_1 s^{n-1} + b_2 s^{n-2} + \cdots + b_{n-1} s + b_n}{s^n + (a_1 + k_1) s^{n-1} + \cdots + (a_{n-1} + k_{n-1}) s + (a_n + k_n)}$$

令期望配置的极点为 $p_1, p_2, \cdots, p_n$，则 $\boldsymbol{\Sigma}_K = (\boldsymbol{A} - \boldsymbol{bK}, \boldsymbol{b}, \boldsymbol{c})$ 的特征表达式

$$\det(\boldsymbol{A} - \boldsymbol{bK}) = (s - p_1)(s - p_2)\cdots(s - p_n)$$
$$= s^n + a_1^* s^{n-1} + \cdots + a_{n-1}^* s + a_n^* = 0$$

则可取

$$\boldsymbol{K} = \begin{bmatrix} a_n^* - a_n & \cdots & a_2^* - a_2 & a_1^* - a_1 \end{bmatrix}$$

通过状态反馈，即可使 $\boldsymbol{\Sigma}_K = (\boldsymbol{A} - \boldsymbol{bK}, \boldsymbol{b}, \boldsymbol{c})$ 的极点为 $p_1, p_2, \cdots, p_n$。

11.4　状态重构和状态观测器

状态重构已在第 10 章进行了简单的介绍，状态重构是现代控制理论应用于工程中需要解决的一个重要问题。状态反馈控制、解耦控制和线性二次型最优控制等都基于状态反馈实现，但并不是所有的状态变量可有效测量得到，这时需要估计不可量测的状态变量。

11.4.1　状态观测器

状态重构：设线性定常系统 $\boldsymbol{\Sigma}_0 = (\boldsymbol{A}, \boldsymbol{B}, \boldsymbol{C})$ 的状态量 x 不能直接测量，如果构建一个动态系统 $\boldsymbol{\Sigma}_E$：以 $\boldsymbol{\Sigma}_0 = (\boldsymbol{A}, \boldsymbol{B}, \boldsymbol{C})$ 的输出 y 和输入 u 来重构一个状态量 z，使满足如

下等价性指标

$$\lim_{t \to \infty}(x - z) = 0$$

则称 $\boldsymbol{\Sigma}_E$ 为 $\boldsymbol{\Sigma}_0 = (A，B，C)$ 的状态观测器。

构造状态观测器的基本原则是：

1）观测器 $\boldsymbol{\Sigma}_E$ 应以 $\boldsymbol{\Sigma}_0 = (A，B，C)$ 的控制变量和输出变量为其输入变量；

2）$\boldsymbol{\Sigma}_0 = (A，B，C)$ 应当完全可观测，或者不能观测部分是渐进稳定的；

3）$\boldsymbol{\Sigma}_E$ 的输出变量 z 是原系统 $\boldsymbol{\Sigma}_0 = (A，B，C)$ 的状态变量 x 的实时估计值，x 与 z 之间的偏差随时间的变化应满足一定的快速性；

4）$\boldsymbol{\Sigma}_E$ 的结构应当尽量简单，并具有尽可能低的维数，在物理上便于实现。

在工程上，通常采用龙伯格状态观测器，如图 11 - 6 所示，其表达式为

$$\dot{z} = (A - EC)z + Bu + Ey \qquad (11-12)$$

式中　E ——状态观测器反馈增益。

则

$$\dot{z} - \dot{x} = (A - EC)z + Bu + Ey - Ax - Bu \qquad (11-13)$$
$$= (A - EC)(z - x)$$

记估计误差

$$e = z - x$$

则

$$\dot{e} = (A - EC)e \qquad (11-14)$$

即估计误差为

$$e = e^{(A-EC)(t-t_0)}[z(t_0) - x(t_0)] \qquad (11-15)$$
$$= e(t_0)e^{(A-EC)(t-t_0)}$$

即只要选择合适的状态观测器反馈增益 E，可使 $A - EC$ 的特征值小于 0，即可使

$$\lim_{t \to \infty}e(t) = \mathbf{0}$$

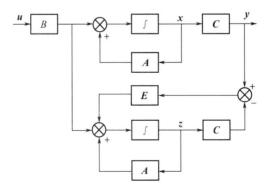

图 11 - 6　状态观测器

式（11 - 15）为观测器的估计误差传播特性，由式可知，估计误差的收敛速度取决于：1）$A - EC$ 特征值，只要其特征值小于 0 即可保证观测器的收敛性，一般情况下，都

希望观测值以足够快的速度收敛于真实值，要求特征值的实部小于某一负值，该值越小，则观测器收敛速度越快；2) 估计误差初始值，一般要求其误差初始值尽量小。

值得注意的是：理论上通过调节 E 的值可将 $A-EC$ 的极点配置至任意的位置，但是由于输出值带有各种噪声，其噪声会被观测器所放大，因此 E 的值越大，噪声越大。故设计观测器时，既要考虑观测器的收敛速度，又要考虑观测器的带宽。具体设计时，应注意如下几点：

1) 观测器设计需考虑系统的特性，一般将观测器的极点设置为系统极点（主要指主导极点）的 $2\sim6$ 倍，从而使观测器的估计误差衰减比系统的响应快 $2\sim6$ 倍；

2) 由于系统输出 y 和控制量 u 均存在干扰和测量噪声，如增益 E 很大，则其干扰和噪声在较大程度上影响观测器的输出品质，故设计观测器时，还需充分考虑系统的输出和控制量的干扰和噪声特性，以确定合适的观测器增益；

3) 当测量噪声较大时，设计观测器时可在适当降低观测器增益的同时，降低控制系统的带宽或者对噪声进行一定的平滑处理。

11.4.2 降维状态观测器

对于控制系统来说，一些状态量不容易通过测量或计算得到，此时并不需要对所有的状态量进行观测，故提出了降维状态观测器（又称为最小维状态观测器或降阶状态观测器）。降维状态观测器利用系统输出的 q 个分量产生 q 个状态分量，其余的 $(n-q)$ 个未测量的状态量由观测器来估计。在工程应用中，大多设计降维状态观测器而非全维状态观测器，下面对此做一简单的介绍。

假设方程组（11-3）所描述的系统 $\boldsymbol{\Sigma}_0=(\boldsymbol{A}，\boldsymbol{B}，\boldsymbol{C})$ 是完全能观测的，$\boldsymbol{C}$ 阵为行满秩矩阵，即 $\mathrm{rank}\boldsymbol{C}=q$。

对方程组（11-3）进行线性等价变换，$\overline{\boldsymbol{x}}=\boldsymbol{Px}$，其等价变换矩阵为

$$\boldsymbol{P}=\begin{bmatrix}\boldsymbol{D}_{(n-q)\times n}\\\boldsymbol{C}_{q\times n}\end{bmatrix}$$

其中，$\boldsymbol{C}$ 为系统输出矩阵，为 $q\times n$ 维；$\boldsymbol{D}$ 是能使 $\boldsymbol{P}^{-1}$ 存在的任意矩阵，为 $(n-q)\times n$ 维，通常取对角线上的元素为 1，其他的元素为 0。则方程组（11-3）可化为

$$\begin{cases}\dot{\overline{\boldsymbol{x}}}=\boldsymbol{PAP}^{-1}\overline{\boldsymbol{x}}+\boldsymbol{PBu}=\overline{\boldsymbol{A}}\overline{\boldsymbol{x}}+\overline{\boldsymbol{B}}\boldsymbol{u}\\\boldsymbol{y}=\boldsymbol{CP}^{-1}\overline{\boldsymbol{x}}=\overline{\boldsymbol{C}}\overline{\boldsymbol{x}}\end{cases} \tag{11-16}$$

根据 $\overline{\boldsymbol{x}}=\begin{bmatrix}\overline{\boldsymbol{x}}_1\\\overline{\boldsymbol{x}}_2\end{bmatrix}$（$\overline{\boldsymbol{x}}_1$ 为 $(n-q)\times1$ 维，$\overline{\boldsymbol{x}}_2$ 为 $q\times1$ 维）和 $\boldsymbol{P}$ 的分块方式，可将上式写成如下分块的状态空间形式

$$\begin{cases}\begin{bmatrix}\dot{\overline{\boldsymbol{x}}}_1\\\dot{\overline{\boldsymbol{x}}}_2\end{bmatrix}=\begin{bmatrix}\overline{\boldsymbol{A}}_{11}&\overline{\boldsymbol{A}}_{12}\\\overline{\boldsymbol{A}}_{21}&\overline{\boldsymbol{A}}_{22}\end{bmatrix}\begin{bmatrix}\overline{\boldsymbol{x}}_1\\\overline{\boldsymbol{x}}_2\end{bmatrix}+\begin{bmatrix}\overline{\boldsymbol{B}}_1\\\overline{\boldsymbol{B}}_2\end{bmatrix}\boldsymbol{u}\\\boldsymbol{y}=\begin{bmatrix}0&\boldsymbol{I}_q\end{bmatrix}\begin{bmatrix}\overline{\boldsymbol{x}}_1\\\overline{\boldsymbol{x}}_2\end{bmatrix}=\overline{\boldsymbol{x}}_2\end{cases} \tag{11-17}$$

式中　$\overline{\boldsymbol{A}}_{11}$—— $(n-q) \times (n-q)$ 维矩阵；

$\overline{\boldsymbol{A}}_{12}$—— $q \times (n-q)$ 维矩阵；

$\overline{\boldsymbol{A}}_{21}$—— $(n-q) \times q$ 维矩阵；

$\overline{\boldsymbol{A}}_{22}$—— $q \times q$ 维矩阵；

$\overline{\boldsymbol{B}}_1$—— $p \times (n-q)$ 维矩阵；

$\overline{\boldsymbol{B}}_2$—— $p \times q$ 维矩阵。

将上式写成分量的形式

$$\begin{cases} \dot{\overline{\boldsymbol{x}}}_1 = \overline{\boldsymbol{A}}_{11}\overline{\boldsymbol{x}}_1 + \overline{\boldsymbol{A}}_{12}\overline{\boldsymbol{x}}_2 + \overline{\boldsymbol{B}}_1\boldsymbol{u} \\ \dot{\overline{\boldsymbol{x}}}_2 = \overline{\boldsymbol{A}}_{21}\overline{\boldsymbol{x}}_1 + \overline{\boldsymbol{A}}_{22}\overline{\boldsymbol{x}}_2 + \overline{\boldsymbol{B}}_2\boldsymbol{u} \\ \boldsymbol{y} = \overline{\boldsymbol{x}}_2 \end{cases} \tag{11-18}$$

式 (11-17) 中 $\overline{\boldsymbol{A}}_{12}$、$\overline{\boldsymbol{B}}_1$、$\overline{\boldsymbol{B}}_2$、$\overline{\boldsymbol{x}}_2$、$\boldsymbol{u}$ 为已知量，故可以令

$$\begin{cases} \overline{\boldsymbol{A}}_{12}\overline{\boldsymbol{x}}_2 + \overline{\boldsymbol{B}}_1\boldsymbol{u} = \boldsymbol{v} \\ \overline{\boldsymbol{A}}_{21}\overline{\boldsymbol{x}}_1 = \dot{\overline{\boldsymbol{x}}}_2 - \overline{\boldsymbol{A}}_{22}\overline{\boldsymbol{x}}_2 - \overline{\boldsymbol{B}}_2\boldsymbol{u} = \dot{\boldsymbol{y}} - \overline{\boldsymbol{A}}_{22}\boldsymbol{y} - \overline{\boldsymbol{B}}_2\boldsymbol{u} = \boldsymbol{z} \end{cases}$$

由于 $\boldsymbol{v}$ 和 $\boldsymbol{z}$ 为已知量 $\boldsymbol{y}$ 和 $\boldsymbol{u}$ 的线性组合，即可得

$$\begin{cases} \dot{\overline{\boldsymbol{x}}}_1 = \overline{\boldsymbol{A}}_{11}\overline{\boldsymbol{x}}_1 + \boldsymbol{v} \\ \boldsymbol{y}_1 = \overline{\boldsymbol{A}}_{21}\overline{\boldsymbol{x}}_1 \end{cases}$$

以上面方程组为基础构建一个 $n-q$ 维 $\overline{\boldsymbol{x}}_1$ 的状态观测器，即

$$\boldsymbol{z}_1 = (\overline{\boldsymbol{A}}_{11} - \overline{\boldsymbol{E}}\,\overline{\boldsymbol{A}}_{21})\,\boldsymbol{z}_1 + \overline{\boldsymbol{E}}\boldsymbol{y}_1 + \boldsymbol{v} \tag{11-19}$$

将 $\boldsymbol{v}$ 和 $\boldsymbol{y}_1$ 代入上式，可得

$$\begin{aligned} \boldsymbol{z}_1 &= (\overline{\boldsymbol{A}}_{11} - \overline{\boldsymbol{E}}\,\overline{\boldsymbol{A}}_{21})\,\boldsymbol{z}_1 + \overline{\boldsymbol{E}}\dot{\boldsymbol{y}} - \overline{\boldsymbol{E}}\,\overline{\boldsymbol{A}}_{22}\boldsymbol{y} - \overline{\boldsymbol{E}}\,\overline{\boldsymbol{B}}_2\boldsymbol{u} + \overline{\boldsymbol{A}}_{12}\boldsymbol{y} + \overline{\boldsymbol{B}}_1\boldsymbol{u} \\ &= (\overline{\boldsymbol{A}}_{11} - \overline{\boldsymbol{E}}\,\overline{\boldsymbol{A}}_{21})\,\boldsymbol{z}_1 + (\overline{\boldsymbol{B}}_1 - \overline{\boldsymbol{E}}\,\overline{\boldsymbol{B}}_2)\,\boldsymbol{u} + (\overline{\boldsymbol{A}}_{12} - \overline{\boldsymbol{E}}\,\overline{\boldsymbol{A}}_{22})\,\boldsymbol{y} + \overline{\boldsymbol{E}}\dot{\boldsymbol{y}} \end{aligned} \tag{11-20}$$

定义新状态量

$$\boldsymbol{w} = \boldsymbol{z}_1 - \boldsymbol{E}\boldsymbol{y}$$

即

$$\dot{\boldsymbol{w}} = \dot{\boldsymbol{z}}_1 - \boldsymbol{E}\dot{\boldsymbol{y}} \tag{11-21}$$

由式 (11-20) 和式 (11-21)，可得

$$\dot{\boldsymbol{w}} = \dot{\boldsymbol{z}}_1 - \boldsymbol{E}\dot{\boldsymbol{y}} = (\overline{\boldsymbol{A}}_{11} - \overline{\boldsymbol{E}}\,\overline{\boldsymbol{A}}_{21})\,\boldsymbol{w} + (\overline{\boldsymbol{B}}_1 - \overline{\boldsymbol{E}}\,\overline{\boldsymbol{B}}_2)\,\boldsymbol{u} + [\overline{\boldsymbol{A}}_{12} - \overline{\boldsymbol{E}}\,\overline{\boldsymbol{A}}_{22} + (\overline{\boldsymbol{A}}_{11} - \overline{\boldsymbol{E}}\,\overline{\boldsymbol{A}}_{21})\,\overline{\boldsymbol{E}}]\,\boldsymbol{y}$$

$$\tag{11-22}$$

上式即为降维状态观测器，$\boldsymbol{u}$ 和 $\boldsymbol{y}$ 为已知量，$\boldsymbol{w}$ 为估计量，在得到 $\boldsymbol{w}$ 的基础上提取 $\boldsymbol{x}_1$ 的估计量 $\boldsymbol{z}_1$。

降维状态观测器的结构示意图如图 11 7 所示，降维状态观测器的反馈增益 $\overline{\boldsymbol{E}}$ 的确定跟全维状态观测器的确定方法类似，根据观测器的特征矩阵得到特征表达式

$$\det[s\boldsymbol{I} - (\overline{\boldsymbol{A}}_{11} - \overline{\boldsymbol{E}}\,\overline{\boldsymbol{A}}_{21})] = 0 \tag{11-23}$$

根据降维状态观测器的极点确定 $\overline{\boldsymbol{E}}$ 值。

按照定义有

$$\bar{x} = \begin{bmatrix} z \\ y \end{bmatrix} = \begin{bmatrix} w + Ey \\ y \end{bmatrix} = \begin{bmatrix} I & E \\ 0 & I \end{bmatrix} \begin{bmatrix} w \\ y \end{bmatrix} \qquad (11-24)$$

按下式计算得到状态估计量 x

$$x = P^{-1}\bar{x} \qquad (11-25)$$

综上所述，设计降维状态观测器的步骤如下：

1）构造非奇异的等价变换矩阵 $P = \begin{bmatrix} D_{(n-q) \times n} \\ C_{q \times n} \end{bmatrix}$，并计算逆阵 $P^{-1} = [Q_1 \quad Q_2]$；

2）对原状态量进行等价线性变换 $\bar{x} = Px$，并求取 $\bar{A}_{11}$、$\bar{A}_{12}$、$\bar{A}_{21}$、$\bar{A}_{22}$、$\bar{B}_1$ 和 $\bar{B}_2$；

3）确定降维状态观测器待估计状态量的维数，根据系统的特性，确定其期望的特征多项式 $\alpha(s)$；

4）根据确定的多项式，采用极点配置法，依据式（11-23）确定观测器的增益 $\bar{E}$；

5）按式（11-22）确定降维状态观测器；

6）按式（11-24）和式（11-25）求取系统的估计量。

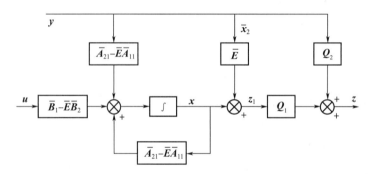

图 11-7　降维状态观测器结构图

例 11-1　设计全维状态观测器和降维观测器对某制导武器的纵向状态量进行估计。

某一制导武器在高度 5 500 m 以 $Ma = 0.746\ 4$（速度 $V = 237.345$ m/s）飞行，其气动系数：$m_z^\alpha = -0.025$，$m_z^{\delta_z} = -0.073\ 3$，$m_z^{\omega_z} = -5.425\ 9$，$C_y^\alpha = 1.245\ 4$，$C_y^{\delta_z} = 0.133\ 6$（气动参考面积 $S_{ref} = 0.1$ m²，参考长度为 $L_{ref} = 3.50$ m）。弹体结构质量特性：转动惯量 $J_z = 500$ kg/m²，质量 $m = 700$ kg。试设计全维状态观测器对状态量飞行攻角和角速度进行观测，要求其观测器的极点 $p_1 = -18$，$p_2 = -18$，并分析其观测器的性能；在角速度可测的情况下，试设计降维观测器对飞行攻角进行观测，降维观测器极点为 -24。

解：

（1）建立模型

依据飞行状态、结构参数和气动参数，可计算解得弹体动力系数

$a_{24} = -19.70$，$a_{25} = -57.75$，$a_{34} = 0.843\ 8$，$a_{35} = 0.090\ 5$，$a_{22} = -1.10$

飞行攻角和角速度是主要的纵向短周期状态变量，忽略飞行速度以及重力对纵向运动的影响，建立纵向短周期模态的状态方程

$$\begin{bmatrix} \dfrac{\mathrm{d}\Delta\alpha}{\mathrm{d}t} \\ \dfrac{\mathrm{d}\Delta\omega_z}{\mathrm{d}t} \end{bmatrix} = \begin{bmatrix} -a_{34} & 1 \\ a_{24} & a_{22} \end{bmatrix} \begin{bmatrix} \Delta\alpha \\ \Delta\omega_z \end{bmatrix} + \begin{bmatrix} -a_{35} \\ a_{25} \end{bmatrix} \Delta\delta_z + \begin{bmatrix} -a_{36}F_{gy} \\ a_{26}M_{gx} \end{bmatrix}$$

令输出为角速度 ω_z，忽略干扰，则上式可写成如下状态空间的形式

$$\begin{cases} \dot{x} = Ax + Bu \\ y = Cx \end{cases}$$

其中 $x = \begin{bmatrix} \Delta\alpha \\ \Delta\omega_z \end{bmatrix}$，$u = \Delta\delta_z$，$y = \Delta\omega_z$，$A = \begin{bmatrix} -a_{34} & 1 \\ a_{24} & a_{22} \end{bmatrix}$，$B = \begin{bmatrix} -a_{35} \\ a_{25} \end{bmatrix}$，$C = \begin{bmatrix} 0 & 1 \end{bmatrix}$

（2）判断被控对象的可观测性

给定 A、B 和 C 阵，计算能观测性矩阵的秩

$$\mathrm{rank} \begin{bmatrix} C \\ CA \end{bmatrix} = \mathrm{rank} \begin{bmatrix} 0 & 1 \\ a_{24} & a_{22} \end{bmatrix} = a_{24}$$

只要 $a_{24} \neq 0$，被控对象具有能观测性。其物理意义：状态可观测是指根据输出 $\Delta\omega_z$ 以及输入 $\Delta\delta_z$ 可确定状态量 $\Delta\alpha$ 和 $\Delta\omega_z$，当 a_{24} 为 0 时，状态量 $\Delta\alpha$ 对输出量 $\Delta\omega_z$ 的贡献为 0。故如果设计状态观测器对状态量 $\Delta\alpha$ 和 $\Delta\omega_z$ 进行观测，必要条件为 $a_{24} \neq 0$，即弹体不为临界稳定即可。

（3）设计全维状态观测器

用极点配置法确定反馈阵 E，使状态观测器的极点满足要求。

①确定变换阵 T

由于状态矩阵不是能观测规范型，故需要将其写成观测规范型

令 $T_1 = \begin{bmatrix} C \\ CA \end{bmatrix}^{-1} \begin{bmatrix} 0 \\ 1 \end{bmatrix} = \begin{bmatrix} 0 & 1 \\ a_{24} & a_{22} \end{bmatrix}^{-1} \begin{bmatrix} 0 \\ 1 \end{bmatrix} = \begin{bmatrix} 0 & 1 \\ -19.7 & -1.1 \end{bmatrix}^{-1} \begin{bmatrix} 0 \\ 1 \end{bmatrix} = \begin{bmatrix} -0.050\,8 \\ 0 \end{bmatrix}$

则变换阵为

$$T = \begin{bmatrix} T_1 & AT_1 \end{bmatrix} = \begin{bmatrix} -0.050\,8 & 0.042\,8 \\ 0 & 1 \end{bmatrix}$$

即可得 $\overline{A} = T^{-1}AT = \begin{bmatrix} 0 & -20.626\,7 \\ 1 & -1.943\,8 \end{bmatrix}$，$\overline{B} = T^{-1}B = \begin{bmatrix} -50.516\,4 \\ -57.756\,3 \end{bmatrix}$，$\overline{C} = CT = \begin{bmatrix} 0 & 1 \end{bmatrix}$

②确定反馈阵 E

假设规范型对应的反馈阵为

$$\overline{E} = \begin{bmatrix} \hat{e}_1 \\ \hat{e}_2 \end{bmatrix}$$

则能观测规范型对应的特征方程为

$$|sI - (\overline{A} - \overline{E}\,\overline{C})| = s^2 + (1.943\,8 + \hat{e}_2)s + (20.626\,7 + \hat{e}_1) = s^2 + 36s + 324$$

则可得

$$\overline{E} = [303.373\,3, 34.056\,2]^{\mathrm{T}}$$

即可得

$$E = T\overline{E} = \begin{bmatrix} -13.942 \\ 34.0562 \end{bmatrix}$$

③确定状态观测器

$$\dot{z} = (A - EC)z + Bu + Ey$$

$$= \begin{bmatrix} -0.8438 & 14.9420 \\ -19.6986 & -35.1562 \end{bmatrix} \begin{bmatrix} z_1 \\ z_2 \end{bmatrix} + \begin{bmatrix} 0.0905 \\ -57.7563 \end{bmatrix} u + \begin{bmatrix} -13.942 \\ 34.0562 \end{bmatrix} y$$

（4）设计降维状态观测器

①构造非奇异等价变换矩阵 P

$$P = \begin{bmatrix} 1 & 0 \\ 0 & 1 \end{bmatrix}, \text{ 则 } P^{-1} = \begin{bmatrix} 1 & 0 \\ 0 & 1 \end{bmatrix}$$

②对原状态量进行等价线性变换

$$\overline{A} = PAP^{-1} = \begin{bmatrix} -0.8438 & 1.0000 \\ -19.6986 & -1.1000 \end{bmatrix}, \overline{B} = PB = \begin{bmatrix} 0.0905 \\ -57.7563 \end{bmatrix}$$

即 $\overline{A}_{11} = -0.8438, \overline{A}_{12} = 1.0, \overline{A}_{21} = -19.6986, \overline{A}_{22} = -1.1, \overline{B}_1 = 0.0905, \overline{B}_2 = -57.7563$。

③确定反馈阵 $\overline{E}$

假设反馈阵为 $\overline{E} = e$，则

$$\overline{A}_{11} - e\overline{A}_{21} = -0.8438 + 19.6986e$$

假设观测器特征根为 -24，则

$$|s - (\overline{A}_{11} - e\overline{A}_{21})| = s + 0.8438 - 19.6986e = 0$$

解得 $e = -1.1755$。

④确定状态观测器

根据式（11-22）可得

$$\dot{w} = (\overline{A}_{11} - \overline{E}\,\overline{A}_{21})w + (\overline{B}_1 - \overline{E}\,\overline{B}_2)u + [\overline{A}_{12} - \overline{E}\,\overline{A}_{22} + (\overline{A}_{11} - \overline{E}\,\overline{A}_{21})\overline{E}]y$$

$$= -24w - 67.8035u + 27.9196y$$

状态观测器输出

$$z_1 = w + ey = w - 1.1755y$$

（5）仿真结果

仿真结果如图 11-8～图 11-10 所示，其中图 11-8（a）为真实攻角（x_1）和全维状态观测器输出攻角（z_1）的变化曲线，图 11-8（b）为真实角速度（x_2）和全维状态观测器输出角速度（z_2）的变化曲线；图 11-9（a）为攻角的估计误差（即观测值与真实值之差），图 11-9（b）为角速度的估计误差；图 11-10（a）为真实攻角（x_1）和降维状态观测器输出攻角（z_1）的变化曲线，图 11-10（b）为降维状态观测的估计误差。

（6）仿真结论

由控制理论和仿真可知：

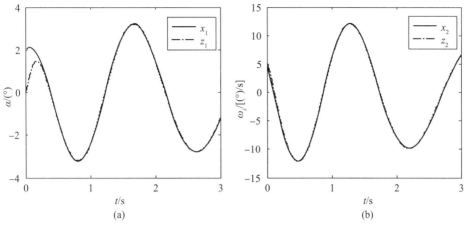

图 11 - 8　状态量与观测量（全维状态观测器）

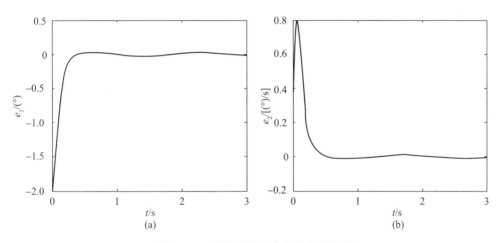

图 11 - 9　估计误差（全维状态观测器）

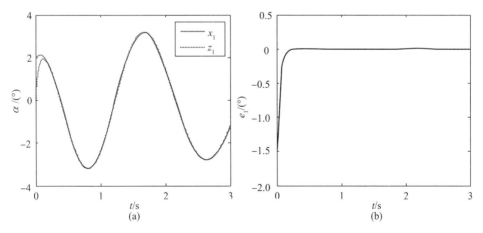

图 11 - 10　状态量与观测量、估计误差（降维状态观测器）

1）在假设被控对象模型精确的前提下，无论是全维状态观测器还是降维状态观测器都能很好地重构状态量；

2）降维状态观测器相对于全维状态观测器来说，估计精度有较大的提高；

3）状态观测器的输出 z 应该以足够的速度逼近真实值 x，即需要设计足够带宽的状态观测器，以提高观测器的效果；

4）对于部分状态量可观测的被控对象，则优先采用降维状态观测器，其结构简单，程序计算量少，状态量估计效果更佳；

5）状态观测器的初始值在较大程度上影响观测器的质量，特别是初始段，故在工程上尽量取较精确的初始值；

6）状态观测器的特征值（绝对值）必须在很大程度上大于被控对象的特征值（绝对值），初始的真实状态量 x 和观测值 z 之间的偏差量才会以较快的速度趋于零。

本例设计的状态观测器也可以很简单运用 MATLAB 的控制工具箱加以实现，全维状态观测器设计见表 11-1 左边的代码，降维状态观测器设计见右边的代码。

表 11-1　状态观测器实现代码

```
% ex11_04_01. m                          Lref = 3. 5；
% developed by qiong studio              Sref = 0. 10；
                                         Moss = 700；
Lref = 3. 5；                            Jz = 500；
Sref = 0. 10；                           r2d = 180/pi；
Moss = 700；                             Vel = 0. 7464 * 318；
Jz = 500；                               density = 0. 6975；
r2d = 180/pi；                           Q = 0. 5 * density * Vel^2
Vel = 0. 7464 * 318；                    mz2alpha = - 0. 025 * r2d；
density = 0. 6975；                      mz2deltaz = - 0. 0733 * r2d；
Q = 0. 5 * density * Vel^2              mz2wz = - 5. 4259；
mz2alpha = - 0. 025 * r2d；             cy2alpha = 1. 2454 * r2d；
mz2deltaz = - 0. 0733 * r2d；           cy2deltaz = 0. 1336 * r2d；
mz2wz = - 5. 4259；                     a24 = mz2alpha * Q * Sref * Lref/Jz；
cy2alpha = 1. 2454 * r2d；              a25 = mz2deltaz * Q * Sref * Lref/Jz；
cy2deltaz = 0. 1336 * r2d；             a22 = mz2wz * Q * Sref * Lref/Jz * Lref/(Vel)；
a24 = mz2alpha * Q * Sref * Lref/Jz；   a24t = a24/100；
a25 = mz2deltaz * Q * Sref * Lref/Jz；  a34 = cy2alpha * Q * Sref/(Moss * Vel)；
a22 = mz2wz * Q * Sref * Lref/Jz * Lref/(Vel)；  a35 = cy2deltaz * Q * Sref/(Moss * Vel)；
a24t = a24/100；                        A = [ - a34 1； a24 a22]；
a34 = cy2alpha * Q * Sref/(Moss * Vel)；  B = [a35； a25]；
a35 = cy2deltaz * Q * Sref/(Moss * Vel)；  C = [0 1]；
A = [ - a34 1； a24 a22]；               D = 0；
B = [a35； a25]；                        A11 = [A(1：1,1：1)]；
C = [0 1]；                             A12 = [A(1：1,2)]；
D = 0；                                 A21 = [A(2,1：1)]；
```

续表

$P = [-18, -18];$ $E = acker(A', C', P)$	$A22 = [A(2,2)];$ $B1 = B(1,1);$ $B2 = B(2,1);$ $P = -24;$ $E = acker(A11', A21', P)$ $eig(A11 - E' * A21)$ $AEA21 = A11 - E' * A21;$ $BEB2 = B1 - E' * B2$ $AHAY = (A11 - E' * A21) * E' + A12 - E' * A22$

11.5　基于状态观测器的状态反馈设计及应用

前面介绍了状态反馈和状态观测器，本节介绍了利用状态反馈和状态观测器来改善被控对象的特性。

11.5.1　基于状态观测器的状态反馈设计

状态观测器解决了系统状态的重构问题，即当系统状态量不能完全测量时采用观测器可以获得状态量的估计值。但需要注意的是，毕竟估计值不是真实状态量，用观测器的估计值进行状态反馈所得到闭环系统是否具有利用真实状态量进行状态反馈所得到闭环系统的相同特性，本节将对这个问题进行简单分析。

假设线性时不变系统（即被控对象）的状态空间表达式为

$$\Sigma : \begin{cases} \dot{x} = Ax + Bu \\ y = Cx \end{cases}$$

假设系统是能控能观测的。

对于系统状态量可以直接测量得到，可采用不带状态观测器的状态反馈

$$u = v - Kx$$

由于系统是完全能控的，可将闭环系统的极点配置至期望的极点。

对于系统状态量不能直接测量得到，可先设计状态观测器对系统的状态量进行观测，为了描述方便，假设设计的全维状态观测器［见式（11-12）］对状态量进行估计（对于可观测状态量可直接进行状态反馈，对于剩余不可测状态量用降维状态观测器进行观测，再反馈），进而采用状态观测量进行状态反馈，即

$$u = v - Kz$$

即设计带状态观测器的状态反馈为

$$\begin{cases} \dot{z} = (A - EC)z + Bu + Ey \\ u = v - Kz \end{cases}$$

带状态观测器的状态反馈系统是在状态反馈的基础上，引入状态观测器，其结构简图

如图 11-11 所示。由于在状态反馈通道上增加了 n 个积分器，所以闭环系统是 $2n$ 阶，即带状态观测器的状态反馈系统的阶数增加了一倍。下面进一步分析带状态观测器的状态反馈系统的特性。

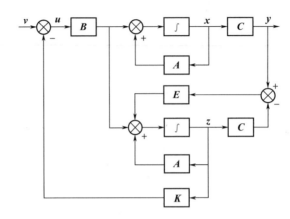

图 11-11 带状态观测器的状态反馈系统

如以状态量 $[x，z]$ 作为闭环系统的状态量，则其状态方程为

$$\Sigma_{all}:\begin{cases} \dot{x} = Ax - BKz + Bv \\ \dot{z} = (A - BK - EC)z + Bv + ECx \\ y = Cx \end{cases}$$

为了分析方便，假设参考输入为 0，则

$$\Sigma_{all}:\begin{cases} \dot{x} = Ax - BKz \\ \dot{z} = (A - BK - EC)z + ECx \\ y = Cx \end{cases}$$

也可将其写成矩阵向量的形式，则有

$$\begin{bmatrix} \dot{x} \\ \dot{z} \end{bmatrix} = \begin{bmatrix} A & -BK \\ EC & A - BK - EC \end{bmatrix} \begin{bmatrix} x \\ z \end{bmatrix} \qquad (11-26)$$

如以状态量 $[x，e]$ 作为闭环系统的状态量，则其状态方程为

$$\begin{bmatrix} \dot{x} \\ \dot{e} \end{bmatrix} = \begin{bmatrix} A - BK & BK \\ 0 & A - EC \end{bmatrix} \begin{bmatrix} x \\ e \end{bmatrix} \qquad (11-27)$$

式（11-26）和式（11-27）是完全等价的，两式可通过简单的线性变换互相转化。由于式（11-27）的状态矩阵

$$\begin{bmatrix} A - BK & BK \\ 0 & A - EC \end{bmatrix}$$

为一个上三角矩阵，根据相关矩阵知识，可得闭环系统的特征多项式方程

$$\det\left(\begin{bmatrix} \lambda I - (A - BK) & -BK \\ 0 & \lambda I - (A - EC) \end{bmatrix}\right)$$

$$= \det(\lambda I - (A - BK))\det(\lambda I - (A - EC)) = 0$$

由上式可知：闭环系统的极点由矩阵 $A - BK$ 和矩阵 $A - EC$ 的特征根组成，而矩阵 $A - BK$ 的特征根是状态反馈系统的特征根，矩阵 $A - EC$ 的特征根是状态观测器的特征根，即基于状态观测器的状态反馈闭环系统的极点是由状态反馈极点配置单独设计所产生的极点和状态观测器的极点两部分组成。

11.5.2　增稳回路设计

本节以俯仰通道被控对象为例，以举例的方式说明基于状态观测器的状态反馈在增稳回路设计中的应用。

通常情况下，弹体俯仰通道的被控对象具有如下特性：1）被控对象欠阻尼的，特别是高空，由于飞行动压小，弹体严重欠阻尼，弹体受扰动时会发生大幅振荡；2）为了提高射程或基于其他设计因素，导弹气动常常设计成静不稳定或临界稳定或静稳定较小等，即需要设计增稳回路对弹体进行增稳。

增稳回路的设计是引入状态反馈以改变被控对象的特征根，使其具有较好的时域和频域特性，在工程上，一般基于弹体短周期模态进行增稳回路设计，即反馈飞行攻角和角速度信息来改善弹体的动态特性。

通常情况下，短周期模态状态量角速度是可测的，而飞行攻角是不可测的，故需要设计状态观测器对飞行攻角进行实时观测。

例 11 - 2　设计纵向静不稳定弹体的增稳回路。

某一制导武器在高度 5 500 m 以 $Ma = 0.746\ 4$（速度 $V = 237.345$ m/s）飞行，其弹体气动系数：$m_z^\alpha = 0.025$，$m_z^\delta = -0.073\ 3$，$m_z^{\omega_z} = -5.425\ 9$，$C_y^\alpha = 1.245\ 4$，$C_y^{\delta_z} = 0.133\ 6$（弹体参考面积 $S_{ref} = 0.1$ m²，参考长度为 $L_{ref} = 3.50$ m）。弹体结构质量特性：转动惯量 $J_z = 500$ kg/m²，质量 $m = 700$ kg。试设计状态观测器对攻角和角速度进行观测，在此基础上，设计增稳回路，使弹体具有较好的动态品质。

解：

（1）建立被控对象

由弹体结构质量特性、气动以及飞行状态可得被控对象的动力系数如下

$a_{24} = 19.7$，$a_{25} = -57.75$，$a_{34} = 0.843\ 8$，$a_{35} = 0.090\ 5$，$a_{22} = -1.10$

即可得被控对象的状态方程

$$
\begin{bmatrix} \dfrac{\mathrm{d}\Delta\alpha}{\mathrm{d}t} \\[2mm] \dfrac{\mathrm{d}\Delta\omega_z}{\mathrm{d}t} \end{bmatrix} = \begin{bmatrix} -0.843\ 8 & 1 \\ 19.7 & -1.1 \end{bmatrix} \begin{bmatrix} \Delta\alpha \\ \Delta\omega_z \end{bmatrix} + \begin{bmatrix} 0.090\ 5 \\ -57.756\ 3 \end{bmatrix} \Delta\delta_z
$$

计算可得弹体的特征根为 3.468 3 和 −5.412，即弹体不稳定，弹体对单位舵偏的响应如图 11 - 12 所示，由于弹体静不稳定，所以在单位舵偏的作用下，弹体飞行攻角和角速度快速发散。

（2）设计状态观测器对攻角和角速度进行观测

由于角速度可测量，攻角不能测量，故以被控对象的输出量角速度 ω_z 和输入量俯仰

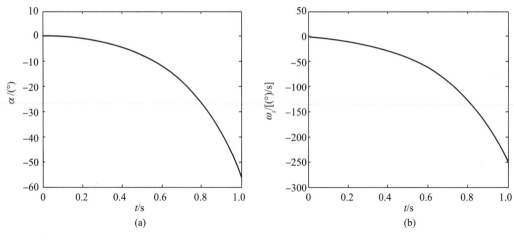

图 11-12 攻角和角速度

舵偏 δ_z 为输入量，设计状态观测器，状态观测器的设计方法同例 11-1。为了使状态观测器输出观测量快速趋于状态量，则设计较大带宽的观测器，取观测器的极点为 $p_1 = -50$，$p_2 = -50$，可求得观测器的反馈系数 $\boldsymbol{E} = [123.665\ 4\quad 98.056\ 2]^{\mathrm{T}}$，观测器的状态方程如下

$$\dot{z} = (\boldsymbol{A} - \boldsymbol{EC})z + \boldsymbol{Bu} + \boldsymbol{Ey}$$

$$= \begin{bmatrix} -0.843\ 8 & -122.665\ 4 \\ 19.698\ 6 & -99.156\ 2 \end{bmatrix} \begin{bmatrix} z_1 \\ z_2 \end{bmatrix} + \begin{bmatrix} 0.090\ 5 \\ -57.756\ 3 \end{bmatrix} u + \begin{bmatrix} 123.665\ 4 \\ 98.056\ 2 \end{bmatrix} y$$

（3）设计状态反馈

令状态反馈后的被控对象极点为 $p_1 = -8 + 7\mathrm{i}$，$p_2 = -8 - 7\mathrm{i}$，计算得到状态反馈系数为 $\boldsymbol{K} = [-42.249\ 2\quad -1.764\ 0]$。

（4）仿真

对于单位俯仰舵偏角，增稳回路的飞行攻角和角速度如图 11-13 所示，图中实线为增稳回路响应曲线，图中点划线为状态观测器输出，由图可得，带增稳回路的弹体具有很好的动态响应特性。

由控制理论和仿真分析可知，设计带状态观测器的增稳回路需注意如下事项：

1）状态观测量的初值应尽量接近真实值；

2）状态观测器的输出 z 应该以足够快的速度逼近真实值 x，即需要设计足够带宽的状态观测器；

3）基于状态观测器观测量的状态反馈，其效果比基于真实状态变量的状态反馈要差，特别是在状态观测器的初始工作时间段。

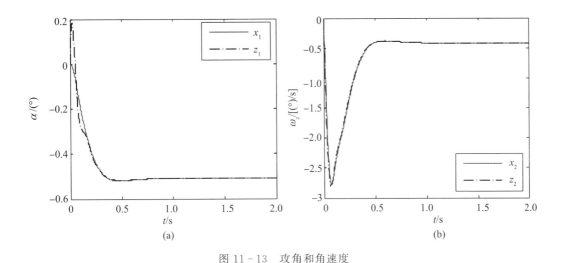

图 11-13　攻角和角速度

11.6　二次型性能指标的最优控制

11.6.1　最优控制简介和最优控制解法

（1）最优控制简介

最优控制理论是现代控制理论中一个很重要的组成部分，其形成与发展奠定了整个现代控制理论的基础，早在 20 世纪 50 年代初就针对最短时间控制问题开展研究，随后，由于空间技术的发展，众多学者和工程技术人员投身于这一领域进行研究和开发，逐步形成了较为完整的最优控制理论体系。

最优控制按问题的特性可归为如下几类：时间最优控制、线性调节器问题、线性伺服器问题、最少能量问题、最少燃料问题和终端控制问题等。

①时间最优控制

时间最优控制在工程上经常碰见，即在最短的时间内，将某初始状态控制至最终状态，其性能指标可写成如下形式

$$J = \int_{t_0}^{t_f} \mathrm{d}t = t_f - t_0$$

式中　J——性能指标；

　　　t_0——起始时刻；

　　　t_f——终端时刻。

时间最优控制要求设计一个快速控制律，使得系统在最短的时间内由已知初态 $x(t_0)$ 转移至所要求的末态 $x(t_f)$，例如导弹拦截器的拦截弹道设计即属于此类问题。

②线性调节器问题

线性调节器用于控制线性被控对象，其控制量也为线性，即为线性二次型问题，在工程上也经常碰见。线性调节器使系统状态量和控制量在控制过程中基于给定的二次型时间

积分达到最小，也称为线性最优调节器，其性能指标可写成如下形式

$$J = \int_{t_0}^{t_f} (\boldsymbol{x}^{\mathrm{T}} \boldsymbol{Q} \boldsymbol{x} + \boldsymbol{u}^{\mathrm{T}} \boldsymbol{R} \boldsymbol{u}) \, \mathrm{d} t$$

式中　$\boldsymbol{Q}$，$\boldsymbol{R}$——状态加权因子和控制加权因子。

③线性伺服器问题

线性伺服器也称为线性跟踪器，使系统状态跟踪某一参考输入 $\boldsymbol{x}_r$，其性能指标可写成如下形式

$$J = \int_{t_0}^{t_f} [(\boldsymbol{x} - \boldsymbol{x}_r)^{\mathrm{T}} \boldsymbol{Q} (\boldsymbol{x} - \boldsymbol{x}_r) + \boldsymbol{u}^{\mathrm{T}} \boldsymbol{R} \boldsymbol{u}] \, \mathrm{d} t$$

由定义可知线性调节器问题是线性伺服器问题的一个特例。

④最少燃料问题

以总燃料消耗为最小的控制问题，其性能指标可写成如下形式

$$u = \frac{\mathrm{d} m}{\mathrm{d} t}, \quad J = \int_{t_0}^{t_f} |u| \, \mathrm{d} t$$

式中　u——耗油率。

⑤最少能量问题

以总能量消耗的功率为最小的控制问题，其性能指标可写成如下形式

$$J = \int_{t_0}^{t_f} \boldsymbol{u}^{\mathrm{T}}(t) \boldsymbol{u}(t) \, \mathrm{d} t$$

式中　$\boldsymbol{u}^{\mathrm{T}}(t)\boldsymbol{u}(t)$——控制消耗的功率。

⑥终端控制问题

终端控制也称为末值型控制，其性能指标可写成如下形式

$$J = F[x(t_f), t_f]$$

式中，末段时刻 t_f 可以为固定，也可以为自由，F 为终端时刻状态量的二次型线性函数。

终端控制问题的性能指标表示在控制结束后，对控制系统的末端状态量有要求，而对控制过程中的状态量和控制量不做任何要求，例如设计最优导引弹道使得导弹脱靶量最小即为一个终端控制问题。

（2）最优控制解法简介

最优控制解法主要分为两类：解析法和数值法。

解析法即用解析的表达式给出最优解，对于无约束最优控制问题，常采用变分法求解，对于带约束最优控制问题，采用著名的极大值原理或动态规划法。

数值法采用数值迭代的方法得到数值解，即先给定一个初始解，求取性能指标值，按某种策略得到一个数值解，一直迭代，直到性能指标值不能再减小为止。常见的数值法归为三类：函数逼近法、区间消除法以及爬山法，常见的方法有最速下降法、共轭梯度法、牛顿法与拟牛顿法、变尺度法等。

对于绝大部分控制问题来说，只有实时计算得到解析解才具有实用的工程意义，而离线计算得到数值解并不具有实际的工程价值。基于目前的科技发展水平，对于绝大多数最优控制问题很难得到解析解，但是对于某一类最优控制问题——线性二次型性能指标的最

优控制，则可以实时解算得到解析解。

11.6.2　二次型性能指标的最优控制

最优控制中研究比较成熟的一部分内容为基于线性二次型性能指标的最优控制问题的求解，线性二次型性能指标的最优控制问题可表示如下：

假设线性系统由如下状态方程表示

$$\dot{x}(t) = A(t)x(t) + B(t)u(t) \tag{11-28}$$

给定初始条件 $x(t_0) = x_0$ 下，在时间区间 $[t_0, t_f]$ 寻求最优解 $u^*(t)$ 以使泛函性能指标

$$J = x^{\mathrm{T}}(t_f)Sx(t_f) + \int_{t_0}^{t_f} [x^{\mathrm{T}}(t)Qx(t) + u^{\mathrm{T}}(t)Ru(t)]\, \mathrm{d}t$$

达到极小值。

式中，$x(t)$ 为 n 维状态向量，$u(t)$ 为 m 维控制向量，S 为 $n \times n$ 维非负定对角阵，R 为 $r \times r$ 维正定对角阵，Q 为 $n \times n$ 维非负定对角阵。

假设 $u(t)$ 不受约束，即可采用经典变分法求解获得最优解析解，求解过程如下：

建立哈密顿函数

$$H = \frac{1}{2}\{x^{\mathrm{T}}(t)Qx(t) + u^{\mathrm{T}}(t)Ru(t) + \lambda^{\mathrm{T}}(t)[Ax(t) + Bu(t)]\}$$

式中 $\lambda(t)$ 为共轭变量，线性系统方程（11-28）存在最优解的三个必要条件是

1）控制方程成立

$$\frac{\partial H}{\partial u} = R(t)u(t) + B^{\mathrm{T}}(t)\lambda(t) = 0 \tag{11-29}$$

2）伴随方程成立

$$\dot{\lambda} = -\frac{\partial H}{\partial x} = -[Q(t)x(t) + A^{\mathrm{T}}(t)\lambda(t)] \tag{11-30}$$

3）横截条件方程成立

$$\lambda(t_f) = \frac{\partial}{\partial x(t_f)}[x^{\mathrm{T}}(t_f)Sx(t_f)] = Sx(t_f) \tag{11-31}$$

由控制方程可得

$$u(t) = -R^{-1}(t)R^{\mathrm{T}}(t)\lambda(t) \tag{11-32}$$

由横截条件方程联想，假设伴随变量表示为

$$\lambda(t) = p(t)x(t) \tag{11-33}$$

将式（11-33）代入式（11-32），可得

$$u(t) = -R^{-1}(t)B^{\mathrm{T}}(t)p(t)x(t) \tag{11-34}$$

将式（11-34）代入状态方程（11-28），可得

$$\dot{x}(t) = A(t)x(t) - B(t)R^{-1}(t)B^{\mathrm{T}}(t)p(t)x(t) \tag{11-35}$$

由假设可得

$$\dot{\lambda}(t) = \dot{p}(t)x(t) + p(t)\dot{x}(t) \tag{11-36}$$

将式 (11 - 35) 代入式 (11 - 36)，再将式 (11 - 33) 和式 (11 - 36) 都代入伴随方程 (11 - 30)，可得

$$\dot{p}(t)x(t) + p(t)[A(t)x(t) - B(t)R^{-1}(t)B^{T}(t)p(t)x(t)] = -[Q(t)x(t) + A^{T}(t)p(t)x(t)]$$

消去 $x(t)$，可得

$$\dot{p}(t) + p(t)A(t) + A^{T}(t)p(t) - p(t)B(t)R^{-1}(t)B^{T}(t)p(t) + Q(t) = 0$$

上式即为黎卡提（Riccati）方程，也常改写为如下形式

$$\dot{p}(t) = -p(t)A(t) - A^{T}(t)p(t) + p(t)B(t)R^{-1}(t)B^{T}(t)p(t) - Q(t)$$

其中 $p(t)$ 即为黎卡提方程对应的解。

当 t_f 为固定值时，黎卡提增益矩阵 $p(t)$ 变为常数阵，即 $\dot{p}(t) = 0$，上式可简化为

$$-p(t)A(t) - A^{T}(t)p(t) + p(t)B(t)R^{-1}(t)B^{T}(t)p(t) - Q(t) = 0$$

求解一个非线性矩阵黎卡提微分方程或代数方程比较烦琐，较难得到其解析解，大多数情况下可由程序得到数值解。

综上所述，基于二次型性能指标最优控制求解问题也可描述为：基于系统模型［即已知状态矩阵 $A(t)$ 和控制矩阵 $B(t)$］以及 $Q(t)$ 和 $R(t)$ 解算得到黎卡提增益矩阵 $p(t)$，在此基础上根据式 (11 - 34) 确定最优状态反馈矩阵 $-R^{-1}(t)B^{T}(t)p(t)$，其示意图如图 11 - 14 所示。

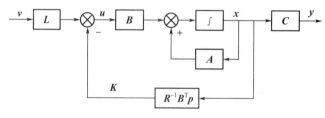

图 11 - 14　最优控制示意图

关于最优控制的几点说明：

1) 基于二次型性能指标的最优控制是最优控制问题中的一个特例，可以解算得到解析解。

2) 基于二次型性能指标的最优控制可看成一种优化反馈系数的状态反馈，其前提条件是被控对象为可控，即［A，B］构成可控条件。

3) 基于二次型性能指标最优控制的性能指标由两项构成，即终端约束项和过程积分项，都为二次型。$x^{T}(t_f)Sx(t_f)$ 为终端约束项，S 为终端约束因子，其值越大，则在性能指标中的分量越大，即终端约束项满足情况越好，对每个状态量的终端要求也不尽相同，故通过加权阵 S 来调整，对于终端无约束的状态变量，可设加权阵 S 相应的分量为 0；积分约束 $\int_{t_0}^{t_f} x^{T}(t)Qx(t)\mathrm{d}t$ 为控制过程中对状态变量的要求，$Q(t)$ 为状态量在控制过程中的权值，其值越大，则代表控制过程中对状态变量的要求越严，对每个状态变量的要求也不一样，通过设置 $Q(t)$ 中每项的权值调节对此状态变量的要求严松程度，权越大，要求越

严，权为 0 时则代表对对应的状态变量无要求。$\int_{t_0}^{t_f} \boldsymbol{u}^{\mathrm{T}}(t) \boldsymbol{R} u(t) \mathrm{d}t$ 表示对控制能力的要求，即在控制过程中对控制能量消耗的要求，同理基于 $\boldsymbol{R}$ 权值的分配实现对每个控制变量要求的严松程度。

4）在控制工程中，目前尚无标准来确定 $\boldsymbol{R}(t)$，$\boldsymbol{Q}(t)$ 和 $\boldsymbol{S}$ 的权值，一般设为对角阵，根据设计经验和性能指标确定各权值，通常 $\boldsymbol{Q}(t)$ 和 $\boldsymbol{S}$ 为非负正定阵，$\boldsymbol{R}(t)$ 为正定阵。

5）由于 $\boldsymbol{p}$ 为 n 维的正定对称阵，即黎卡提方程由 $0.5(n+1)n$ 个非线性的微分方程或代数方程组成。对于低阶系统，可以简单地通过手动计算得到 $\boldsymbol{p}$ 阵，对于高阶系统，可以采用计算机编程计算得到 $\boldsymbol{p}$ 阵。

6）对于定常系统，黎卡提微分方程的稳态解即为代数方程的解，对于非定常系统，由于参数的变化，$\dot{\boldsymbol{p}}(t)$ 不为 0，即微分方程的稳态解不等于代数方程的解，一般情况下，参数变化较为缓慢，可知 $\dot{\boldsymbol{p}}(t)$ 虽然不为 0，但也为较小值，可假设 $\dot{\boldsymbol{p}}(t)=0$，这样可近似认为黎卡提微分方程的稳态解即为代数方程的解。

7）由最优控制解析解表达式和黎卡提方程可知，当 $\boldsymbol{Q}$ 和 $\boldsymbol{R}$ 同时增大 a 倍，则 $\boldsymbol{p}$ 也同时增大 a 倍，其最优解 $\boldsymbol{u}^*(t)$ 保持不变，所以常固定 $\boldsymbol{R}$ 阵（常将 $\boldsymbol{R}$ 设为对角阵或单位阵），仅改变 $\boldsymbol{Q}$ 进行最优控制系统设计。

下面通过举例说明黎卡提增益矩阵 $\boldsymbol{p}$ 的求解方法，旨在使读者对简单的最优控制问题的求解有所理解。

例 11-3　设一个常系数二阶不稳定被控对象 $\ddot{x} + \dot{x} - x = 2u$，试设计最优控制 $u^*(t)$，使得性能指标 $J = \int_0^\infty (x^2 + \dot{x}^2 + u^2)\,\mathrm{d}t$ 最小，并分析被控对象和最优控制系统在初始干扰 $x = 0.5$ 下的响应和单位阶跃响应。

解：令 $x_1 = x$，$x_2 = \dot{x} = \dot{x}_1$，则得

$$\begin{cases} \dot{x}_1 = x_2 \\ \dot{x}_2 = -x_2 + x_1 + 2u \end{cases}$$

即 $\boldsymbol{A} = \begin{bmatrix} 0 & 1 \\ 1 & -1 \end{bmatrix}$，$\boldsymbol{B} = \begin{bmatrix} 0 \\ 2 \end{bmatrix}$，$\boldsymbol{x}(t) = [x_1,\ x_2]$

对照 $\boldsymbol{x}^{\mathrm{T}}(t) \boldsymbol{Q} \boldsymbol{x}(t) = x_1^2 + x_2^2$，解得 $\boldsymbol{Q} = \begin{bmatrix} 1 & 0 \\ 0 & 1 \end{bmatrix}$，同理可得 $\boldsymbol{R} = 1$。假设黎卡提增益矩阵为

$\boldsymbol{p} = \begin{bmatrix} p_{11} & p_{12} \\ p_{21} & p_{22} \end{bmatrix}$，则

$$-\boldsymbol{p}\boldsymbol{B}\boldsymbol{R}^{-1}\boldsymbol{B}^{\mathrm{T}}\boldsymbol{p} + \boldsymbol{p}\boldsymbol{A} + \boldsymbol{A}^{\mathrm{T}}\boldsymbol{p} + \boldsymbol{Q}$$

$$= \begin{bmatrix} -4p_{12}p_{21} + p_{12} + p_{21} + 1 & -4p_{12}p_{22} + p_{11} - p_{12} + p_{22} \\ -4p_{22}p_{21} + p_{22} + p_{11} - p_{21} & -4p_{22}p_{22} + 2p_{12} - 2p_{22} + 1 \end{bmatrix} = \boldsymbol{0}$$

解得 $\boldsymbol{p} = \begin{bmatrix} 2.143\ 4 & 0.809\ 0 \\ 0.809\ 0 & 0.596\ 8 \end{bmatrix}$，则可得

$$u^*(t) = -\boldsymbol{R}^{-1}\boldsymbol{B}^{\mathrm{T}}\boldsymbol{p}\boldsymbol{x} = \boldsymbol{K}\boldsymbol{x} = -1.618x_1 - 1.193\ 6x_2$$

被控对象和加最优控制后的系统其初始响应如图 11-15 所示，其单位阶跃响应如图 11-16 所示，由图可知：

1) 原被控对象由于具有不稳定的极点，故在初始干扰条件下，响应发散，在阶跃响应下亦控制发散。

2) 增加最优控制后（即控制回路增加了状态反馈），系统极点变为稳定，无论在初始干扰还是阶跃响应下，控制均收敛。

3) 基于二次型性能指标的最优控制问题设计，其本质上为：设计某一种最佳的状态反馈，使得某一意义上的控制系统性能最优。故同理，计算得到最优控制解析解后，还应该进一步计算闭环系统的增益，在此基础上，求取参考输入增益，使得控制系统在单位阶跃响应下无稳态误差。

4) 值得注意的是，基于二次型性能指标的最优控制问题设计主要是求取状态反馈矩阵，还得将其视为一个普通的状态反馈设计问题，计算其开环系统的控制系统裕度，包括相位裕度、幅值裕度、延迟裕度以及截止频率，如果控制系统裕度不合适，则还得反过来修改 Q 阵。

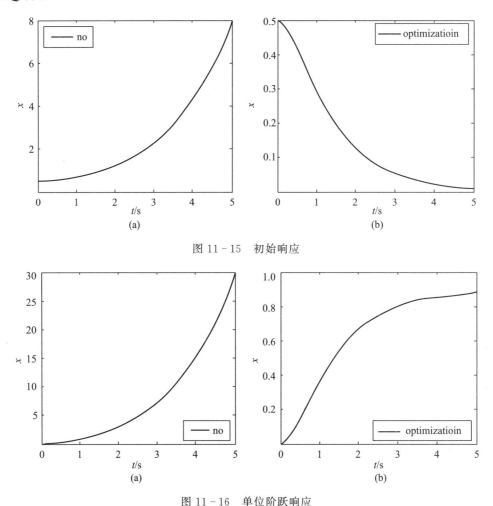

图 11-15　初始响应

图 11-16　单位阶跃响应

在简单了解最优控制求解后，下面简单介绍基于二次型性能指标最优控制的求解步骤以及注意事项。

（1）被控对象建模

同经典控制理论不同，二次型性能指标的最优控制需要建立用 n 维一阶微分状态方程表示的被控对象模型（如果是高阶微分状态方程则通过数学方法扩展为多维一阶微分状态方程），为了求解方便，被控对象建模时要注意如下问题：

①状态量的选择

一般情况下，选择能直接测量的物理量作为状态量，对于有些系统，可能直接可测量的物理量有限，这时通常有两种方法处理：

其一，采用线性状态观测器对不能测量的物理量进行估计，在此基础上，选用 n 维的物理量作为状态变量。但其问题是：线性观测器本身有稳定性问题，在此基础上加入最优控制（相当于状态反馈），进一步使系统的稳定性降低；另外，线性观测器的初值选择问题，以及可能将被控对象输出和控制量输入所带的噪声附带入控制系统；还有，对于某一些飞行控制系统，在整个飞行过程中，被控对象高度时变，这种情况下，设计一个性能优良的线性状态观测器有较大的难度。

其二，由于某一些物理量不能测量，则直接基于能测量的状态量设计状态反馈，其性能有一定的降低。

②被控对象简化

由第 2 章内容可知，制导武器被控对象的建模是基于小扰动假设，本身就是将复杂的非线性被控对象在特征点处简化为线性被控对象。另外，为了简化分析，也常常忽略某一些次要的非线性环节以及时间常数较小的环节，这样才能建立比较简单而又跟真实制导武器相差较小的被控对象，便于最优控制求解。

（2）被控对象可控性分析

在状态空间分析被控对象的可控性，只有具有可控性的被控对象才能采用状态反馈，才能采用最优控制方法求解。

（3）Q 阵的选取

在固定 R 的情况下，不同 Q 对应着性能不一样的最优控制解析解，即 Q 的选取极为重要，到目前为止，并没有一个通用的标准去选取 Q 阵，有文献针对某一个具体的问题，采用神经网络优化 Q 阵，对于一般基于二次型性能指标的最优控制，通常基于经验，采用"试凑"法选取 Q 阵，即初步选择几组 Q 阵，分别求解系统的控制品质，在此基础上分析 Q 阵对最优控制系统的影响，再确定一组较优的 Q 阵，在满足控制品质要求的情况下，参看性能指标是否较小。

（4）参考输入增益

由于状态反馈不改变系统的阶数，通常情况下，其闭环系统的增益不为 1，即仅凭状态反馈的闭环控制存在静差，故需要对参考输入进行增益处理，具体见 11.3.2 节内容。

（5）控制系统裕度分析

可以将基于二次型性能指标的最优控制问题视为一个普通的状态反馈设计问题，其最优控制反馈也只是在某一种 Q（假设 R 固定）情况下计算得到，不同 Q 对应的最优状态反馈矩阵也不同，即并不能保证状态反馈后控制系统的时域指标和频域指标（事实上，初步设计状态反馈控制系统常常发散）。这时，还需要通过数值仿真得到控制系统的时域指标，通过控制裕度计算分析系统的控制裕度，包括相位裕度、幅值裕度、延迟裕度以及截止频率，如果控制裕度不合适，则还得反过来修改 Q 阵，往往需要多次迭代，才能得到性能较佳的基于二次型性能指标的最优控制。

值得提出的是：1）由二次型性能指标最优控制的求解步骤可知，其求解属于"试凑"法，需要在一组较合理的 R 和 Q 的基础上求解最优解，若 R 和 Q 选择不合理则得"最优"解，那么该系统性能较差；2）所谓的"最优"控制只是使某一性能指标最小，并不能保证系统在工程上具有实用意义的"最优"。

11.7　基于二次型性能指标的滚动控制回路最优控制

在 11.6 节，介绍了基于二次型性能指标的最优控制的求解步骤以及注意事项，在这一节，介绍基于二次型性能指标的滚动控制回路最优控制，为了便于理解，本节采用简化的被控对象，并且忽略了执行机构的响应特性对控制回路的影响，另外，分析不同 Q 和 R 阵对最优控制系统的影响，具体见例 11-4。

例 11-4　设计基于二次型性能指标的滚动控制回路最优控制。

某空地制导武器的侧向动力系数同例 2-6，试设计最优控制 $u^*(t)$，使得某性能指标 $J = \int_{t_0}^{t_f} [\boldsymbol{x}^\mathrm{T}(t)\boldsymbol{Q}\boldsymbol{x}(t) + \boldsymbol{u}^\mathrm{T}(t)\boldsymbol{R}\boldsymbol{u}(t)]\,\mathrm{d}t$ 最小，并分析最优控制系统在初始干扰 $\gamma_0 = 0.5°$ 下的控制响应以及单位阶跃响应，分析不同 Q 和 R 阵对闭环控制系统的影响。

解：

（1）建立模型

由第 2 章内容可知滚动通道的被控对象可表示为

$$\begin{cases} \dfrac{\mathrm{d}\Delta\omega_x}{\mathrm{d}t} = b_{11}\Delta\omega_x + b_{12}\Delta\omega_y + b_{14}\Delta\beta + b_{15}\Delta\delta_y + b_{17}\Delta\delta_x + b_{18}M_{gx} \\[2mm] \dfrac{\mathrm{d}\Delta\omega_y}{\mathrm{d}t} = b_{21}\Delta\omega_x + b_{22}\Delta\omega_y + b_{24}\Delta\beta + b_{24}'\Delta\beta + b_{25}\Delta\delta_y + b_{28}M_{gy} \\[2mm] \dfrac{\mathrm{d}\beta}{\mathrm{d}t} = \alpha\omega_x - (\alpha\tan\vartheta - b_{32})\Delta\omega_y - (b_{34} - a_{33})\Delta\beta - b_{36}\gamma + b_{35}\Delta\delta_y + b_{38}F_{gz} \\[2mm] \dfrac{\mathrm{d}\Delta\gamma}{\mathrm{d}t} = \Delta\omega_x - \tan\vartheta\,\Delta\omega_y \end{cases}$$

由于四阶模型比较复杂，除了包含滚动模态，还包括荷兰滚模态和螺旋模态，对于绝大多数轴对称空地制导武器来说，荷兰滚模态和螺旋模态可忽略，即可将其简化为二阶模型，如下式所示

$$\begin{cases} \dfrac{\mathrm{d}\Delta\omega_x}{\mathrm{d}t} = b_{11}\Delta\omega_x + b_{17}\Delta\delta_x + b_{18}M_{gx} \\[2mm] \dfrac{\mathrm{d}\Delta\gamma}{\mathrm{d}t} = \Delta\omega_x \end{cases}$$

将上述模型写成状态空间的形式

$$\begin{bmatrix} \dfrac{\mathrm{d}\Delta\gamma}{\mathrm{d}t} \\[3mm] \dfrac{\mathrm{d}\Delta\omega_x}{\mathrm{d}t} \end{bmatrix} = \begin{bmatrix} 0 & 1 \\ 0 & b_{11} \end{bmatrix}\begin{bmatrix} \Delta\gamma \\ \Delta\omega_x \end{bmatrix} + \begin{bmatrix} 0 \\ b_{17} \end{bmatrix}\Delta\delta_x + \begin{bmatrix} 0 \\ b_{18} \end{bmatrix}M_{gx}$$

进行最优控制系统设计时，常将干扰量忽略，令 $\Delta\gamma = x_1$，$\Delta\omega_x = x_2$，$\Delta\delta_x = u$，上式可改写为

$$\begin{cases} \dot{\boldsymbol{x}} = \boldsymbol{A}\boldsymbol{x} + \boldsymbol{B}\boldsymbol{u} \\ \boldsymbol{y} = \boldsymbol{C}\boldsymbol{x} \end{cases}$$

即 $\boldsymbol{A} = \begin{bmatrix} 0 & 1 \\ 0 & b_{11} \end{bmatrix}$，$\boldsymbol{B} = \begin{bmatrix} 0 \\ b_{17} \end{bmatrix}$，$\boldsymbol{C} = \begin{bmatrix} 1 & 0 \end{bmatrix}$。

（2）模型可控性分析

滚动通道被控对象的可控性为

$$\mathrm{rank}(\boldsymbol{B},\boldsymbol{AB}) = \mathrm{rank}\begin{bmatrix} 0 & b_{17} \\ b_{17} & b_{11}b_{17} \end{bmatrix} = b_{17}^2$$

即当 b_{17} 不为 0 时，被控对象即可控，在物理意义上，当弹体的滚动舵效不为 0 时，滚动通道即可控。

（3）$\boldsymbol{Q}$ 阵的选取

滚动通道二次型最优控制的性能指标为

$$J = \int_{t_0}^{t_f}[\boldsymbol{x}^{\mathrm{T}}(t)\boldsymbol{Q}\boldsymbol{x}(t) + \boldsymbol{u}^{\mathrm{T}}(t)\boldsymbol{R}\boldsymbol{u}(t)]\,\mathrm{d}t$$

设 $\boldsymbol{R} = 1$，通过改变 $\boldsymbol{Q}$ 调节控制的品质，由于滚动通道的控制要求是将滚动角快速地控制至指令值，故对 $\Delta\gamma = x_1$ 的约束较严，对 $\Delta\omega_x = x_2$ 的约束较宽松，取 $\boldsymbol{Q} = \begin{bmatrix} 1.0 & 0 \\ 0 & 0.015 \end{bmatrix}$，代入黎卡提代数方程，求解得到 $\boldsymbol{p}$ 阵为

$$\boldsymbol{p} = \begin{bmatrix} 0.221\,0 & 0.013\,7 \\ 0.013\,7 & 0.001\,9 \end{bmatrix}$$

根据控制反馈增益 $\boldsymbol{K} = \begin{bmatrix} k_1 & k_2 \end{bmatrix} = \boldsymbol{R}^{-1}\boldsymbol{B}^{\mathrm{T}}\boldsymbol{p}$，解得反馈增益为

$$\boldsymbol{K} = \begin{bmatrix} -1.000\,0 & -0.140\,7 \end{bmatrix}$$

即可得控制量

$$u^*(t) = \boldsymbol{K}\boldsymbol{x} = -1.0x_1 - 0.140\,7x_2 = -1.0\Delta\gamma - 0.140\,7\Delta\omega_x$$

（4）参考输入增益

对于本例基于二次型性能指标的滚动控制回路最优控制可等效写成经典的控制回路，

如图 11-17 左图所示，也可等效写成单位反馈控制回路的形式，如右图所示，可得参考输入增益为 k_1 时，控制回路在低频段的增益为 1。

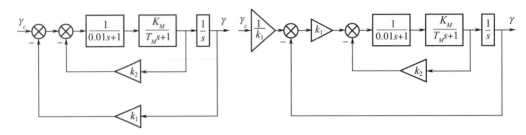

图 11-17 最优控制等效控制回路

（5）控制系统裕度分析

为了分析方便，假设执行机构为一个一阶环节，其传递函数为 $\dfrac{1}{0.01s+1}$，根据等效控制回路，可解算得到开环控制回路的特性如图 11-18 和表 11-2 所示，由图表可知，控制回路的截止频率、相位裕度、幅值裕度都比较合适，延迟裕度为 128 ms，也说明控制回路具有足够的控制裕度，系统具有很强的鲁棒性。

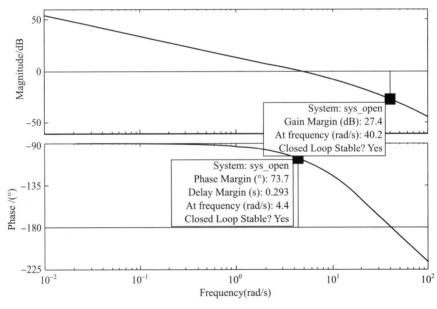

图 11-18 开环控制回路

至此，二次型性能指标的滚动控制回路最优控制已设计完毕，其性能指标见表 11-2，其在受初始扰动 $\gamma_0 = 0.5°$ 后的响应如图 11-19 所示，其单位阶跃响应如图 11-20 所示。

表 11 - 2　不同 Q 和 R 阵对应的仿真结果

Q 和 R 的取值	$Q = \begin{bmatrix} 1 & 0 \\ 0 & 0.015 \end{bmatrix}$ $R = 1$	$Q = \begin{bmatrix} 1 & 0 \\ 0 & 0.005 \end{bmatrix}$ $R = 1$	$Q = \begin{bmatrix} 5 & 0 \\ 0 & 0.015 \end{bmatrix}$ $R = 1$	$Q = \begin{bmatrix} 1 & 0 \\ 0 & 0.015 \end{bmatrix}$ $R = 2$
控制反馈增益 K	$[-1 \quad -0.140\ 7]$	$[-1 \quad -0.116\ 8]$	$[-1.73 \quad -0.182\ 1]$	$[-0.707 \quad -0.102\ 2]$
超调量 σ	0	0.7%	0.6%	0
调节时间/s	0.61	0.48	0.37	0.7
开环系统 截止频率/(rad/s)	4.4	4.85	7.45	3.75
开环系统 相位裕度/(°)	73.7	70.1	68.9	73.3
开环系统 幅值裕度/dB	27.4	26.4	22.7	28
开环系统 延迟裕度/ms	128	134	69.8	178
闭环系统传递函数	$\dfrac{72.99}{s^2 + 16.13s + 72.99}$	$\dfrac{72.99}{s^2 + 14.39s + 72.99}$	$\dfrac{126.4}{s^2 + 19.16s + 126.4}$	$\dfrac{51.61}{s^2 + 13.32s + 51.61}$
闭环系统带宽/Hz	0.947	1.107	1.435	0.817

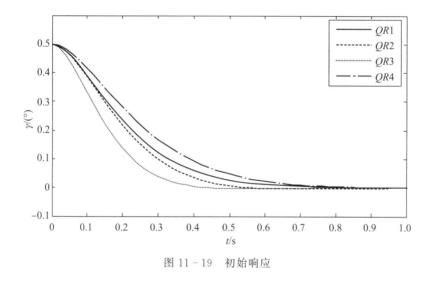

图 11 - 19　初始响应

当 Q 和 R 取不同值时，二次型性能指标的滚动控制回路最优控制对应的仿真结果如表 11 - 2、图 11 - 19 和图 11 - 20 所示。其中图 11 - 19 为 Q 和 R 取不同值时，当系统受初始扰动后的响应曲线，图 11 - 20 为 Q 和 R 取不同值时，系统的单位阶跃响应曲线。

由仿真结果可知：

1) 二次型性能指标的滚动控制回路最优控制是基于状态反馈，与第 7 章采用基于经典控制理论设计的控制回路是一致的；

2) 当 Q_{11} 不变，Q_{22} 变小时，即对应了性能指标中角速度条件放宽，对应着状态反馈系数 K_2 数值减小，即弹体阻尼反馈减小，导致弹体的带宽提高；

3) 当 Q_{22} 不变，Q_{11} 变大时，即对应了性能指标中角度条件加严，对应着状态反馈系数 K_1 数值增加，闭环带宽提高；

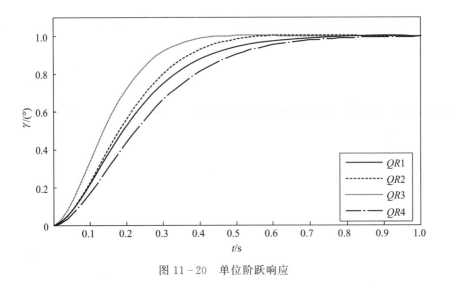

图 11 - 20　单位阶跃响应

4）当 **Q** 保持不变，**R** 增大时，即对应着性能指标中对控制量的约束增加，对状态量的约束放宽，即对应状态反馈矩阵 **K** 减小，其结果是闭环控制带宽降低。

基于二次型性能指标的滚动回路最优控制其设计结果等价于基于经典控制理论滚动回路设计，当 **Q** 和 **R** 取不同值时，对应于不同的状态反馈系数，在工程上并不具有性能指标上的"最优"。

此例的 MATLAB 代码如表 11 - 3 所示。

表 11 - 3　基于二次型性能指标的滚动控制回路最优控制

```
% ex11_07_01. m
% developed by qiong studio

b11 = - 5. 863;
b17 = - 72. 99;
A = [0 1; 0 b11];
b = [0;b17];
c = [1 0];
d = 0;

Q = [1. 0 0;0 0. 015];
R = 1;

sys_origin = ss(A,b,c,d);
t = 0 : 0. 02 : 5;
x0 = [0. 5,0];
[K,p,e] = lqr(A,b,Q,R);

A_BK = A - b * K;
```

续表

```
Lb = b * K( 1 ) ;
sys_opt = ss( A_BK,Lb,c,d) ;

[num,den] = ss2tf( A_BK,Lb,c,d,1) ;
figure('name','initial response')
initial( sys_opt,x0) ;
bd = bandwidth( sys_opt)/( 2 * pi) ;
figure('name','step response')
[y_t,x_t,t] = step( A_BK,Lb,c,d) ;
plot( t,y_t) ;
```

11.8　基于二次型性能指标的纵向控制回路最优控制

11.7 节简单地介绍了一个较为简单的二次型性能指标最优控制在滚动回路中的应用，其被控对象阶数较低，并忽略执行机构的影响，其最优控制设计等价于基于经典控制理论滚动回路设计。

本节设计基于二次型性能指标的纵向控制回路最优控制，采用三阶的被控对象，考虑执行机构的响应特性，另外，介绍了不同 $\boldsymbol{Q}$ 和 $\boldsymbol{R}$ 阵对闭环控制系统的影响，具体见例 11-5。

例 11-5　设计基于二次型性能指标的纵向控制回路最优控制。

某一制导武器在高度 5 500 m 以 $Ma=0.746\ 4$（速度 $V=237.345$ m/s）飞行，其气动系数：$m_z^a=0.0$，$m_z^{\delta_z}=-0.073\ 3$，$m_z^{\omega_z}=-5.425\ 9$，$C_y^a=1.245\ 4$，$C_y^{\delta_z}=0.133\ 6$（气动参考面积 $S_{ref}=0.1$ m^2，参考长度为 $L_{ref}=3.50$ m）。弹体结构质量特性：转动惯量 $J_z=500$ kg/m^2，质量 $m=700$ kg。试设计最优控制 $u^*(t)$，使得某性能指标 $J=\int_{t_0}^{t_f}[\boldsymbol{x}^{\mathrm{T}}(t)\boldsymbol{Q}\boldsymbol{x}(t)+\boldsymbol{u}^{\mathrm{T}}(t)\boldsymbol{R}\boldsymbol{u}(t)]\mathrm{d}t$ 最小，并分析最优控制系统在初始干扰 $\vartheta_0=0.5°$ 下的控制响应以及单位阶跃响应，分析不同 $\boldsymbol{Q}$ 和 $\boldsymbol{R}$ 阵对闭环控制系统的影响。

解：

（1）建立模型

由第 2 章内容可知，俯仰通道的二阶模型如下式所示

$$\begin{cases} \dfrac{\mathrm{d}\Delta V}{\mathrm{d}t}=a_{11}\Delta V+a_{13}\Delta\theta+a_{14}\Delta\alpha+a_{16}F_{gx} \\[2mm] \dfrac{\mathrm{d}\Delta\omega_z}{\mathrm{d}t}=a_{21}\Delta V+a_{22}\Delta\omega_z+a_{24}\Delta\alpha+a_{24}'\dfrac{\mathrm{d}\Delta\alpha}{\mathrm{d}t}+a_{25}\Delta\delta_z+a_{26}M_{gx} \\[2mm] \dfrac{\mathrm{d}\Delta\alpha}{\mathrm{d}t}=-a_{31}\Delta V+\Delta\omega_z-(a_{34}+a_{33})\Delta\alpha-a_{33}\Delta\vartheta-a_{35}\Delta\delta_z-a_{36}F_{gy} \\[2mm] \dfrac{\mathrm{d}\Delta\vartheta}{\mathrm{d}t}=\Delta\omega_z \end{cases} \quad (11-37)$$

由于速度是一个慢变的状态量，为了求解方便，在工程上常省去速度变化的影响，可将方

程组（11-37）简化为

$$\begin{cases} \dfrac{\mathrm{d}\Delta\vartheta}{\mathrm{d}t} = \Delta\omega_z \\[2mm] \dfrac{\mathrm{d}\Delta\omega_z}{\mathrm{d}t} = a_{22}\Delta\omega_z + a_{24}\Delta\alpha + a'_{24}\dfrac{\mathrm{d}\Delta\alpha}{\mathrm{d}t} + a_{25}\Delta\delta_z + a_{26}M_{gx} \\[2mm] \dfrac{\mathrm{d}\Delta\alpha}{\mathrm{d}t} = \Delta\omega_z - (a_{34}+a_{33})\Delta\alpha - a_{33}\Delta\vartheta - a_{35}\Delta\delta_z - a_{36}F_{gy} \end{cases}$$

另外假设执行机构为一阶系统，传递函数为 $G_{\mathrm{servo}}(s) = \dfrac{\delta_z(s)}{\delta_c(s)} = \dfrac{1}{\tau s + 1}$ ，$\delta_z(s)$ 为输出，$\delta_c(s)$ 为输入指令，写成一阶微分的形式为

$$\frac{\mathrm{d}\delta_z}{\mathrm{d}t} = -\frac{1}{\tau}\delta_z + \frac{1}{\tau}\delta_c$$

令 $\Delta\vartheta = x_1$，$\Delta\omega_z = x_2$，$\Delta\alpha = x_3$，$\delta_z = x_4$，令 $\Delta\delta_z = u$ ，则上述模型可写成状态空间的形式

$$\begin{bmatrix} \dfrac{\mathrm{d}\vartheta}{\mathrm{d}t} \\[2mm] \dfrac{\mathrm{d}\omega_z}{\mathrm{d}t} \\[2mm] \dfrac{\mathrm{d}\alpha}{\mathrm{d}t} \\[2mm] \dfrac{\mathrm{d}\delta_z}{\mathrm{d}t} \end{bmatrix} = \begin{bmatrix} 0 & 1 & 0 & 0 \\ 0 & a_{22} & a_{24} & 0 \\ -a_{33} & 1 & -(a_{24}+a_{33}) & 0 \\ 0 & 0 & 0 & -1/\tau \end{bmatrix} \begin{bmatrix} \vartheta \\ \omega_z \\ \alpha \\ \delta_z \end{bmatrix} + \begin{bmatrix} 0 \\ a_{25} \\ -a_{35} \\ 1/\tau \end{bmatrix}\delta_z + \begin{bmatrix} 0 \\ a_{26}M_{gx} \\ -a_{36}F_{gy} \\ 0 \end{bmatrix}$$

进行最优控制系统设计时，常将干扰量忽略，上式可改写为

$$\begin{cases} \dot{x} = Ax + Bu \\ y = Cx \end{cases}$$

即 $A = \begin{bmatrix} 0 & 1 & 0 & 0 \\ 0 & a_{22} & a_{24} & 0 \\ -a_{33} & 1 & -(a_{24}+a_{33}) & 0 \\ 0 & 0 & 0 & -1/\tau \end{bmatrix}$ ，$B = \begin{bmatrix} 0 \\ a_{25} \\ -a_{35} \\ 1/\tau \end{bmatrix}$ ，$C = \begin{bmatrix} 1 & 0 & 0 & 0 \end{bmatrix}$ 。

（2）模型可控性分析

由于 a_{33} 较小，在俯仰通道被控对象中也常常忽略，俯仰通道被控对象的可控性为

$$\mathrm{rank}(B, AB, A^2B, A^3B) =$$

$$\mathrm{rank}\begin{bmatrix} 0 & a_{25} & a_{22}a_{25}-a_{24}a_{35} & a_{22}(a_{22}a_{25}-a_{24}a_{35})- \\ & & & a_{24}(a_{25}+a_{35}a_{24}) \\[4mm] a_{25} & \begin{matrix}a_{22}a_{25}-\\a_{24}a_{35}\end{matrix} & \begin{matrix}a_{22}(a_{22}a_{25}-a_{24}a_{35})\\ -a_{24}\begin{pmatrix}a_{25}+\\a_{35}a_{24}\end{pmatrix}\end{matrix} & \begin{matrix}a_{22}\begin{pmatrix}a_{22}(a_{22}a_{25}-a_{24}a_{35})-\\a_{24}(a_{25}+a_{35}a_{24})\end{pmatrix}+\\ a_{24}\begin{pmatrix}a_{22}a_{25}-a_{24}a_{35}\\-a_{24}(a_{25}+a_{35}a_{24})\end{pmatrix}\end{matrix} \\[6mm] -a_{35} & \begin{matrix}a_{25}+\\a_{35}a_{24}\end{matrix} & \begin{matrix}a_{22}a_{25}-a_{24}a_{35}-\\a_{24}\begin{pmatrix}a_{25}+\\a_{35}a_{24}\end{pmatrix}\end{matrix} & \begin{matrix}a_{22}\begin{pmatrix}(a_{22}a_{25}-a_{24}a_{35})\\-a_{24}(a_{25}+a_{35}a_{24})\end{pmatrix}-a_{24}\\ \begin{pmatrix}a_{22}a_{25}-a_{24}a_{35}\\-a_{24}(a_{25}+a_{35}a_{24})\end{pmatrix}\end{matrix} \\[6mm] 1/\tau & -1/\tau^2 & -1/\tau^2 & -1/\tau^3 \end{bmatrix}$$

当 $a_{25} \neq 0$ 时，其 rank $\neq 0$，即被控对象为可控。

（3）$\boldsymbol{Q}$ 阵的选取

俯仰通道二次型最优控制的性能指标为

$$J = \int_{t_0}^{t_f} [\boldsymbol{x}^{\mathrm{T}}(t)\boldsymbol{Q}\boldsymbol{x}(t) + \boldsymbol{u}^{\mathrm{T}}(t)\boldsymbol{R}\boldsymbol{u}(t)] \, \mathrm{d}t$$

设 $\boldsymbol{R} = 1$，通过改变 $\boldsymbol{Q}$ 调节控制的品质。由于俯仰通道的控制要求将俯仰角快速地控制至指令值，故对 $\Delta\vartheta = x_1$ 的约束较严，对 $\Delta\omega_z = x_2$、$\Delta\alpha = x_3$ 和 $\Delta\delta_z = x_4$ 的约束较宽松，故取

$$\boldsymbol{Q} = \begin{bmatrix} 1 & 0 & 0 & 0 \\ 0 & 0.01 & 0 & 0 \\ 0 & 0 & 0.02 & 0 \\ 0 & 0 & 0 & 0.02 \end{bmatrix}$$

代入黎卡提代数方程，求解得到 $\boldsymbol{p}$ 阵为

$$\boldsymbol{p} = \begin{bmatrix} 0.223\,5 & 0.017\,5 & -0.010\,0 & 0.000\,12 \\ 0.017\,4 & 0.003\,4 & 0.000\,13 & 0.000\,03 \\ -0.010\,0 & 0.000\,13 & 0.02 & 0 \\ 0.000\,12 & 0.000\,03 & 0 & 0.000\,14 \end{bmatrix}$$

根据控制反馈增益 $\boldsymbol{K} = [k_1 \quad k_2 \quad k_3 \quad k_4] = \boldsymbol{R}^{-1}\boldsymbol{B}^{\mathrm{T}}\boldsymbol{p}$，解得反馈增益为

$$\boldsymbol{K} = [-1.0 \quad -0.194\,3 \quad -0.008\,5 \quad 0.008\,5]$$

即可得控制量

$$u^*(t) = \boldsymbol{K}\boldsymbol{x}$$
$$= -1.0x_1 - 0.194\,3x_2 - 0.008\,5x_3 - 0.008\,5x_4$$
$$= -1.0\Delta\vartheta - 0.194\,3\Delta\omega_z - 0.008\,5\Delta\alpha - 0.008\,\Delta5\delta_z$$

（4）参考输入增益

单位阶跃响应存在稳态误差，需要对参考输入进行增益变换，即令参考输入增益

$$L = k_1$$

至此，二次型性能指标的纵向控制回路最优控制已设计完毕，即

$$u^*(t) = \boldsymbol{K}\boldsymbol{x} + L\upsilon$$

其性能指标见表 11-4，其在受初始扰动 $\vartheta_0 = 0.5°$ 后的响应如图 11-21 所示，其单位阶跃响应如图 11-22 所示。

表 11-4　不同 $\boldsymbol{Q}$ 和 $\boldsymbol{R}$ 阵对应的仿真结果

$\boldsymbol{Q}$ 和 $\boldsymbol{R}$ 取值	QR1	QR2	QR3	QR4	QR5
最优控制律	式(11-39)	式(11-40)	式(11-41)	式(11-42)	式(11-43)
超调量 $\sigma / \%$	0.7	2	0.0	0	1.0
调节时间 /s	0.5	0.4	0.621	0.58	0.58
闭环系统传递函数	式(11-44)	式(11-45)	式(11-46)	式(11-47)	式(11-48)

续表

Q 和 R 取值	$QR1$	$QR2$	$QR3$	$QR4$	$QR5$
闭环系统带宽/Hz	1.031 5	1.283 4	0.903 9	1.010 8	0.903 6

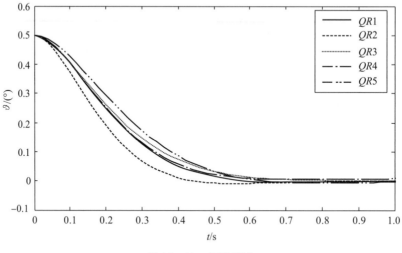

图 11-21　初始响应

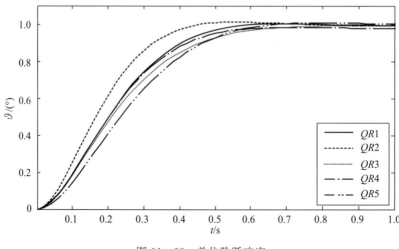

图 11-22　单位阶跃响应

当 Q 和 R 取不同值时［如式（11-38）所示］，二次型性能指标的纵向控制回路最优控制对应的仿真结果见表 11-4、图 11-21 和图 11-22 所示。其中图 11-21 为 Q 和 R 取不同值时，当系统受扰动后的响应曲线，图 11-22 为 Q 和 R 取不同值时，系统的单位阶跃响应曲线。

$$\begin{cases} QR1\colon R=1, \boldsymbol{Q}=\text{diag}(1,0.01,0.02,0.02) \\ QR2\colon R=1, \boldsymbol{Q}=\text{diag}(2,0.01,0.02,0.02) \\ QR3\colon R=1, \boldsymbol{Q}=\text{diag}(1,0.02,0.02,0.02) \\ QR4\colon R=1, \boldsymbol{Q}=\text{diag}(1,0.01,0.08,0.02) \\ QR5\colon R=2, \boldsymbol{Q}=\text{diag}(1,0.01,0.02,0.02) \end{cases} \qquad (11-38)$$

由仿真结果可知：

1）当 Q_{11} 变大，其他不变时，即对应了性能指标中角度条件加严，对应着状态反馈系数 k_1 数值增加，闭环带宽提高；

2）当 Q_{11} 不变，Q_{22} 变大，其他不变时，即对应了性能指标中角速度条件加严，对应着状态反馈系数 k_2 数值增加，闭环带宽减小；

3）当 $\boldsymbol{Q}$ 保持不变，$\boldsymbol{R}$ 增大时，则对应着性能指标中对控制量的约束加严，对状态量的约束放宽，即对应状态反馈矩阵 $\boldsymbol{K}$ 减小，其结果是闭环控制带宽降低。

$$u(QR1)=-1.0\Delta\vartheta-0.194\,3\Delta\omega_z-0.008\,5\Delta\alpha+0.008\,5\Delta\delta_z \qquad (11-39)$$

$$u(QR2)=-1.414\,2\Delta\vartheta-0.225\,6\Delta\omega_z-0.006\,2\Delta\alpha+0.008\,3\Delta\delta_z \qquad (11-40)$$

$$u(QR3)=-1.0\Delta\vartheta-0.216\,5\Delta\omega_z-0.008\,3\Delta\alpha+0.008\,5\Delta\delta_z \qquad (11-41)$$

$$u(QR4)=-1.0\Delta\vartheta-0.196\,3\Delta\omega_z-0.033\,5\Delta\alpha+0.008\,5\Delta\delta_z \qquad (11-42)$$

$$u(QR5)=-0.707\,1\Delta\vartheta-0.154\,5\Delta\omega_z-0.005\,8\Delta\alpha+0.004\,4\Delta\delta_z \qquad (11-43)$$

$$\begin{aligned} G(s)_{QR1} &= \frac{57.75\,s^2+4\,022s+3\,324}{s^4+82.54s^3+975s^2+4\,765s+3\,324} \\ &= \frac{57.75\,(s+68.81)(s+0.836\,5)}{(s+69.49)(s+0.828\,2)(s^2+12.23s+57.76)} \end{aligned} \qquad (11-44)$$

$$\begin{aligned} G(s)_{QR2} &= \frac{81.68\,s^2+5\,688s+4\,701}{s^4+84.34s^3+1\,125s^2+6\,526s+4\,701} \\ &= \frac{81.68(s+68.8)(s+0.836\,5)}{(s+69.49)(s+0.832\,4)(s^2+14.02s+81.27)} \end{aligned} \qquad (11-45)$$

$$\begin{aligned} G(s)_{QR3} &= \frac{57.75s^2+4\,022s+3\,324}{s^4+83.82s^3+1\,064s^2+4\,838s+3\,324} \\ &= \frac{57.75\,(s+68.81)(s+0.836\,5)}{(s+69.5)(s+0.828\,1)(s^2+13.49s+57.75)} \end{aligned} \qquad (11-46)$$

$$\begin{aligned} G(s)_{QR4} &= \frac{57.74s^2+4\,021\,s+3\,323}{s^4+82.66s^3+984.5s^2+4\,870s+3\,324} \\ &= \frac{57.74\,(s+68.8)(s+0.836\,5)}{(s+69.49)(s+0.804\,7)(s^2+12.36s+59.44)} \end{aligned} \qquad (11-47)$$

$$\begin{aligned} G(s)_{QR5} &= \frac{40.84s^2+2\,844s+2\,351}{s^4+79.96s^3+797.4s^2+3\,444s+2\,351} \\ &= \frac{40.84\,(s+68.8)(s+0.836\,7)}{(s+69.14)(s+0.828\,5)(s^2+9.991s+41.04)} \end{aligned} \qquad (11-48)$$

此例的 MATLAB 代码如表 11-5 所示。

表 11 - 5　基于二次型性能指标的纵向控制回路最优控制

```
%  ex11_08_01. m
%  developed by qiong studio


Lref = 3. 5;
Sref = 0. 10;
Mass = 700;
Jz = 500;
r2d = 180/pi;

Vel = 0. 7464 * 318;
density = 0. 6975;
Q = 0. 5 * density * Vel^2;

mz2alpha = 0. 0 * r2d;
mz2deltaz = - 0. 0733 * r2d;
mz2wz = - 5. 4259;
cy2alpha = 1. 2454 * r2d;
cy2deltaz = 0. 1336 * r2d;

a24 = mz2alpha * Q * Sref * Lref/Jz;
a25 = mz2deltaz * Q * Sref * Lref/Jz;
a22 = mz2wz * Q * Sref * Lref/Jz * Lref/(Vel);
a24t = a24/100;
a34 = cy2alpha *  Q * Sref/(Mass * Vel);
a35 = cy2deltaz *  Q * Sref/(Mass * Vel);
a33 = 9. 8 * sin( - 10 * pi/180)/Vel;

tau = 1/68. 8;

A = [0  1 0 0;0  a22 a24 0;  - a33   1 - (a34 + a33) 0;  0 0 0  - 1/tau];
B = [0;  a25;  - a35;  1/tau];
c = [1 0 0 0];
d = 0;

Q = [1. 0 * 1 0 0 0;  0 0. 01 0 0;  0 0 0. 02 0;  0 0 0. 0 0. 02];
R = 1;
[K,p,e] = lqr(A,B,Q,R);

sys_origin = ss(A,B,c,d);
t = 0 : 0. 02 : 2;
x0 = [0. 5,0 0 0];

A_BK = A - B * K;
LB = B * K(1);
sys_opt = ss(A_BK,LB,c,d);
```

续表

```
[num,den] = ss2tf(A_BK,LB,c,d,1);
sys = tf(num,den);
figure('name','initial response')
initial(sys_opt,x0,t);
bd = bandwidth(sys)/(2 * pi);
figure('name','step response')
step(sys,t);
```

　　基于二次型性能指标的最优控制问题是最优控制问题中的一个特例，是假设控制不受约束条件下，基于变分法推理得到，求解时需要解黎卡提微分方程或代数方程，其最终解的形式为状态反馈。与状态反馈不同的是，状态反馈增益是基于极点配置，而二次型性能指标的最优控制的状态反馈增益是基于黎卡提的解，而且从极点配置的角度看，一般情况下，基于二次型性能指标的最优控制的控制品质不如状态反馈。

11.9　基于 ESO 与二次型性能指标滚动控制回路复合控制

　　前面介绍了应用二次型性能指标最优控制求解飞行姿态控制几个常见的问题，在理论上，二次型性能指标最优控制还可以与其他控制组成复合控制。

　　在第 9 章曾介绍基于经典控制理论设计微小型空地导弹滚动控制回路所遇见的"怪异"现象，在本节应用降阶 ESO 技术和二次型性能指标最优控制组成复合控制对微小型导弹滚动回路进行控制。

　　例 11 - 6　某微小型轴对称空地导弹滚动控制回路设计。

　　某一微小型轴对称制导武器在 100 m 高度以 $Ma = 0.75$（速度 $V = 255.0 \text{ m/s}$）飞行；滚动转动惯量 $J_x = 0.036 \text{ kg/m}^2$。气动参数：滚动舵效 $m_x^{\delta_x} = -0.008$，滚动阻尼动导数 $m_x^{\omega_z} = -0.034\,5$（气动参考面积 S_{ref} 为 $0.009\,5 \text{ m}^2$，参考长度 L_{ref} 为 1.2 m）。试设计两种滚动控制回路：1）基于二次型性能指标的滚动控制回路最优控制；2）在 1）的基础上引入降阶 ESO 对干扰量进行估计并进行实时补偿，组成复合控制。并比较它们在常值滚动干扰（$m_x^{\text{disturb}} = 0.008$）条件下的控制品质，并对其进行分析。

　　解：由弹体结构、气动参数以及飞行状态参数可得被控对象的传递函数如下

$$body(s) = \frac{-2823}{0.4882s + 1}$$

取 $\mathbf{Q} = \begin{bmatrix} 1 & 0 \\ 0 & 0.015 \end{bmatrix}$，$\mathbf{R} = 1$，可得 $K_\omega = -0.002\,6$，$K_p = -0.018\,3$，可得开环和闭环传递函数为

$$\begin{cases} open(s) = \dfrac{10\,552.909\,6}{s(s + 80.6)(s + 21.44)} \\[3mm] close(s) = \dfrac{10\,552.909\,6}{(s + 82.69)(s^2 + 19.36s + 127.6)} \end{cases}$$

进一步可解得系统的性能指标为：截止频率 5.87 rad/s，相位裕度 70.5°，幅值裕度 24.5 dB，如图 11-23 所示，延迟裕度为 69.8 ms，闭环带宽为 1.3334 Hz。其单位阶跃响应如图 11-24 中实线所示，超调量为 0.7%，调节时间为 0.38 s。

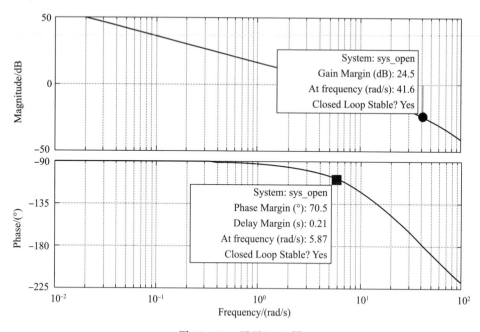

图 11-23　开环 bode 图

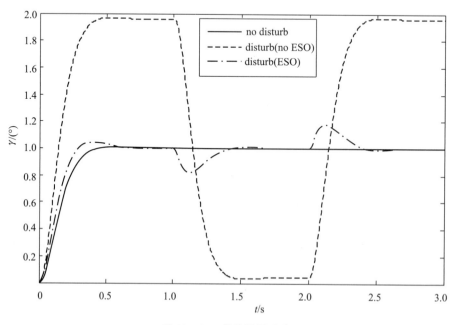

图 11-24　单位阶跃响应

　　当增加干扰时（干扰量等效于 1°滚动舵对应力矩），则其单位阶跃响应如图 11 - 24 中虚线所示，由图可知，对于微小型导弹滚动控制回路而言，即使控制回路具有很好频域和时域指标，当存在常值干扰力矩时，其控制品质急剧下降。

　　在原控制回路的基础上加入降阶 ESO，对其干扰量进行实时估计并补偿，可大幅提高控制品质。

　　设计降阶 ESO 带宽为 9Hz，则 ESO 可表示为

$$\begin{cases} \dot{w} = -\beta w - \beta b u - \beta^2 x_1 \\ z_1 = w - \beta x_1 \end{cases}$$

式中，$\beta \doteq 9 \times 2\pi = 56.548\ 7$，$x_1 = \omega_x$，$z_1$ 为干扰量的估计值。

　　搭建 Simulink 仿真图如图 11 - 25 所示，干扰量为 1°滚动对应的干扰力矩，其数值为 $b_{17} = -5\ 780.1 \times \pi/180 = -100.88$，仿真结果如图 11 - 24 中点画线所示，其干扰量和估计量如图 11 - 26 所示。

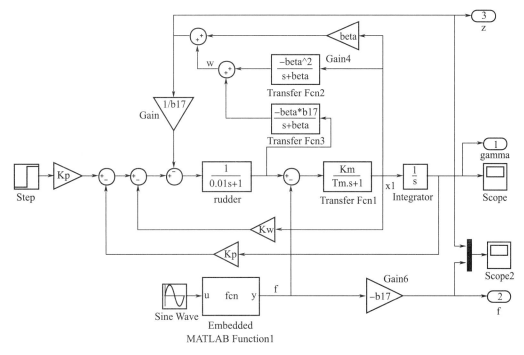

图 11 - 25　Simulink 仿真图

仿真结果分析：

　　1）基于二次型性能指标的滚动控制回路具有很好的频域特性，在无外部干扰的情况下，具有很好的时域特性；

　　2）在外部干扰的情况下，基于二次型性能指标的滚动控制回路的时域特性很差，即控制回路抗干扰特性很差；

　　3）在控制回路中引入一个降阶的 ESO，实时地对干扰量进行估计并补偿，只要降阶 ESO 设计合理便可以高品质地对干扰量进行估计。在此基础上，结合二次型性能指标的

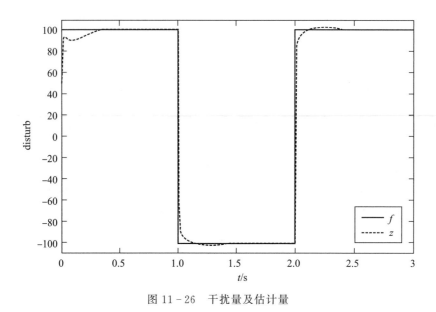

图 11-26 干扰量及估计量

滚动控制回路最优控制便可获得很好的控制品质，即控制回路在保证时域响应特性的基础上，具有很强的鲁棒性，可以抑制较大量级的干扰量。

参 考 文 献

［1］ 闫茂德，高昂，胡延苏. 现代控制理论［M］. 北京：机械工业出版社，2016.

［2］ 陈士橹，吕学富，导弹飞行力学［M］. 北京：航空专业教材编审组，1983.

［3］ 俞立. 现代控制理论［M］. 北京：清华大学出版社，2007.

［4］ 周凤岐，周军，郭建国. 现代控制理论基础［M］. 西安：西北工业大学出版社，2011.

［5］ 刘豹. 现代控制理论［M］. 北京：机械工业出版社，2006.

第 12 章　专项控制技术

12.1　引言

在本书前面章节已详细阐述了导航、制导和控制系统设计所涉及的相关基础知识和专业知识，可以解决绝大多数制导控制系统遇见的工程设计问题，但不能覆盖全部的空地导弹制导控制问题，本章详细阐述空地导弹制导控制系统在设计过程中遇见的一些比较特殊而实用的制导控制技术，即弹体翻滚控制技术、弹体静不稳定控制技术、垂直打击技术、倾斜转弯控制技术和目标定位等。

12.2　翻滚控制

12.2.1　概要

一般情况下空地导弹弹体正挂于载机挂架下（弹体法向朝上），但在某些情况下，弹体仅能以倒挂的方式（弹体法向朝下）挂载于载机挂架下，如图 12-1 所示，这须解决空地导弹脱插后从倒挂状态到其正常飞行（弹体法向朝上）这段期间所面临的弹体翻滚控制问题（即弹体绕纵轴滚动约 180°）。

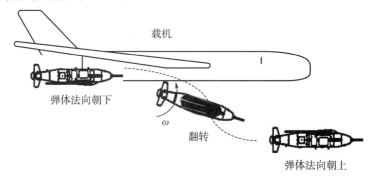

图 12-1　翻滚控制示意图

翻滚控制技术或方法适用于空地导弹因某些原因不能正挂于载机挂架，仅能倒挂于载机挂架下的情况或者由于挂载方便而选择倒挂模式。当导弹脱离载机启控后，控制系统根据当前的弹体姿态和角速度信息实时地规划出翻滚控制程序指令，依据控制偏差量（定义为程序指令与实际滚动角之间的差值），经简单控制器（由 PI 控制器和阻尼器组成）可将弹体从启控时刻滚动角翻滚至 0°。本设计方法简单易行、具有很高的控制品质及可靠性。经过理论分析、半实物仿真试验和投弹试验验证，在各种常见的干扰情况下均能有效地实现弹体翻滚控制。

12.2.2　翻滚环境

根据弹机分离计算结果及有关的资料显示：在弹机分离之后很短时间之内，由于载机机翼、挂弹架和导弹之间形成强干扰非定常流场，导弹脱离挂弹架之后受到此强流场的作用，即可能存在很大侧力和滚动力矩，弹体以一个很大的滚动角加速度滚动，在某一些情况下，滚动角速度可能在很短时间之内超过 200°/s，如图 12-2 所示（某空地导弹脱离载机后，在不同初始侧滑角状态下的滚动角和滚动角速度变化曲线），导弹脱离载机至导弹启控（假设启控时间为 0.5～1 s）之前，弹体滚动角可能超过 60°，滚动角速度过大则会引起弹体纵向以及横侧向的耦合，导致控制品质变差。另外，投放后，俯仰方向也可能存在很大的干扰力矩，使投放后弹体在俯仰方向剧烈运动，增加了控制难度，如图 12-3 所示。

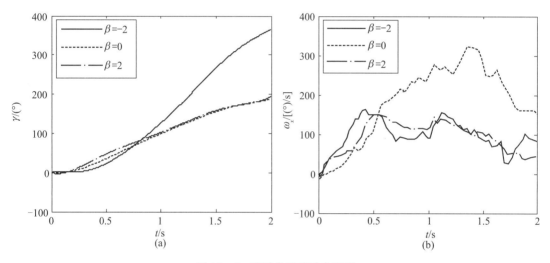

图 12-2　滚动角和滚动角速度

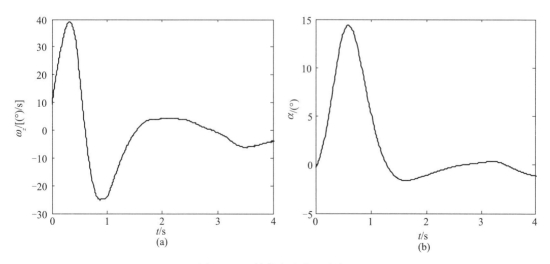

图 12-3　俯仰角速度和攻角

12.2.3　弹体特点

通常情况下，空地导弹倒挂于载机挂架下时其弹翼处于收起状态，弹翼收起状态下导弹滚动被控对象具有如下特点：1）弹体绕纵轴的转动惯量较小；2）弹体滚动阻尼 $m_x^{\omega_x}$ 较小（由于弹翼处于收起状态）；3）斜吹力矩 m_x^β 较小。故根据第 2 章内容，可以用一阶模型去描述滚动被控对象

$$G_{\delta_x}^{\omega_x}(s)=\frac{K_M}{T_M s+1}$$

式中　K_M——弹体增益；

　　　T_M——时间常数。

由于滚动阻尼力矩很小，而滚动舵效较大，所以上式中的弹体增益系数很大，时间常数也很大，例如某空地导弹滚动被控对象在某一飞行状态下：$K_M=2\,330$，$T_M=9.15\,\text{s}$。由于弹体增益很大，降低了翻滚控制设计难度。值得注意的是：由于用于控制系统设计的气动阻尼系数 $m_x^{\omega_x}$（由风洞测力试验或 CDF 计算得到）与真实值之间可能相差较大，导致被控对象存在较大的参数不确定性。

12.2.4　翻滚控制设计

翻滚控制设计思想基于如下考虑：1）翻滚时间尽量短；2）由于投弹后受到强扰动，要求滚动控制回路具有很高的控制品质；3）滚动被控对象存在较大的模型不确定性，要求控制回路具有足够的控制裕度及强鲁棒性。

通常情况下，在启控的瞬间，由于控制偏差量（滚动角指令与实际滚动角之差）较大，加上弹体角速度可能快速变化，会引起控制舵偏指令快速变化，这时则需要严格控制执行机构的响应延迟时间，否则可能导致翻滚过程中导弹滚动来回振荡。在工程上为了减弱控制回路振荡，可在翻滚过程中安排指令过渡过程，如图 12-4 所示，其特点为：在滚动初始阶段和末段，滚动角变化平滑，弹体滚动角速度也较小，在滚动当中阶段，滚动较为迅速，滚动角速度也达到最大值。在理论上，过渡过程一方面可在一定程度改善控制品质，另一方面可有效地减缓最大滚动角速度对偏航和俯仰通道的气动耦合及交感耦合。

（1）过渡过程

启控后，根据初始滚动角安排一个过渡过程

$$\gamma_c=\gamma_0\times\frac{-a\tan(2.303t-5.147)+1.230}{1.230+1.330\,667}$$

式中　γ_0——启控时刻的滚动角；

　　　t——时间。

安排过渡过程的优点：在启控时间后的一小段时间内，由于导弹尚未脱离载机的干扰区，这时俯仰和偏航通道姿态变化剧烈，所以在这段时间内，滚动过渡过程指令变化应当以平稳为主，避免滚动角速度过大，以免与其他两个通道的运动产生剧烈的交感耦合，即在这段时间内以控制俯仰和偏航通道平稳为主。其后一小段时间内，偏航和俯仰通道由于

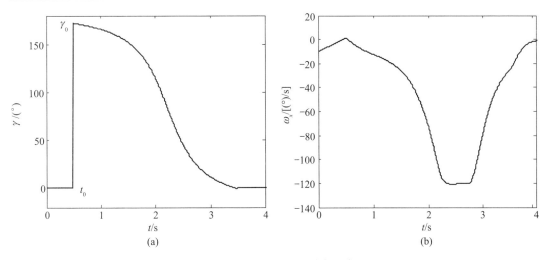

图 12 - 4　过渡过程滚动角指令

控制的作用，弹体已趋于平稳运动（即弹体角速度较小），控制弹体以最大的角速度滚动以到达快速翻滚的目的。在最后一段时间内，为了避免滚动剧烈运动，为其后的弹翼展开做准备，使弹体滚动角和角速度以较慢速度趋于零。

（2）控制器设计

滚动回路简图如图 12 - 5 所示，其中 γ_c 为滚动角指令，γ 为滚动角响应，e 为控制偏差量，外回路控制器为前向通道串联 PI 控制器，$U_{\max}$ 为 PI 控制器输出限幅，内回路为阻尼回路，K_ω 为反馈系数，AIX 为自适应系数（其值与飞行动压相关）。

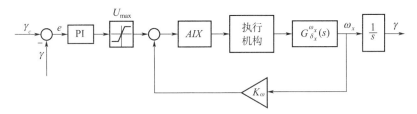

图 12 - 5　滚动回路简图

由于翻滚运动相对于舵机回路来说，是一个"慢运动"，故可以省略舵机响应延迟时间对翻滚的影响。另外由于翻滚过程中，控制偏差很大，即 PI 控制器限幅 $U_{\max}(s)$ 起作用，滚动回路角速度输出可简化为

$$\frac{\omega_x(s)}{U_{\max}(s)} = \frac{\dfrac{K_M}{1 - K_M K_\omega}}{\dfrac{T_M}{1 - K_M K_\omega} s + 1}$$

由于 $K_M \gg 1$，$K_M K_\omega \gg 1$，$\dfrac{T_M}{1 - K_M K_\omega} \to 0$，可得稳态后的滚动角速度为

$$\omega_x(s) = \frac{U_{\max}(s)}{K_\omega} \tag{12 - 1}$$

虽然被控对象存在较大的模型不确定性，表现为弹体增益系数和时间常数存在较大的不确定性，但由于弹体增益系数 $K_M \gg 1$，则翻滚角速度几乎和弹体参数无关，只与控制器限幅和阻尼反馈系数有关。

①确定控制器限幅

由式（12-1）可知，滚动角速度取决于 PI 控制器限幅和阻尼反馈系数，PI 控制器限幅确定如下

$$U_{\max} = \frac{6.8}{AIX}$$

其中自适应系数 AIX 其值取为 $AIX = \dfrac{12\,000}{Q}$（Q 为飞行动压），引入自适应系数是为了此翻滚控制设计适用于整个投弹包络，即不同投放高度和投放速度，其翻滚过程保持一致（表征为翻滚完成时间一致）。

②确定滚动最大角速度

确定滚动最大角速度考虑如下因素：1）弹体翻滚时间；2）滚动角速度过快可能带来的气动非线性；3）滚动角速度过大引起与其他两个通道的交感耦合。最后确定滚动最大角速度为 120（°）/s。

③确定阻尼反馈系数

确定控制器限幅和滚动最大角速度之后，根据式（12-1），确定阻尼反馈系数

$$K_\omega = \frac{U_{\max}(s)}{\omega_x(s)} = \frac{6.8}{120 \times \dfrac{\pi}{180}} = 3.246\,8$$

根据理论分析，此翻滚控制即简化为一个阻尼回路（前向串联 PI 控制器参数的大小不起决定作用，控制器限幅起作用），只要阻尼回路设计合理，即可保证具有足够的控制裕度及强鲁棒性。

12.2.5　数值仿真和投弹试验

本节对翻滚控制进行数值仿真分析，并将数学仿真与投弹试验进行对比分析，旨在说明翻滚控制的控制品质。

（1）数值仿真

结合 12.2.4 节的理论分析，通过举例仿真说明翻滚控制的控制品质。

例 12-1　翻滚控制数学仿真。

某一制导武器分别在以下两种状态投放，状态 1：投放高度为 4 000 m，投放速度 $Ma = 0.6$，结构、气动等均无拉偏。状态 2：投放高度为 10 000 m，投放速度 $Ma = 0.8$；结构拉偏，转动惯量减小 10%；气动拉偏，滚动舵效减小 10%，滚动阻尼系数增大 100%。仿真两种状态下的翻滚控制。

解：两种状态下的仿真结果如图 12-6 和图 12-7 所示，图 12-6 为两种状态下翻滚指令和响应，图 12-7 为翻滚角速度和舵偏角。

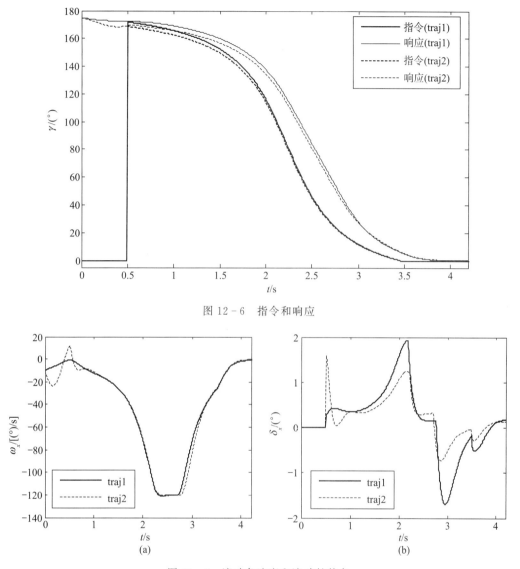

图 12 - 6　指令和响应

图 12 - 7　滚动角速度和滚动舵偏角

　　虽然两种投放条件相差较大，结构拉偏和气动拉偏也不同，但两者在翻滚控制的作用下均可以很好地完成翻滚操作，而且滚动过程近似重合，说明翻滚控制具有很强的鲁棒性。

　　（2）投弹试验

　　例 12 - 2　翻滚控制数学仿真和投弹试验对比。

　　某一制导武器投放高度为 9 000 m，投放速度 $Ma = 0.85$，比较投弹试验和数值仿真之间的区别。

　　解： 数值仿真和投弹试验结果如图 12 - 8～图 12 - 10 所示，其中图 12 - 8 为翻滚指令和响应，图 12 - 9 为滚动角速度，图 12 - 10 为舵偏指令和响应。

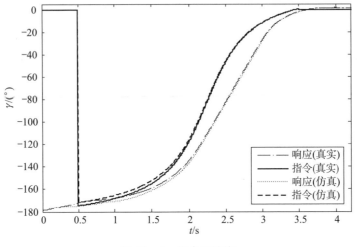

图 12 - 8　指令和响应

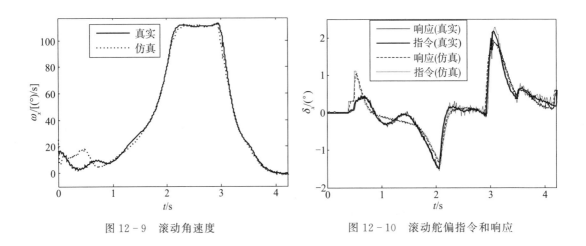

图 12 - 9　滚动角速度　　　　　　　　　图 12 - 10　滚动舵偏指令和响应

　　由对比分析可知，虽然投弹试验中的真实被控对象与数学仿真采用的标称被控对象之间存在模型不确定性，并且投弹试验时受到载机对弹体的气流扰动、大气扰动等作用，但翻滚控制器具有很强的鲁棒性，可以抑制被控对象的模型不确定性、外部干扰对控制的影响。

12. 2. 6　小结

　　在投弹后，弹体受到各种各样的扰动，特别是弹机之间的强干扰流场，且导弹还存在较大的控制模型参数不确定性。借助于简易的翻滚控制（表征为阻尼反馈＋PI 控制器限幅），导弹均可以高品质完成翻滚操作，且翻滚操作过程几乎一致，基本不受其他因素的影响。理论和大量的投弹试验均表明翻滚控制具有很强的鲁棒性及充足的控制裕度。

12.3　静不稳定控制

静不稳定控制（也称为放宽静稳定性控制）是现代制导武器自主控制技术中一项极重要的技术，可允许将弹体的气动设计成临界稳定或静不稳定状态，通过设计相应的控制系统对其进行姿态稳定和控制。

静不稳定控制可以在很大程度上提高制导武器的性能、简化制导武器的总体设计以及拓宽制导武器的投弹包络，具体分析如下。

（1）提升制导武器性能

如第 2 章所述，制导武器的气动稳定性、操作性和机动性是关系到制导武器总体性能的重要气动特性，其中稳定性最为重要，直接影响其他两个性能特性。放宽静稳定性控制：

1）可以在很大程度上提高导弹的机动性；

2）对于长时间滑翔飞行的制导武器，可以减小配平俯仰舵偏角，减小飞行阻力，可借此提高射程。

（2）简化制导武器总体设计

传统制导武器在进行总体设计时，需要将弹体气动特性设计为静稳定并保证一定的静稳定度（比如纵向静稳定度为 $[-0.07, -0.04]$），这样需要协调气动布局、结构质量特性及挂机的结构限制等因素，在某些情况下较难设计出满足性能指标的气动外形及布局，另外，在设计过程中，如果结构质量特性等因素发生变化（例如，更换不同质量特性的导引头、更换不同质量特性的战斗部或发动机的质量特性发生较大变化等），则需要重新协调气动、结构和总体设计之间的关系。放宽静稳定性控制则在很大程度上弱化了气动、结构和总体之间的交联关系，极大地简化了总体方案设计。

（3）拓宽制导武器投弹包络

制导武器在某些使用条件下，弹体有可能出现静不稳定，为了保证投弹的安全性和可靠性，通常限制制导武器的投弹包络。放宽静稳定性控制则可在较大程度上拓宽投弹包络（表征为投放速度和高度的范围扩大）。

静不稳定控制设计的主要思想是通过内回路的状态反馈来改善被控对象的特性，传统两回路过载控制主要通过角速度反馈来增加被控对象的阻尼，同时也小幅增加被控对象的稳定性，但对于静不稳定较大的弹体，只通过增加阻尼回路，很难使经阻尼反馈后的被控对象具有较好的动态特性，所以在阻尼回路的基础上，增加了增稳回路。新增的增稳回路可以进一步提高被控对象的稳定性。阻尼回路和增稳回路共同作用将不稳定被控对象转换为稳定状态，并使被控对象具有较好的阻尼特性和稳定特性。

目前静不稳定控制方法包括：二回路姿态控制、经典三回路过载控制、伪攻角增稳三回路过载控制和过载增稳三回路过载控制方法等。

1）二回路姿态控制的输入指令为俯仰角指令，控制品质较好，能适应较大气动静不稳定、临界稳定以及静稳定的导弹，且对导弹的气动静稳定度变化较为不敏感，但传统制导指令一般为过载指令，故具体应用时，还需将制导过载指令转换为姿态指令。

2）经典三回路过载控制将角速度和俯仰角作为内回路状态反馈以改善被控对象的阻尼和稳定特性，其外回路为过载回路。能适应较大气动静不稳定、临界稳定以及静稳定状态的导弹，控制品质较好。其缺点：在无法较精确得到弹体飞行动压时，其控制品质下降，此方法适用于速度较大时的飞行器。

3）伪攻角增稳三回路过载控制将角速度和伪攻角作为内回路状态反馈以改善被控对象的阻尼和稳定特性，其外回路为过载回路。伪攻角增稳三回路过载控制具有较好的控制品质及鲁棒性。

4）过载增稳三回路过载控制的结构是基于二回路过载控制，为了克服二回路过载控制缺点（即不适应控制临界稳定或静不稳定导弹）而进行改进。在二回路过载控制结构的基础上，在内回路引入过载反馈以增加被控对象的稳定性，开环和闭环系统的阶数同二回路过载控制，具有很强的鲁棒性，能适应较大气动静不稳定、临界稳定和静稳定状态的导弹姿态控制。

12.3.1　静不稳定弹体模型及特性

纵向弹体运动模态包含长周期和短周期模态。设计纵向姿态控制律时，为了简化设计，可将弹体运动模态简化为短周期模态，其纵向小扰动方程组为

$$\begin{cases} \dfrac{\mathrm{d}^2 \Delta \vartheta}{\mathrm{d}t^2} = a_{22} \dfrac{\mathrm{d}\Delta \vartheta}{\mathrm{d}t} + a_{24} \Delta \alpha + a_{25} \Delta \delta_z \\[2mm] \dfrac{\mathrm{d}\Delta \theta}{\mathrm{d}t} = a_{34} \Delta \alpha + a_{35} \Delta \delta_z \\[2mm] \Delta \vartheta = \Delta \theta + \Delta \alpha \end{cases} \qquad (12-2)$$

方程组动力系数定义见第 2 章，将方程组（12-2）的第 3 式代入第 2 式可得

$$\begin{cases} \dfrac{\mathrm{d}^2 \Delta \vartheta}{\mathrm{d}t^2} = a_{22} \dfrac{\mathrm{d}\Delta \vartheta}{\mathrm{d}t} + a_{24} \Delta \alpha + a_{25} \Delta \delta_z \\[2mm] \dfrac{\mathrm{d}\Delta \alpha}{\mathrm{d}t} = \dfrac{\mathrm{d}\Delta \vartheta}{\mathrm{d}t} - a_{34} \Delta \alpha - a_{35} \Delta \delta_z \end{cases} \qquad (12-3)$$

令：$x_1 = \dfrac{\mathrm{d}\Delta \vartheta}{\mathrm{d}t} = \Delta \omega_z$，$x_2 = \Delta \alpha$，$x = [x_1, x_2]^{\mathrm{T}}$，$u = \Delta \delta_z$，$\boldsymbol{A} = \begin{bmatrix} a_{22} & a_{24} \\ 1 & -a_{34} \end{bmatrix}$，$\boldsymbol{B} = \begin{bmatrix} a_{25} \\ -a_{35} \end{bmatrix}$，$\boldsymbol{C} = \begin{bmatrix} 1 & 0 \\ 0 & 1 \end{bmatrix}$，则方程组（12-3）可写成状态空间的形式

$$\begin{cases} \dot{\boldsymbol{x}} = \boldsymbol{A}\boldsymbol{x} + \boldsymbol{B}\boldsymbol{u} \\ \boldsymbol{y} = \boldsymbol{C}\boldsymbol{x} \end{cases} \qquad (12-4)$$

对上式进行拉氏变换

$$\boldsymbol{G}(s) = \boldsymbol{C}(s\boldsymbol{I} - \boldsymbol{A})^{-1}\boldsymbol{B}$$

可得弹体的传递函数为

$$\begin{cases} G_{\delta_z}^{\omega_z}(s) = \dfrac{a_{25}s + a_{25}a_{34} - a_{35}a_{24}}{s^2 + (a_{34} - a_{22})s + (-a_{22}a_{34} - a_{24})} \\[3mm] G_{\delta_z}^{\alpha}(s) = \dfrac{-a_{35}s + a_{35}a_{22} + a_{25}}{s^2 + (a_{34} - a_{22})s + (-a_{22}a_{34} - a_{24})} \end{cases} \qquad (12-5)$$

其特征方程为

$$s^2 + (a_{34} - a_{22})s + (-a_{22}a_{34} - a_{24}) = 0 \qquad (12-6)$$

由上式可知，被控对象的阻尼特性和稳定性取决于其动力系数，其中 $(a_{34} - a_{22})$ 为阻尼项，由于 $a_{34} > 0$ 和 $a_{22} < 0$，则 $(a_{34} - a_{22}) > 0$，即弹体自身具有一定的气动阻尼。其中 $(-a_{22}a_{34} - a_{24})$ 为恢复项，当 $(-a_{22}a_{34} - a_{24}) > 0$ 时，弹体稳定；当 $(-a_{22}a_{34} - a_{24}) = 0$ 时，弹体临界稳定；当 $(-a_{22}a_{34} - a_{24}) < 0$ 时，弹体不稳定，这时弹体从俯仰舵至角速度的传递函数 $G_{\delta_z}^{\omega_z}(s)$ 可表示为

$$G_{\delta_z}^{\omega_z}(s) = \frac{K_M(T_1 s + 1)}{T_M^2 s^2 + 2T_M \xi_M s - 1} \qquad (12-7)$$

各参数定义如下

$$K_M = \frac{a_{25}a_{34} - a_{35}a_{24}}{a_{22}a_{34} + a_{24}}$$

$$T_M = \frac{1}{\sqrt{a_{24} + a_{22}a_{34}}}$$

$$\xi_M = \frac{-a_{22} + a_{34}}{2\sqrt{a_{24} + a_{22}a_{34}}}$$

$$T_1 = \frac{a_{25}}{a_{25}a_{34} - a_{35}a_{24}}$$

其特征方程又可表示为

$$s^2 + (a_{34} - a_{22})s + (-a_{22}a_{34} - a_{24}) = T_M^2 s^2 + 2T_M \xi_M s - 1 = 0 \qquad (12-8)$$

由以上分析可知，当弹体不稳定（即 $(-a_{22}a_{34} - a_{24}) < 0$）时，传递函数可以表示为一个非最小相位环节，根据式（12-8），可以求得特征根：$-\dfrac{\xi_M}{T_M} \pm \dfrac{\sqrt{\xi_M^2 + 1}}{T_M}$，即一个负实数根和一个正实数根，且正实数根的数值随着静不稳定度的增加而增大。

下面以举例的方式说明静不稳定弹体的特性，见例 12-3。

例 12-3　静不稳定弹体的特性。

某一制导武器在 5 500 m 高度以 $Ma = 0.746\ 4$（速度 $V = 237.345$ m/s）飞行。弹体结构参数：质量 $m = 700$ kg，转动惯量 $J_z = 500$ kg/m^2。弹体气动参数：m_z^α 分别为 -0.05，-0.025，0，0.025，$m_z^{\delta_z} = -0.073\ 3$，$m_z^{\omega_z} = -5.425\ 9$，$C_y^\alpha = 1.245\ 4$，$C_y^{\delta_z} = 0.133\ 6$（气动参考面积 $S_{ref} = 0.10$ m^2，参考长度 $L_{ref} = 3.50$ m）。试求弹体的传递函数，并从时域和频域两个方面分析弹体的特性。

解：根据气动参数，可解算得到弹体静稳定度分别为 -0.04，-0.02，0 和 0.02。

根据气动参数、结构参数以及飞行状态可解算得到：动力系数 a_{24} 分别为 -39.4，

-19.7，0 和 19.7，$a_{25} = -57.75$，$a_{34} = 0.843\ 8$，$a_{35} = 0.090\ 5$，$a_{22} = -1.10$。

　　将弹体动力系数代入式（12-7），相应地可解算得到弹体静稳定度分别为 -0.04，-0.02，0 和 0.02 时的传递函数为

$$
\begin{cases}
G_{\delta_z}^{\omega_z}(s)\big|_{a_{24}=19.7} = \dfrac{-3.078s - 2.691}{0.053\ 28s^2 + 0.093s - 1} = \dfrac{-57.774\ 1(s + 0.874\ 4)}{(s + 5.293)(s - 3.546)} \\[3mm]
G_{\delta_z}^{\omega_z}(s)\big|_{a_{24}=0} = \dfrac{-57.776\ 3}{s + 1.1} \\[3mm]
G_{\delta_z}^{\omega_z}(s)\big|_{a_{24}=-19.7} = \dfrac{-2.799s - 2.276}{0.048\ 5s^2 + 0.104s + 1} = \dfrac{-57.738\ 4(s + 0.813\ 2)}{(s + 1.07 + i4.41)(s + 1.07 - i4.41)} \\[3mm]
G_{\delta_z}^{\omega_z}(s)\big|_{a_{24}=-39.4} = \dfrac{-1.431s - 1.12}{0.024\ 8s^2 + 0.057\ 97s + 1} = \dfrac{-57.720\ 6(s + 0.7825)}{(s + 1.17 + i12.48)(s + 1.17 - i12.4)}
\end{cases}
$$

$$(12-9)$$

　　由弹体传递函数可知，静稳定度是影响弹体模型最重要的因素，当弹体静稳定度由 -0.04 变化至 0.02 时，传递函数的增益、阻尼项、恢复项变化很大，弹体特征方程的根由共轭复根变化至两个负实根，再变化至一个正实根和一个负实根，而且正根的数值随着静不稳定度的增加而增大。

　　弹体角速度对单位舵偏的响应如图 12-11～图 12-12 所示，从时域上看，由于弹体气动静稳定度的变化，导致弹体对单位舵偏的响应完全不同，对于静稳定弹体，弹体增益几乎与弹体的静稳定度的大小成反比；当弹体的静稳定度减小至 0 时，这时弹体的增益很大，达到 51.9，远大于静稳定度为 -0.02 时的弹体增益 2.276；当弹体变化至一定静不稳定时，弹体为不稳定，弹体受单位舵偏时，弹体角速度发散。综上所述，当气动静稳定度分别为 -0.04，-0.02，0 和 0.02 时，从时域上看，相当于四个完全不同的被控对象。

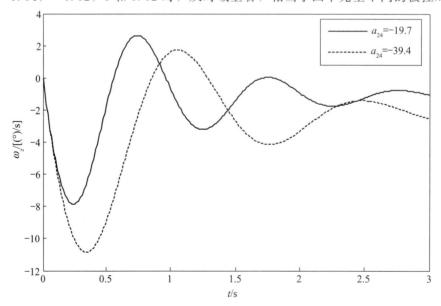

图 12-11　单位舵偏弹体角速度响应（$a_{24} = -39.4$，-19.7）

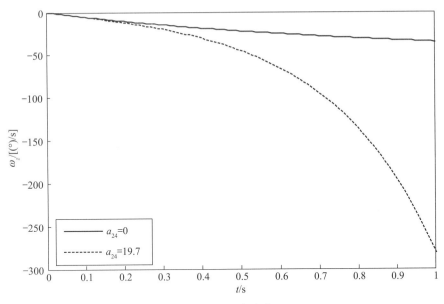

图 12 - 12　单位舵偏弹体角速度响应（$a_{24} = 0$，19.7）

弹体模型的 bode 图如图 12 - 13 所示，在中低频段，四个弹体模型的幅值和相位特性变化极大，表现出完全不同的频率特性；而在高频段，四者的频率特性较为一致，即当输入高频信号时，四个模型的响应一致。由 bode 图可知：$a_{24} = -39.4$，-19.7，0 时，弹体稳定，$a_{24} = 19.7$ 时，弹体不稳定。

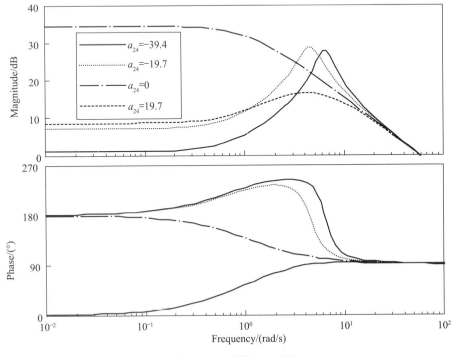

图 12 - 13　弹体 bode 图

下面进一步分析静不稳定弹体的两个重要特性：

1）被控对象特性随静不稳定度变化而急剧变化。对于静稳定弹体，静稳定度由 -0.04 变化至 -0.02 时，弹体在低频段幅值变化为 6.16 dB（由 0.988 dB 变化至 7.146 dB），而对于静不稳定弹体，静不稳定度由 0 变化至 0.02 时，弹体在低频段幅值变化为 25.79 dB（由 34.4 dB 变化至 8.61 dB）。

2）被控对象参数强不确定性。考虑如下因素：a）气动结构件制造精度和安装精度；b）全弹质心偏差；c）全弹的压心随飞行状态变化等。这些因素决定了静不稳定弹体具有静不稳定特性的同时具有强模型不确定性。

12.3.2 静不稳定控制的可行性分析

下面以常规气动布局的空地制导武器为例，分扰动抑制和控制输入响应两方面阐述静不稳定控制的可行性，在此基础上，讲述如何改造二回路过载控制，使其变成三回路过载控制，适应于静不稳定弹体的控制。

12.3.2.1 扰动抑制

假设制导武器在空中飞行，处于平衡状态，飞行攻角为 α，俯仰舵偏为 δ_z，控制采用二回路过载控制，其控制框图如图 12-14 所示。

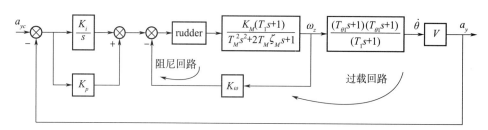

图 12-14 二回路过载控制框图

控制律表达式为

$$\delta_z = K_p \Delta a_y + K_i \int \Delta a_y \mathrm{d}t + K_\omega \omega_z \qquad (12-10)$$

其中

$$\Delta a_y = a_{yc} - a_y$$

式中 K_p，K_i，K_ω ——控制参数；

$\quad$ K_p ——比例系数；

$\quad$ K_i ——积分系数；

$\quad$ K_ω ——阻尼系数；

$\quad$ a_{yc} ——制导指令；

$\quad$ a_y ——控制回路输出；

$\quad$ ω_z ——弹体角速度。

假设弹体受到一个使弹体抬头的扰动，可以等效成一个抬头的力矩 m_{zd}，使弹体抬头

$\Delta\alpha$ ，如图 12-15（a）所示，然后扰动消失（例如弹体在飞行过程中，受到一个垂直向上的突风作用）。下面从气动静稳定弹体和静不稳定弹体两种情况分析弹体在自身稳定性和控制作用下的姿态运动情况。

（1）静稳定弹体

弹体自身稳定性：对于静稳定弹体，扰动引起的攻角增量 $\Delta\alpha$ 产生了低头力矩 Δm_{z_α} $= m_z^\alpha \Delta\alpha < 0$，如图 12-15（a）所示，使得弹体低头，往原平衡状态运动。

控制作用：$\Delta\alpha$ 产生 $\Delta a_y > 0$，控制舵面按控制律［式（12-10）］产生相应的控制量，由于控制参数 $K_p < 0$，$K_i < 0$，$K_\omega > 0$，扰动产生的 $\Delta a_y = a_{yc} - a_y < 0$，忽略阻尼的影响（阻尼的作用：在受扰动的初始阶段，控制阻尼和弹体自身阻尼的作用一致，抑制弹体抬头；在受扰动后的恢复阶段，控制阻尼和弹体自身阻尼的作用一致，抑制弹体低头），则上式产生 $\Delta\delta_z > 0$，控制力矩 $\Delta m_{z\_\delta_z} = m_z^{\delta_z} \Delta\delta_z < 0$，控制力矩使弹体低头，向恢复平衡状态的方向运动。

综合以上两种因素，对于静稳定弹体，受到扰动时，由于自身静稳定的作用及控制的作用，使得弹体恢复至原平衡状态。

（2）静不稳定弹体

弹体自身稳定性：对于静不稳定弹体，$\Delta\alpha$ 产生了一个抬头力矩 $\Delta m_{z\_\alpha} = m_z^\alpha \Delta\alpha > 0$，如图 12-15（b）所示，使弹体抬头，继续偏离原平衡状态。

控制作用：控制的作用同静稳定弹体，控制力矩使弹体低头，向恢复平衡状态的方向运动。

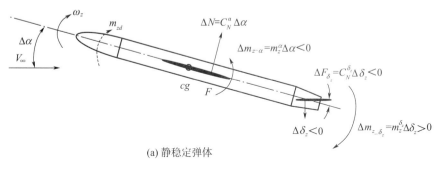

(a) 静稳定弹体

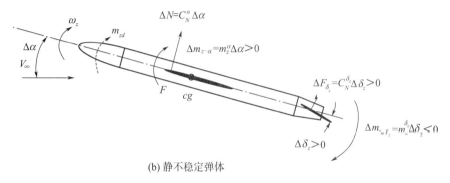

(b) 静不稳定弹体

图 12-15　弹体受扰动后的力矩关系

综合以上两种因素，当弹体自身静不稳度较大，而控制作用较小时，弹体受扰之后可能发散。

12.3.2.2　控制输入响应

姿控回路使弹体法向加速度 a_y 跟踪制导输入指令 a_{y_c}，假设 $a_y < a_{yc}$。

由于 $\Delta a_y = a_{yc} - a_y > 0$，根据控制律表达式（12-10）可知：比例项 $K_p \Delta a_y$ 为负值，积分项 $K_i \int \Delta a_y \mathrm{d}t$ 为负值，阻尼项 $K_\omega \omega_z$ 为正值，一般情况下，控制（指比例项和积分项之和）的作用大于阻尼项，即控制产生 $\Delta \delta_z < 0$，则控制力矩 $\Delta m_{z\_\delta_z} = m_z^{\delta_z} \Delta \delta_z > 0$，使弹体抬头，飞行攻角增加，使法向加速度增加，控制响应趋于指令。

当响应跟踪上制导指令，即 $\Delta a_y = a_{yc} - a_y = 0$ 时，为了分析方便，假设这时角速度 $\omega_z = 0$，则

$$\delta_{z\_control} = 0 + K_i \int \Delta a_y \mathrm{d}t + 0 = K_i \int \Delta a_y \mathrm{d}t < 0$$

即控制器产生的控制俯仰力矩跟弹体以某一攻角飞行时产生的气动恢复俯仰力矩相平衡。

假设弹体处于平衡飞行状态时，俯仰角速度和角加速度均为 0，这时的俯仰配平舵偏 δ_{z_trim}（对应着一个配平攻角 α_{trim}）满足如下方程

$$m_z = m_{z0} + m_z^\alpha \alpha_{trim} + m_z^{\delta_z} \delta_{z\_trim} = 0$$

即

$$\delta_{z\_trim} = \frac{-m_{z0} - m_z^\alpha \alpha_{trim}}{m_z^{\delta_z}} \tag{12-11}$$

通常情况下 $m_{z0} < 0$（对于面对称空地导弹，其 $m_{z0} < 0$；对于轴对称空地导弹，其 $m_{z0} \approx 0$），为了分析方便，假设 $m_{z0} = 0$，配平攻角 $\alpha_{trim} > 0$。下面分弹体静稳定和弹体静不稳定两种情况说明控制作用。

（1）弹体静稳定

弹体静稳定，则 $m_z^\alpha < 0$，则由式（12-11）可得

$$\delta_{z\_trim} < 0$$

由控制器产生的舵偏 $\delta_{z\_control} < 0$ ［如式（12-10）所示］和配平舵偏 δ_{z_trim} 相适应，即当弹体处于平衡飞行状态时，由积分控制产生的俯仰舵偏与弹体飞行攻角相配平。

（2）弹体静不稳定

弹体静不稳定，则 $m_z^\alpha > 0$，则由式（12-11），可得

$$\delta_{z\_trim} > 0$$

而控制器产生的配平舵偏 $\delta_{z\_control} < 0$ ［如式（12-10）所示］，即与 δ_{z_trim} 不匹配，即采用二回路过载控制回路较难有效控制静不稳定导弹。

12.3.2.3　改造二回路过载控制

基于扰动抑制和控制输入响应两个方面，二回路过载控制较难控制静不稳定弹体。再从数学角度出发，二回路过载控制也较难控制静不稳定弹体（具体见章节 12.3.3 内容），

所以需要对其进行改造，下面给出在二回路过载控制回路基础上改造的原则：

1）从弹体的数学模型上看，静不稳定弹体增益的极性同静稳定弹体，不同的是特征方程的恢复项。静不稳定控制设计的主要思想是在内回路改造阻尼项和恢复项，使改造后被控对象的恢复项极性为正，由于弹体的增益为负值（即负的俯仰舵偏角引起正的俯仰角速度以及正的法向加速度），所以为了使输出的弹体加速度响应输入的制导指令，要求 $K_p < 0$，$K_i < 0$，即静不稳定控制器与静稳定控制器的极性相同。

2）在二回路过载控制的基础上增加增稳回路，依据控制理论，相位滞后于角速度的信号都可以用于弹体的增稳作用，例如俯仰角、攻角以及法向加速度或其他状态量。

下面以攻角反馈和法向加速度反馈为例说明增稳作用。

（1）攻角增稳

弹体飞行攻角 α 在相位上滞后于俯仰角速度（具体可以由传递函数 $G_{\omega_z}^{\alpha}(s) = \dfrac{K_\alpha}{T_\alpha s + 1}$ 得出，其中 $T_\alpha > 0$），可利用飞行攻角 α 作为反馈信号，其控制律表达式如下

$$\begin{cases} \delta_z = K_p \Delta a_y + K_i \displaystyle\int \Delta a_y \mathrm{d}t + K_\omega \omega_z + K_a \alpha \\ \delta_z = K_p \Delta a_y + K_i \displaystyle\int \Delta a_y \mathrm{d}t + K_\omega \omega_z + K_a (\alpha - \alpha_0) \end{cases}$$

式中，K_a 为增稳系数，α_0 为俯仰力矩为 0 时的攻角，对于轴对称导弹，此值为 0；对于面对称导弹，此值为一小负值、0 或小正值。

增稳项 $\delta_z(\alpha) = K_a \alpha$（$K_a > 0$）可起增加弹体稳定性的作用，机理解释如下：

$\delta_z(\alpha) = K_a \alpha$ 产生的力矩使弹体具有往 0° 攻角（或 α_0）运动的趋势，即由控制器增加弹体的静稳定性。增稳的效果取决于增稳系统 K_a 的大小，其值越大，增稳效果越强，但同时，弹体的机动性越差，反之亦然。

（2）法向加速度增稳

弹体法向加速度 a_y 在相位上滞后于俯仰角速度，利用弹体法向加速度 a_y 作为反馈信号，当弹体法向加速度 $a_y \neq 0$ 时，控制增稳项将起作用，其控制律表达式如下

$$\delta_z = K_p \Delta a_y + K_i \int \Delta a_y \mathrm{d}t + K_\omega \omega_z + K_a \alpha_y$$

式中，$K_a > 0$，增稳项为 $\delta_z(a_y) = K_a a_y$，法向加速度反馈的增稳机理类似于攻角反馈增稳，可以起增稳的作用。

12.3.3　静不稳定控制原理

本节从控制理论角度说明静不稳定弹体的可控性。

静不稳定控制器的设计思想：通过设计内回路的状态反馈，如图 12 - 16 所示，对弹体特征方程（12-8）进行改造，改变其阻尼项和恢复项，使其为正系数，并在根轨迹图上配置至较好的位置。根据状态方程组（12-3），被控对象可控，反馈状态变量角速度和攻角即可将特征根配置至任何位置。

通过状态反馈 $\boldsymbol{u} = -\boldsymbol{K}\boldsymbol{x}$，其中 $\boldsymbol{x} = [\omega_z \quad \alpha]$，$\boldsymbol{K} = [K_\omega, \ K_\alpha]$，则特征矩阵为

$$A - BK = \begin{bmatrix} a_{22} - a_{25}K_\omega & a_{24} - a_{25}K_\alpha \\ 1 + a_{35}K_\omega & -a_{34} + a_{35}K_\alpha \end{bmatrix}$$

加入状态反馈后，特征方程为

$$\begin{aligned} |sI - (A - BK)| &= \begin{vmatrix} s - a_{22} + a_{25}K_\omega & -a_{24} + a_{25}K_\alpha \\ -1 - a_{35}K_\omega & s + a_{34} - a_{35}K_\alpha \end{vmatrix} \\ &= s^2 + (a_{34} - a_{22} - a_{35}K_\alpha + a_{25}K_\omega)s - a_{22}a_{34} - a_{24} + \\ & \quad a_{22}a_{35}K_\alpha + a_{25}a_{34}K_\omega + a_{25}K_\alpha - a_{24}a_{35}K_\omega \\ &= 0 \end{aligned}$$

经过角速度和攻角反馈，阻尼项由 $a_{34} - a_{22}$ 变化至 $a_{34} - a_{22} - a_{35}K_\alpha + a_{25}K_\omega$，恢复项由 $-a_{22}a_{34} - a_{24}$ 变化至 $-a_{22}a_{34} - a_{24} + a_{22}a_{35}K_\alpha + a_{25}a_{34}K_\omega + a_{25}K_\alpha - a_{24}a_{35}K_\omega$。由于 $|a_{25}| \gg |a_{35}|$，即弹体阻尼主要取决于角速度反馈。恢复项主要取决于 $-a_{24}$、$a_{25}a_{34}K_\omega$ 和 $a_{25}K_\alpha$。通过调节 K_ω 和 K_α 的大小即可改善弹体的阻尼和稳定特性。

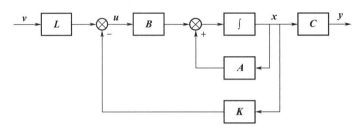

图 12 - 16　状态空间示意图

12.3.3.1　角速度反馈

角速度反馈回路即为弹体的阻尼回路，主要用于调整弹体的阻尼，可以将增加阻尼回路后的弹体看作新弹体（即新被控对象），其弹体传递函数的零点保持不变，其特征根

$$\begin{aligned} |sI - (A - BK)| &= \begin{vmatrix} s - a_{22} + a_{25}K_\omega & -a_{24} \\ -1 - a_{35}k_\omega & s + a_{34} \end{vmatrix} \\ &= s^2 + (a_{34} - a_{22} + a_{25}K_\omega)s - a_{22}a_{34} - a_{24} + a_{25}a_{34}K_\omega - a_{24}a_{35}K_\omega \\ &= 0 \end{aligned}$$

对于大多数空地制导武器来说，$|a_{25}a_{34}| \gg |a_{24}a_{35}|$，上式简化为

$$|sI - (A - BK)| = s^2 + (a_{34} - a_{22} + a_{25}K_\omega)s - a_{22}a_{34} - a_{24} + a_{25}a_{34}K_\omega = 0$$

即阻尼项由 $a_{34} - a_{22}$ 变化为 $a_{34} - a_{22} + a_{25}K_\omega$，恢复项由 $-a_{22}a_{34} - a_{24}$ 变化为 $-a_{22}a_{34} - a_{24} + a_{25}a_{34}K_\omega$。

从上式可以看出，引入阻尼回路，即可调节阻尼系数，同时也可调节弹体静稳定度，但是，如果只依靠调节阻尼反馈系数使静不稳定弹体至临界静稳定或静稳定状态，即

$$K_\omega < \frac{a_{22}a_{34} + a_{24}}{a_{25}a_{34}} \tag{12-12}$$

当弹体较大静不稳定（a_{24} 为较大正值）同时俯仰舵效较小时（a_{25} 为较小负值），则

K_ω 要取为很大的负数，才能保证阻尼回路临界稳定或静稳定，但这时阻尼回路的稳定裕度将会很小，说明仅仅依靠阻尼回路并不能取得令人满意的设计指标，下面以例子 12 - 4 为例，以仿真的方式说明此情况。

例 12 - 4　阻尼回路设计。

某一制导武器其飞行状态、结构参数同例 12 - 3，气动参数除 m_z^α 之外同例 12 - 3，$m_z^\alpha = 0.025$，试设计阻尼回路并对其特性进行分析。

解：根据气动参数、结构参数及飞行状态可解算得到：静稳定度为 0.02，动力系数 $a_{24} = 19.7$。

相应地可求解得到弹体传递函数如方程组（12 - 9）第 1 式所示。

假设阻尼反馈系数为 K_ω，阻尼回路的开环传递函数为

$$G_{\delta_z}^{\omega_z}(K_\omega) = -K_\omega G_{\delta_z}^{\omega_z}(s) = -K_\omega \frac{K_M(T_1 s + 1)}{T_M^2 s^2 + 2T_M \xi_M s - 1}$$

其开环回路根轨迹、nyquist 曲线及 bode 图分别如图 12 - 17 ～图 12 - 19 所示。

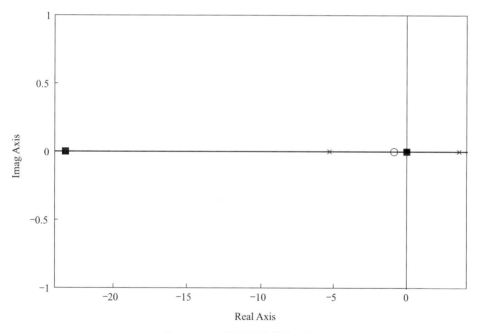

图 12 - 17　阻尼回路根轨迹图

当阻尼反馈系数较小时，阻尼反馈后的被控对象还是不稳定的，随着阻尼反馈系数的增加，弹体的正根往虚轴的负方向运动，当正根运动至 s 平面原点时，根据式（12 - 12），计算得到

$$K_\omega \leqslant -0.374\ 9$$

阻尼反馈系数分别取 0，$-0.187\ 4$、$-0.374\ 9$ 和 $-0.749\ 7$ 时，阻尼回路传递函数分别为

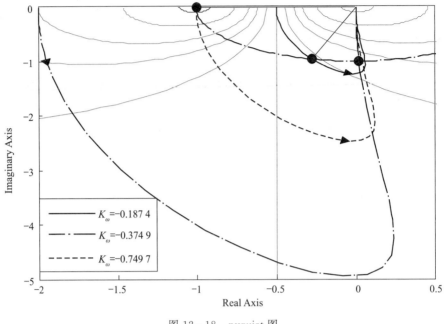

图 12 - 18　nyquist 图

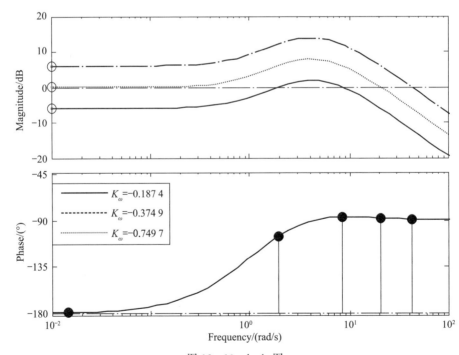

图 12 - 19　bode 图

$$\begin{cases} G_{\delta_z}^{\omega_z}\Big|_{K_\omega=0} = \dfrac{-3.078s-2.691}{0.053\,28s^2+0.093s-1} = \dfrac{-57.774\,1(s+0.874\,4)}{(s+5.293)(s-3.546)} \\[3mm] G_{\delta_z}^{\omega_z}\Big|_{K_\omega=-0.187\,4} = \dfrac{-3.078s-2.691}{0.053\,28s^2+0.67s-0.495\,6} = \dfrac{-57.774\,1(s+0.874\,4)}{(s+13.28)(s-0.700\,7)} \\[3mm] G_{\delta_z}^{\omega_z}\Big|_{K_\omega=-0.374\,9} = \dfrac{-3.078s-2.691}{0.053\,28s^2+1.247s} = \dfrac{-57.774\,1(s+0.874\,4)}{s(s+23.4)} \\[3mm] G_{\delta_z}^{\omega_z}\Big|_{K_\omega=-0.749\,7} = \dfrac{-3.078s-2.691}{0.053\,28s^2+2.401s+1.018} = \dfrac{-57.774\,1(s+0.874\,4)}{(s+44.63)(s+0.428)} \end{cases}$$

$$(12-13)$$

由 nyquist 图和 bode 图可知：

1) $K_\omega=-0.187\,4$ 时对应的阻尼闭环回路仍带有正根，即阻尼回路被控对象仍然为不稳定；

2) $K_\omega=-0.374\,9$ 时对应的阻尼回路为临界稳定；

3) $K_\omega=-0.749\,7$ 时对应的阻尼回路为稳定，这时阻尼回路传递函数的极点为 -44.63 和 -0.428，零点为 $-0.874\,4$，基于经典控制的角度来说，这样的被控对象很难取得很好的控制品质；

4) 由 bode 图可知，$K_\omega=-0.749\,7$ 时，其系统截止频率为 42.5 rad/s，相位裕度为 $91.2°$，折算成延迟裕度为 0.037 5 s，阻尼回路的延迟裕度偏小。

综上所述，对于静不稳定度比较大的弹体，阻尼回路控制的频域性能指标较差，如将阻尼反馈后的弹体当作新被控对象，其特性也很差，很难采用经典 PID 控制取得较好的控制品质。即只依靠阻尼回路很难取得很好的控制品质，在工程上，一般在阻尼回路的基础上增加增稳回路。

12.3.3.2　角速度和攻角反馈

角速度反馈可调节弹体的阻尼项和恢复项，攻角反馈主要用于调节弹体的恢复项，即增稳回路，对于静不稳定较大的弹体，可同时反馈角速度和攻角信息。从控制理论的角度看，也可将增稳回路看成角速度的滞后校正网络反馈，如图 12－20 所示（图中 $\dfrac{K_\alpha}{T_\alpha s+1}$ 为角速度至攻角的传递函数，K_α 为攻角反馈系数），即可将弹体的阻尼回路和增稳回路等效成弹体的角速度的滞后校正网络反馈。

角速度和攻角反馈通过改变被控对象传递函数的极点来改变被控对象的特性（其零点保持不变），调整攻角反馈系数的方法有两种：1) 将角速度反馈后的被控对象视为新被控对象，在此基础上通过调节攻角反馈系数改变弹体的极点；2) 将角速度和攻角反馈回路视为角速度的一个滞后校正网络，同时通过调整角速度反馈系数和攻角反馈系数来调整校正网络的低中频率特性，使得弹体内回路的频率特性满足开环回路的性能指标。

下面以举例的方式介绍第一种方法，具体见例 12－5。

例 12－5　增稳回路设计。

某一制导武器其飞行状态、结构参数以及气动参数同例 12－3，弹体传递函数见方程

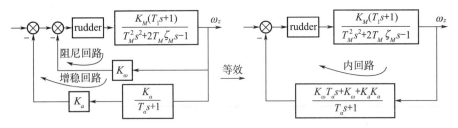

图 12-20　增稳回路

组（12-9）第 1 式，试设计增稳回路并对其特性进行分析。

解： 假设阻尼回路的反馈系数 $K_\omega = -0.187\,4$，则阻尼回路的传递函数为方程组 (12-14) 第 2 式所示

$$
\begin{cases}
G_{\delta_z}^{\omega_z}\Big|_{K_\omega=0} = \dfrac{-3.078s - 2.691}{0.053\,28s^2 + 0.093s - 1} = \dfrac{-57.774\,1(s + 0.874\,4)}{(s + 5.293)(s - 3.546)} \\[3mm]
G_{\delta_z}^{\omega_z}\Big|_{K_\omega=-0.187\,4} = \dfrac{-3.078s - 2.691}{0.053\,28s^2 + 0.67s - 0.495\,6} = \dfrac{-57.774\,1(s + 0.874\,4)}{(s + 13.28)(s - 0.700\,7)} \\[3mm]
G_{\delta_z}^{\omega_z}\Big|_{K_\omega=-0.187\,4,K_a=-1.25} = \dfrac{-3.078s - 2.691}{0.053\,28s^2 + 0.674\,3s + 3.349\,8} = \dfrac{-57.774\,1(s + 0.874\,4)}{s^2 + 12.69s + 63.04} \\[3mm]
G_{\delta_z}^{\omega_z}\Big|_{K_\omega=-0.281\,1,K_a=-2.31} = \dfrac{-3.078s - 2.691}{0.053\,28s^2 + 0.958\,4s + 6.878} = \dfrac{-57.774\,1(s + 0.874\,4)}{s^2 + 17.99s + 129.1}
\end{cases}
$$

$$(12-14)$$

增稳回路的开环传递函数为

$$
G_{K\omega\_K_a}(s) = \frac{K_a K_a K_M}{T_M^2 s^2 + (2T_M \xi_M + K_M K_\omega T_1)s - 1 + K_M K_\omega}
$$

增稳回路的根轨迹图如图 12-21（a）所示，随着增稳反馈系数的增加，两个实数根 -13.28 和 0.700 7 往实轴的点 -6.29+0i 移动，当 $K_a = -0.844$ 时，两实数根都移至点 -6.29+0i，当 K_a 继续增加时，两实数根变为共轭虚数根，当 $K_a = -1.25$ 时，两根为 -6.29±4.84i，增稳传递函数见方程组（12-14）第 3 式所示，新被控对象具有很好的阻尼特性和自然频率特性，自然频率为 1.263 7 Hz。取 $K_a = -1.25$，增稳回路的开环 bode 图如图 12-21（b）所示，截止频率为 5.04 rad/s，相位裕度为 61.3°，即增稳回路具有充裕的稳定裕度。

由根轨迹图可知，如果控制系统的设计带宽要求较高，则需要相应地提高增稳被控对象（为了叙述方便，常将增加增稳回路后的被控对象视为增稳被控对象）的自然频率，这时需要调节阻尼反馈系数和增稳反馈系数：阻尼反馈系数越大，共轭虚根的实部越大，而增稳反馈系数越大，则共轭虚根的虚部越大，取 $K_\omega = -0.281\,1$，$K_a = -2.31$，增稳回路的根轨迹图和开环 bode 图如图 12-22 所示，这时开环回路的截止频率提高至 6.84 rad/s，新被控对象的自然频率为 1.808 4 Hz，增稳传递函数如方程组（12-14）第 4 式所示，但这时增稳回路的延迟裕度则有所减小。

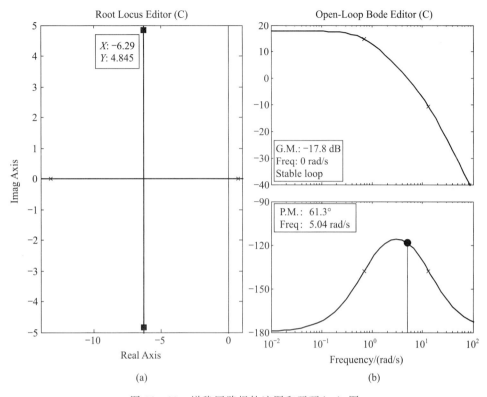

图 12 - 21　增稳回路根轨迹图和开环 bode 图

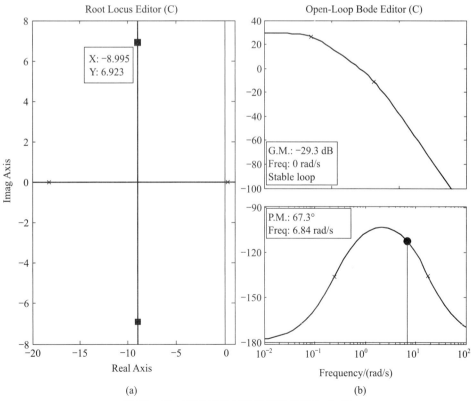

图 12 - 22　增稳回路根轨迹图和开环 bode 图

12.3.4　静不稳定边界

常规布局、鸭翼布局、全动弹翼布局或无尾式布局空地制导武器由于气动特性不一样，其气动静不稳定边界都不尽相同，下面以气动常规布局空地制导武器为例说明静不稳定边界。

理论上，即使弹体静不稳定很大，只要增稳回路提供的俯仰舵偏产生的恢复力矩大于静不稳定产生的发散力矩，即可使静不稳定弹体不发散，但是考虑到实际俯仰舵偏限幅以及内回路设计（阻尼回路和增稳回路）的控制裕度等因素，导弹静不稳定存在一个允许的边界。

（1）俯仰舵偏限幅

由于静不稳定弹体的姿态控制依靠增稳控制来保证弹体的稳定性，即依靠俯仰舵偏来提供恢复力矩，实现弹体增稳，只要增稳俯仰舵偏产生的恢复力矩大于飞行攻角产生的发散力矩，从物理现象上即能保证弹体的稳定性，即弹体允许的静稳定度 $\Delta \overline{x} = \overline{x}_{cg} - \overline{x}_F$ 跟飞行攻角 α、俯仰舵偏效率 $m_z^{\delta_z}$ 以及分配给克服静不稳定的俯仰舵 δ_z 有关。根据定义，静不稳定度产生的发散力矩为

$$m_z^{\alpha}\alpha = C_y^{\alpha}(\overline{x}_{cg} - \overline{x}_F)\alpha$$

而用于克服静不稳定的俯仰舵产生的恢复力矩为 $m_z^{\delta_z}\delta_z$，可得静稳定度为

$$\Delta x = \overline{x}_{cg} - \overline{x}_F \leqslant \frac{-m_z^{\delta_z}\delta_z}{C_y^{\alpha}\alpha} \tag{12-15}$$

即允许的最大弹体静稳定度跟俯仰舵效、分配给克服静不稳定的俯仰舵以及飞行攻角和升力线斜率有关。

例 12 - 6　仿真俯仰舵偏限幅和飞行攻角限幅条件下的静不稳定边界。

某一制导武器其飞行状态、结构参数同例 12 - 3，气动参数除 m_z^{α} 之外同例 12 - 3，求解在不同俯仰舵偏限幅和飞行攻角限幅条件下，弹体允许的静不稳定边界。

解：依据 $m_z^{\delta_z} = -0.073\,3$，$C_y^{\alpha} = 1.245\,4$，代入式（12-15），可得静不稳定边界，见表 12-1。

表 12 - 1　静不稳定边界

序列	俯仰舵偏限幅/(°)	攻角限幅/(°)	静不稳定边界
1	3	3	0.058 9
2	3	5	0.035 3
1	6	3	0.117 7
2	6	5	0.070 6

由理论分析和仿真可知：

1）弹体飞行攻角越大，允许的静不稳定值则越小。值得提醒的是，攻角限幅要充分考虑各种环境因素，比如垂直风扰动使弹体攻角突然变大，这时如静不稳定值较大，则引

起飞行攻角继续增加而发散；

2）俯仰舵偏限幅越大，则允许的静不稳定值越大；

3）俯仰舵效越高，则允许的静不稳定值越大，从这点看，如果将弹体设计成气动静不稳定，一般可设计较大舵偏面积的俯仰舵，并且尽可能将舵偏的位置设计成远离弹体质心。

（2）内回路控制裕度

通过状态反馈可将状态方程的特征根配置至合适的位置，即内回路控制允许静不稳定边界很大，但是需要考虑执行机构的延迟特性和实际舵偏限幅。下面举例说明内回路控制允许的静不稳定边界。

例 12 - 7　内回路控制裕度影响静不稳定边界。

某一制导武器其飞行状态、结构参数同例 12 - 3，气动参数除 m_z^α 之外同例 12 - 3，气动静不稳度为 0.12，$m_z^\alpha = 0.15$，试设计阻尼回路和增稳回路并对其进行分析，并使内回路的延迟裕度大于 0.06 s。

解：根据气动参数、结构参数及飞行状态可解算得到弹体传递函数，见方程组（12 - 16）第 1 式。

阻尼回路的根轨迹图如图 12 - 23（a）所示，取阻尼反馈系数 $K_\omega = -0.36$ 时的传递函数见方程组（12 - 16）第 2 式，弹体传递函数还是具有较大的正实根，其开环 bode 图如图 12 - 23（b）所示。增稳回路的根轨迹图如图 12 - 24（a）所示，取增稳反馈系数 $K_\alpha = -3$ 时的传递函数见方程组（12 - 16）第 3 式，弹体传递函数的特征根为两个负实根，其开环 bode 图如图 12 - 24（b）所示。

$$\begin{cases} G_{\delta_z}^{\omega_z} \Big|_{K_\omega = 0} = \dfrac{-0.493\,4s - 0.506\,8}{0.008\,53s^2 + 0.006\,497s - 1} = \dfrac{-57.863\,2(s+1.027)}{(s+11.22)(s-10.45)} \\[3mm] G_{\delta_z}^{\omega_z} \Big|_{K_\omega = -0.36} = \dfrac{-0.493\,4s - 0.506\,8}{0.008\,53s^2 + 0.184\,1s - 0.817\,5} = \dfrac{-57.863\,2(s+1.027)}{(s+25.37)(s-3.779)} \\[3mm] G_{\delta_z}^{\omega_z} \Big|_{K_\omega = -0.36, K_\alpha = -3} = \dfrac{-0.493\,4s - 0.506\,8}{0.008\,53s^2 + 0.107\,4s + 0.666} = \dfrac{-57.863\,2(s+1.027)}{(s+17)(s+4.596)} \end{cases}$$

$$(12 - 16)$$

增稳后单位舵偏的阶跃响应如图 12 - 25（a）所示，在执行机构断开时，增稳回路的开环 bode 图如图 12 - 25（b）所示，延迟裕度为 0.065 s，即增稳回路具有较好的时域特性，频域特性一般，控制裕度满足设计指标。

从控制裕度的角度看，即使气动静不稳定度达到 0.12，弹体通过内回路改造后，也是可控的。但是因为静不稳定而引起的增稳舵偏会很大，例如某飞行器静不稳定度为 0.12，滑翔飞行时攻角为 $\alpha = 5°$，简单计算可得增稳俯仰舵偏为 $\delta_z(\text{stable}) = 10.23°$，考虑导引机动，增稳俯仰舵偏实际可能大幅超过 10.23°，以这么大的增稳俯仰舵偏飞行，将带来很大不确定性，分析如下：

1）大气垂直突风对弹体的影响：假设飞行过程中，受大气垂直突风扰动，弹体飞行攻角由 5° 变化至 8°，这时需要 16.37° 的增稳俯仰舵偏角，否则飞行攻角会发散；

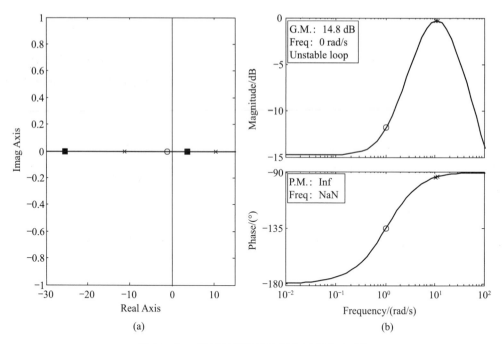

图 12 - 23　阻尼回路根轨迹图和开环 bode 图

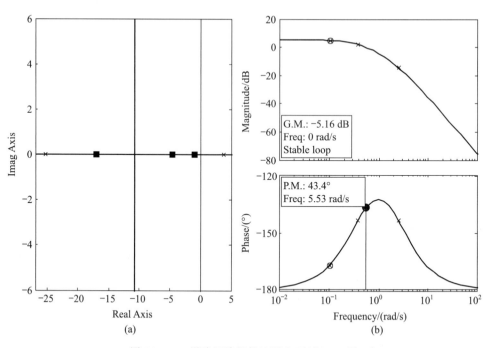

图 12 - 24　增稳回路根轨迹图和开环 bode 图

2) 其他通道舵偏角对增稳俯仰舵偏角的影响：对于"X"舵偏，滚动舵 δ_x 、偏航舵 δ_y 和俯仰舵 δ_z 表示为

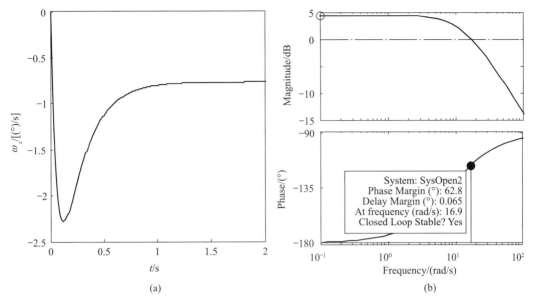

图 12 - 25　增稳回路阶跃响应和开环 bode 图

$$\begin{cases} \delta_x = 0.25 \times (\delta_1 + \delta_2 + \delta_3 + \delta_4) \\ \delta_y = 0.25 \times (\delta_1 - \delta_2 - \delta_3 + \delta_4) \\ \delta_z = 0.25 \times (-\delta_1 - \delta_2 + \delta_3 + \delta_4) \end{cases}$$

即当滚动舵和偏航舵不为零时，当增稳俯仰舵为 $10.23°$ 时，实际上 δ_1、δ_2、δ_3 和 δ_4 舵偏幅值中的某一个或几个会大于 $10.23°$，引起舵上气流严重分离，造成控制品质下降甚至发散。

12.3.5　经典三回路过载控制

由于在控制系统应用中，制导武器一般不配备攻角传感器（即使配备，其精度一般伴随着较大的噪声），根据 2.10 节内容，可利用俯仰角反馈代替攻角反馈（弹体在短周期内的攻角运动模态近似于俯仰角运动模态）。

经典三回路过载控制框图如图 12 - 26 所示，可视为在二回路过载控制的基础上进行改造：

1）引入一个姿态角（俯仰角）反馈信息；

2）去掉二回路过载控制的 K_p 控制（也可保留 K_p 控制）；

3）增加一个前置制导指令增益（以下简称前向增益）。

由图 12 - 26 可以看出此三回路过载控制由阻尼回路、增稳回路、过载回路和前向增益组成。阻尼回路增加弹体的阻尼和稳定性，增稳回路增加弹体的稳定性，两者共同将被控对象不稳定状态（即传递函数有正根）改造至稳定状态，过载外回路用于控制弹体响应制导指令输入，前置增益用于消除响应与指令之间的静差。

根据图 12 - 26 对经典三回路过载回路进行设计：

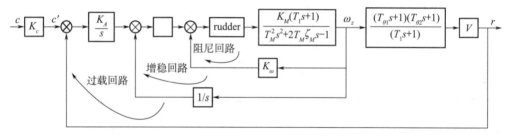

图 12-26　经典三回路过载控制框图

（1）阻尼回路设计

阻尼回路如图 12-27 所示，回路闭环传递函数为

$$G^{\omega_z}_{\delta_z}(s)\big|_{K_\omega} = \frac{K_M(T_1 s + 1)}{T_M^2 s^2 + (2T_M \xi_M + K_M K_\omega T_1)s \pm 1 + K_M K_\omega} \qquad (12-17)$$

其等效阻尼为

$$\bar{\zeta}_M = \frac{\zeta_M + \dfrac{K_M K_\omega T_1}{2T_M}}{\sqrt{1 + K_M K_\omega}}$$

对于静稳定度比较大的弹体，$K_M K_\omega \ll 1$，则 $\bar{\zeta}_M \approx \zeta_M + \dfrac{K_M K_\omega T_1}{2T_M}$，恢复项 $\dfrac{(1 + K_M K_\omega)}{T_M^2} \approx \dfrac{1}{T_M^2}$，即阻尼回路主要用于增加被控对象的阻尼，而被控对象的恢复项只有少许增加。

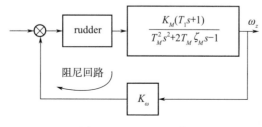

图 12-27　阻尼回路

对于静不稳定弹体，恢复项为 $\dfrac{(-1 + K_M K_\omega)}{T_M^2}$，即增加阻尼回路后，静不稳定"程度"有所减小，其减小程度取决于反馈阻尼系数 K_ω。弹体的增益由 $-K_M$ 变化至 $\dfrac{K_M}{(-1 + K_M K_\omega)}$，即增加阻尼回路后，增益有所增加。

例 12-8　阻尼回路设计。

某一制导武器其飞行状态、结构参数、气动参数同例 12-4，利用根轨迹法设计阻尼回路并对其特性进行分析。

解：根据气动参数、结构参数及飞行状态可解算得到弹体传递函数如方程组（12-9）

第 1 式所示。

阻尼回路的根轨迹如图 12 - 28 (a) 所示，增加阻尼反馈系数，可使阻尼反馈回路的闭环极点向左半平面移动，当 $K_\omega = -0.218\,8$ 时，传递函数变为

$$G^{\omega_z}_{\delta_z}(s)\big|_{K_\omega = -0.218\,8} = \frac{-3.078s - 2.691}{0.053\,28s^2 + 0.766\,4s - 0.411\,3} = \frac{-57.774\,1(s + 0.874\,4)}{(s + 14.9)(s - 0.518)}$$

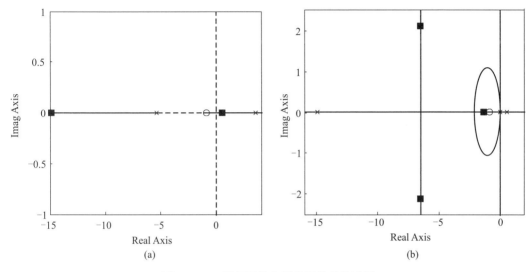

图 12 - 28 阻尼回路和增稳回路根轨迹图

由此可见经过阻尼反馈之后，特征根分别为 -14.9 和 0.518，在 s 平面上处于较好的位置，方便其后增稳回路设计，但存在较小的正根，被控对象依然不稳定。

从控制理论角度出发，只需继续增加阻尼反馈系数，即可将静不稳定弹体的不稳定根（正根）调整至 s 左半平面，但是当静不稳定较大时，即弹体的正根的数值会比较大，这时如果只依靠调整阻尼反馈系数来调整弹体的正根，使其移至虚轴的左侧，其阻尼反馈系数将会很大，带来的问题有：1) 阻尼回路的截止频率伴随着阻尼反馈系数的增加而增加，其延时裕度随之降低，控制品质下降；2) 即使将正根调整至虚轴的左侧，此根与弹体零点的综合作用也会使新被控对象的特性很差。故工程上对于静不稳定较大的弹体，一般在设计阻尼回路的基础上，设计增稳回路，这样只需较小的阻尼反馈系数和增稳反馈系数即可将静不稳定弹体调整为一个动态品质较佳的被控对象。

（2）增稳回路设计

经典三回路过载控制的增稳回路相当于一个姿态控制回路，如图 12 - 29 所示，ω_I 为增稳回路的反馈系数。增稳回路使原被控对象的阶数由 2 阶变化至 3 阶，在根轨迹图上，增加了位于坐标原点的极点，如图 12 - 28 (b) 所示。

增稳回路的传递函数为

$$G_{K_{\omega\_\omega_I}}(s) = \frac{K_M\omega_I(T_1s + 1)}{T_M^2s^3 + (2T_M\xi_M + K_MK_\omega T_1)s^2 + (-1 + K_MK_\omega + K_M\omega_I T_1)s + K_M\omega_I}$$

设计合适的控制参数 K_ω 与 ω_I，即可使增稳回路稳定，其单位阶跃响应稳态值

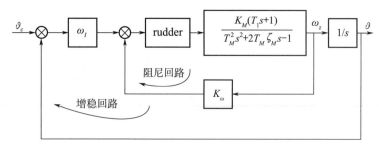

图 12-29　增稳回路

$$\vartheta(t \to \infty) = \lim_{s \to 0} s G_\vartheta(s) \frac{1}{s} = 1$$

例 12-9　增稳回路设计。

在例 12-8 设计阻尼回路的基础上，设计增稳回路，使被控对象的特征根移至 s 的左半平面，并使闭环的增稳回路具备较好的特性。

解：增稳回路的根轨迹如图 12-28（b）所示。

增大增稳回路的反馈系数 ω_I，使右边两个实极点（0.518 和 0）向实轴的负方向移动，其中一个会最终趋于零点 -0.874 4，形成一个偶极子（其零点在右边，极点在左边，最终使增稳回路形成较大的超调量并伴随很严重的爬行现象）；根据经典控制理论，另一个必然向左移动，与向右移动的极点 -14.9 在实轴上某一点相遇，其后向虚轴正负方向运动。

选择 $\omega_I = -1.25$，则这时的弹体对象为

$$G_{K\omega\_\omega I} \mid_{K_\omega = -0.218\,8, \omega_I = -1.25} = \frac{54.163\,2(s + 0.874\,4)}{(s + 1.345)(s^2 + 13.04s + 46.96)}$$

其开环 bode 图如图 12-30（a）所示，相位裕度为 55.7°，幅值裕度为 18.9 dB，截止频率为 4.68 rad/s。增稳回路的单位阶跃响应如图 12-30（b）所示，阶跃响应具有较大的超调及爬行现象，其原因是由于闭环系统存在一对伪偶极子，伪偶极子的零点和极点之间的距离跟它们自身的模值相比，不能忽略不计，并且零点离虚轴较近，故引起较大的超调（即爬行）现象。减弱爬行现象可采用增大 ω_I 的方法，但会引起更大的超调量。

（3）外回路设计

外回路设计主要是在内回路设计（包括阻尼回路和增稳回路设计）的基础上，选择合适的 K_A 和前置制导指令增益 K_c 使控制回路满足控制系统"稳、准、快"指标。

系统开环传递函数如下式所示，为零型系统，极点同增稳回路传递函数。

$$G_{\text{open}}(s) = \frac{K_A K_M \omega_I V(T_{1\theta}s + 1)(T_{2\theta}s + 1)}{T_M^2 s^3 + (2T_M \xi_M + K_M K_\omega T_1)s^2 + (1 + K_M K_\omega + K_M \omega_I T_1)s + K_M \omega_I}$$

通过调整 K_A 系数使开环回路满足设计指标，K_A 越大，则系统截止频率越大，幅值裕度和相位裕度越小。

闭环系统传递函数为

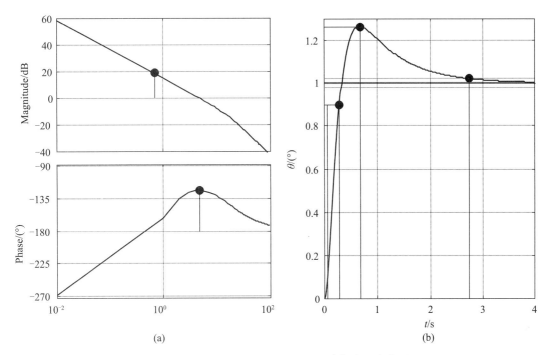

(a)　　　　　　　　　　　　　　　　(b)

图 12 - 30　增稳回路开环 bode 图和单位阶跃响应图

$$G_{close}(s) = \frac{K_A K_M \omega_I V (T_{1\theta} s + 1)(T_{2\theta} s + 1)}{a_0 s^3 + a_1 s^2 + a_2 s + a_3}$$

$$a_0 = T_M^2$$

$$a_1 = 2 T_M \xi_M + K_M K_\omega T_1 + K_A K_M \omega_I V T_{1\theta} T_{2\theta}$$

$$a_2 = 1 + K_M K_\omega + K_M \omega_I T_1 + K_A K_M \omega_I V (T_{1\theta} + T_{2\theta})$$

$$a_3 = K_M \omega_I + K_A K_M \omega_I V$$

其单位阶跃响应稳态值为

$$a_y(t \to \infty) = \lim_{s \to 0} s G_{close}(s) \frac{1}{s} = \frac{K_A V}{1 + K_A V}$$

由于系统开环为零型系统，故闭环系统在阶跃响应下存在稳态误差，其稳态值为 $\frac{K_A V}{1 + K_A V}$，所以为了保证系统的稳态精度，设计制导指令增益 $K_c = \frac{1 + K_A V}{K_A V}$，即其闭环系统的稳态特性不随弹体的气动参数变化。

例 12 - 10　外回路设计。

某一制导武器其飞行状态、结构参数、气动参数同例 12 - 4，采用经典三回路过载控制，阻尼系数 $K_\omega = -0.218\,8$，增稳系数 $\omega_I = -1.25$，试设计合理的 K_A 和 K_c，使闭环系统具有较好的控制品质，满足控制系统"稳、准、快"指标。

解：选取 $K_A = 0.007\,2$，计算得到 $K_c = 0.630\,8$。

其开环 bode 图如图 12 - 31（a）所示，相位裕度为 100.0°，幅值裕度为 17.0 dB，截止频率为 1.73 rad/s；闭环 bode 图如图 12-31（b）所示，带宽为 0.762 8 Hz；单位阶跃响应如图 12-32 所示，超调量为 9.75%，调节时间为 1.48 s，即控制品质良好，可以很好地控制静不稳定弹体。

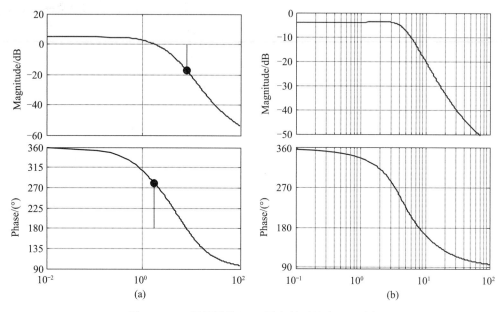

图 12-31　开环回路 bode 图和闭环回路 bode 图

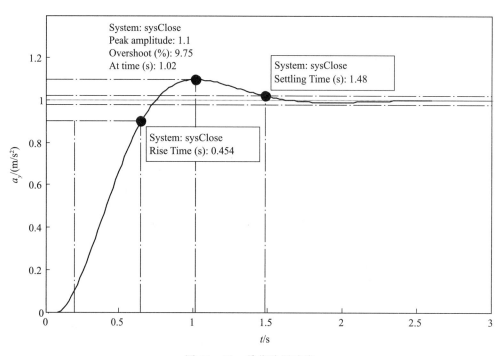

图 12-32　单位阶跃响应

（4）控制器特性分析

经典三回路过载控制已用于多种型号，具有以下特性：

1）在二回路过载控制的基础上进行改造，不需要引入新的硬件设备；

2）软件实现简单，不需要计算弹体特征参数；

3）由于响应初期依靠积分控制（缺少比例控制），阶跃响应的初始速度较慢；

4）由于控制系统为零型系统，当系统无精确空速信息时，存在当飞行速度较低而风速较大时，有较大的稳态误差的缺点，具体见例 12-11。

例 12-11　当控制系统无精确空速信息时，经典三回路过载控制的控制品质。

某一制导武器的结构参数、气动参数同例 12-4，飞行速度为 $Ma = 0.75$，采用经典三回路过载控制，阻尼系数 $K_\omega = -0.2188$，增稳系数 $\omega_I = -1.25$，其他控制参数同例 12-10，分顺风 -50 m/s，无风和逆风 -50 m/s 三种情况仿真控制回路的单位阶跃响应。

解： 按选定的控制参数，可得顺风、无风及逆风状态下的单位阶跃响应如图 12-33 所示。

仿真结果表明：当存在顺风或逆风时，单位阶跃响应存在稳态误差，且误差量随风速的增大而增加。

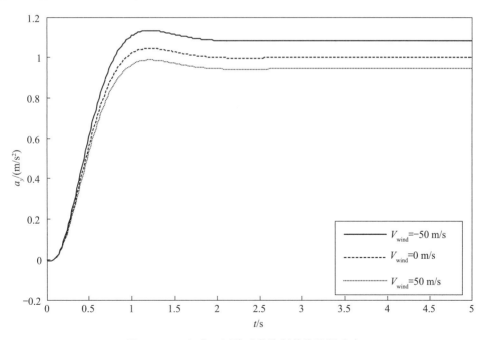

图 12-33　经典三回路过载控制单位阶跃响应

5）就控制器结构而言，相比于伪攻角增稳三回路过载控制和过载增稳三回路过载控制而言，其控制品质最差。

此方法适用于具有较高飞行速度的制导武器，不太适用于高空投放的低速制导武器。

12.3.6 修正经典三回路过载控制

针对经典三回路过载控制初始响应速度较慢的特点，在经典三回路过载控制的基础上进行修正，主要在前向通道上增加比例控制，其控制框图如图 12-34 所示。

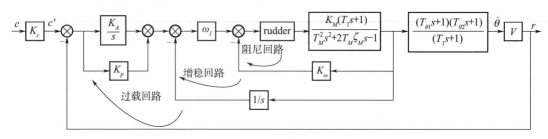

图 12-34　修正经典三回路过载控制框图

修正经典三回路过载控制的阻尼回路设计和增稳回路设计与经典三回路过载控制的一致。

外回路设计主要是在内回路设计的基础上，选择合适的 K_A、K_p 和前置制导指令增益 K_c 使控制回路满足控制系统"稳、准、快"指标。其中 K_A 和 K_c 参数取值同经典三回路过载控制。

系统开环传递函数如下式所示，为零型系统，与经典三回路过载控制相比，开环极点保持一致，开环零点增加了一个 $-K_A/K_p$。

$$G_{open}(s) = \frac{K_M \omega_I V (T_{1\theta}s + 1)(T_{2\theta}s + 1)(K_p s + K_A)}{T_M^2 s^3 + (2T_M \xi_M + K_M K_\omega T_1)s^2 + (1 + K_M K_\omega + K_M \omega_I T_1)s + K_M \omega_I}$$

通过调整 K_A 和 K_p 系数使系统开环满足设计指标，K_A 越大，则系统截止频率越大，幅值裕度和相位裕度越小。

闭环系统传递函数为

$$G_{close}(s) = \frac{K_M \omega_I V (T_{1\theta}s + 1)(T_{2\theta}s + 1)(K_P s + K_I)}{a_0 s^3 + a_1 s^2 + a_2 s + a_3}$$

$$a_0 = T_M^2 + T_{1\theta}T_{2\theta}K_p$$

$$a_1 = 2T_M \xi_M + K_M K_\omega T_1 + (T_{1\theta} + T_{2\theta})K_p + T_{1\theta}T_{2\theta}K_I$$

$$a_2 = 1 + K_M K_\omega + K_M \omega_I T_1 + K_p + (T_{1\theta} + T_{2\theta})K_I$$

$$a_3 = K_M \omega_I + K_I$$

其单位阶跃响应稳态值为

$$a_y(t \to \infty) = \lim_{s \to 0} s G_{close}(s) \frac{1}{s} = \frac{K_A V}{1 + K_A V}$$

由于开环为零型系统，故闭环系统存在稳态误差，其稳态值为 $\dfrac{K_A V}{1 + K_A V}$，所以为了保证系统的稳态精度，设计制导指令增益 $K_c = \dfrac{1 + K_A V}{K_A V}$，即其闭环系统的稳态特性不随弹体的气动参数变化，仅取决于飞行速度 V 和控制参数 K_A，具有较强的鲁棒性。

例 12 - 12 比例系数 K_p 的影响。

某一制导武器的结构参数、气动参数同例 12 - 4，速度为 $Ma = 0.75$，采用修正经典三回路过载控制，阻尼系数 $K_\omega = -0.218\,8$，增稳系数 $\omega_I = -1.25$，$K_A = 0.007\,2$，$K_c = 0.630\,8$，K_p 分别取 0，0.000 514 和 0.001 028 时，试分析不同 K_p 对控制回路性能的影响。

解： 系统开环 bode 图如图 12 - 35 所示，K_p 分别取 0，0.000 514 和 0.001 028 时，相位裕度为 $100.0°$、$107.0°$ 和 $112.0°$，幅值裕度分别为 17.0 dB、17.9 dB 和无穷大；截止频率分别为 1.73 rad/s、1.75 rad/s 和 1.81 rad/s；带宽分别为 0.762 8 Hz、0.720 4 Hz 和 0.728 8 Hz，系统延迟裕度分别为 0.097 9 s、0.091 5 s 和 0.085 7 s。

单位阶跃响应如图 12 - 36 所示，K_p 分别取 0，0.000 514 和 0.001 028 时，超调量分别为 9.75%、4.24% 和 0.67%，调节时间分别 1.43 s、1.32 s 和 0.76 s。

由单位阶跃响应和系统开环 bode 图可知，对于经典三回路过载控制来说，前向通道依赖积分控制起作用，由于积分控制的"滞后"作用，故在阶跃响应的初始阶段响应较慢，而在响应到达指令值时，响应继续增加，存在较严重的超调现象。而对于修正经典三回路过载控制来说，由于引入比例控制，在阶跃响应的初始阶段，比例控制起较大作用，使得响应较快趋于指令，在响应趋于指令时，比例控制的作用趋于弱化，其综合作用在较大程度上改善单位阶跃响应的初始响应特性以及动态响应特性。

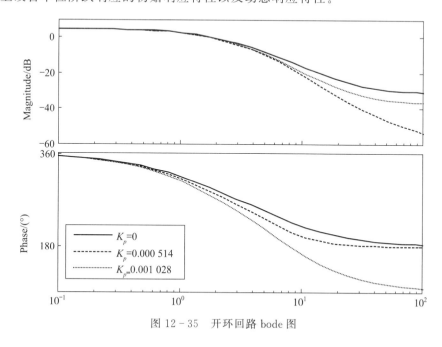

图 12 - 35　开环回路 bode 图

12.3.7 伪攻角增稳三回路过载控制

空地制导武器大多不配备攻角传感器，但一般都配备角速度陀螺，可用角速度至攻角

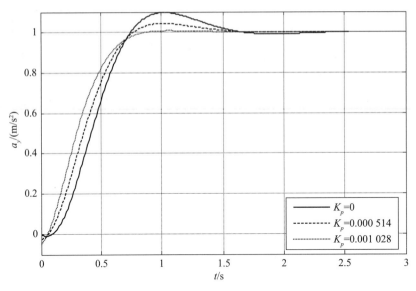

图 12 - 36　单位阶跃响应

的传递函数近似得到攻角（称为伪攻角），伪攻角反馈可以调节被控对象的稳定性，采用伪攻角增稳的三回路过载控制称为伪攻角增稳三回路过载控制。

根据弹体传递函数（12 - 5），可得角速度至攻角的传递函数

$$G_{\omega_z}^{\alpha}(s) = \frac{\Delta\alpha(s)}{\Delta\omega_z(s)} = \frac{-a_{35}s + a_{25} + a_{35}a_{22}}{a_{25}s + a_{25}a_{34} - a_{35}a_{24}}$$

即 $G_{\omega_z}^{\alpha}(s)$ 为一个非最小相位环节，由于 $a_{35} \ll (a_{25} + a_{35}a_{22})$，$G_{\omega_z}^{\alpha}(s)$ 可简化为

$\dfrac{a_{25} + a_{35}a_{22}}{a_{25}s + a_{25}a_{34} - a_{35}a_{24}}$，从控制理论看，两者只在高频段存在差别，故对闭环系统的影响可忽略，在工程上

$$G_{\omega_z}^{\alpha}(s) \doteq \frac{a_{25} + a_{35}a_{22}}{a_{25}s + a_{25}a_{34} - a_{35}a_{24}} = \frac{K_a}{T_a s + 1}$$

式中 $T_a = \dfrac{a_{25}}{a_{25}a_{34} - a_{35}a_{24}}$（$T_a$ 即等于 T_1），$K_a = \dfrac{a_{25} + a_{35}a_{22}}{a_{25}a_{34} - a_{35}a_{24}}$，对于某一些弹体特性，

其 $|a_{25}a_{34}| \gg |a_{35}a_{24}|$，$T_a \approx \dfrac{1}{a_{34}}$，$K_a \approx \dfrac{1}{a_{34}}$。

基于伪攻角增稳三回路过载控制的框图如图 12 - 37 所示，由阻尼回路、增稳回路和过载回路组成，阻尼回路增加被控对象的阻尼和稳定性，增稳回路增加被控对象的稳定性。

（1）阻尼回路设计

阻尼回路设计同经典三回路过载阻尼回路设计。

（2）增稳回路设计

增稳回路如图 12 - 38 所示，$G_{\omega_z}^{\alpha}(s) = \dfrac{K_a}{T_a s + 1}$ 为角速度至攻角的传递函数，K_a 为增稳

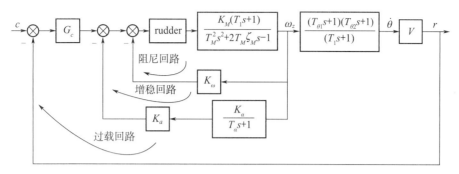

图 12 - 37　伪攻角增稳三回路过载控制框图

系数。

增稳回路设计有两种方法：1）将增稳回路作为内回路的一部分，在频域上，在反馈回路中设计一个滞后校正网络，通过同时改变 K_α 和 K_ω 来调节原弹体模型在低频和中频段的幅值和相位特性，使其满足性能指标；2）先设计阻尼回路，然后在此基础上，设计增稳回路，即将阻尼回路看成新被控对象，选择合适的增稳系数，使增稳回路满足性能指标。现采用方法 2）设计增稳回路。

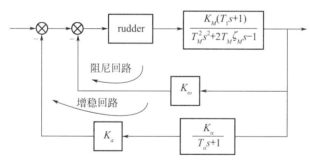

图 12 - 38　增稳回路

增稳回路的开环传递函数为

$$G(s)|_{K\omega\_K_a} = \frac{K_a K_a K_M}{T_M^2 s^2 + (2T_M \xi_M + K_M K_\omega T_1)s - 1 + K_M K_\omega} \tag{12-18}$$

即开环传递函数为不带零点的二阶环节，通过调节反馈系数 K_a 很容易将右边的实根调整至 s 左半平面。增稳回路的闭环传递函数为

$$G(s)|_{K\omega\_K_a} = \frac{K_M(T_1 s + 1)}{T_M^2 s^2 + (2T_M \xi_M + K_M K_\omega T_1)s - 1 + K_M K_\omega + K_M K_a K_a} \tag{12-19}$$

从上式可以看出，阻尼反馈增加被控对象的阻尼和稳定性，增稳回路则只增加被控对象的稳定性，使恢复项由不稳定 $\dfrac{-1 + K_M K_\omega}{T_M^2}$（阻尼回路使恢复项 $\dfrac{-1}{T_M^2}$ 变化至 $\dfrac{-1 + K_M K_\omega}{T_M^2}$）变化至 $\dfrac{-1 + K_M K_\omega + K_M K_a K_a}{T_M^2}$，只需调整阻尼反馈系数 K_ω 和增稳反馈系数 K_a 即可将被控对象的恢复项调整至一个合理的值。相较于经典三回路过载控制而言，伪攻角增稳回

路不增加被控对象的阶数。

增稳回路的根轨迹图如图 12 - 39（a）所示，从控制理论上看，只需少量增加 K_a 即可将正极点调整至虚轴的左半平面，继续增加 K_a，则使被控对象的两个主导极点由实根变化至共轭复根，再继续增加 K_a 时，则使被控对象的共轭复根的虚数部分增加，阻尼减小，稳定性增加。

例 12 - 13　增稳回路设计。

在例 12 - 8 设计阻尼回路的基础上设计增稳回路，使其弹体的特征根移至虚轴的左半平面，并使闭环的增稳回路具备较好的特性。

解： 根据根轨迹图或通过计算［根据式（12 - 18）］，很容易计算在 $K_a = -1.410\,7$ 时，增加阻尼和增稳回路后的被控对象传递函数为

$$G(s)\big|_{K_\omega = -0.218\,8, K_a = -1.410\,7} = \frac{-57.774(s + 0.874\,6)}{s^2 + 14.39s + 73.93}$$

其开环 bode 图如图 12 - 39（b）所示，从图可知系统截止频率为 5.15 rad/s，相位裕度为 65.2°，具有较好的频率特性。原弹体、加阻尼后弹体和加阻尼与增稳回路后弹体的 bode 图如图 12 - 40 所示，原弹体、加阻尼后弹体和加阻尼与增稳回路后弹体的单位阶跃响应如图 12 - 41 所示，即通过阻尼反馈和增稳反馈，使弹体特性发生极大的变化，原弹体受扰动后以很大的速度发散，加阻尼后弹体以较慢的速度发散，加阻尼和增稳后的弹体则以较好的品质收敛。

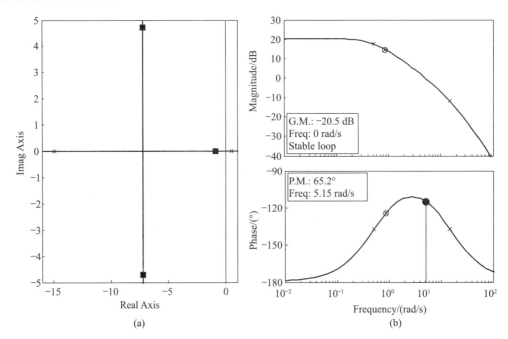

（a）　　　　　　　　　　　　　　　　（b）

图 12 - 39　增稳回路根轨迹图和增稳回路开环 bode 图

（3）外回路设计

经阻尼回路和增稳回路反馈后被控对象可以表示为

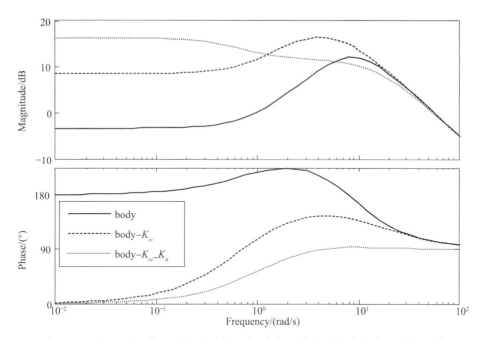

图 12-40　原弹体、加阻尼回路后的弹体、加阻尼和增稳回路后的弹体 bode 图

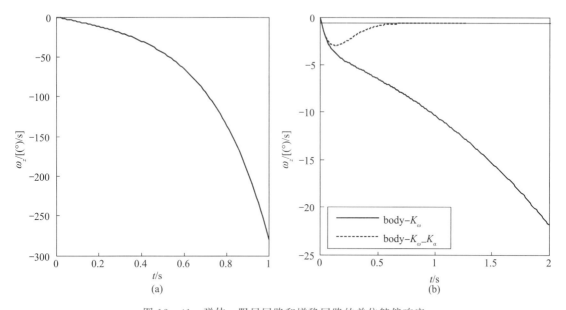

图 12-41　弹体、阻尼回路和增稳回路的单位舵偏响应

$$\text{plant}(s) = \frac{K_M V (T_{1\theta} s + 1)(T_{2\theta} s + 1)}{T_M^2 s^2 + (2T_M \xi_M + K_M K_\omega T_1) s - 1 + K_M K_\omega + K_M K_a K_a} \quad (12-20)$$

plant(s) 为零型非最小相位环节（$T_{1\theta}$ 和 $T_{2\theta}$ 其中一个为负值），在一定程度上影响控制回路的响应速度。

由于被控对象为零型环节，故其控制器为 1 型或 1 型以上环节，取 PI 控制或 I 控制，

即 $G_c(s) = \dfrac{K_p s + K_i}{s}$ 或 $G_c(s) = \dfrac{K_i}{s}$ ，系统开环传递函数如下式所示，为 1 型系统。

$$\begin{cases} G_{\text{open\_PI}}(s) = \dfrac{K_M V (K_p s + K_i)(T_{1\theta}s + 1)(T_{2\theta}s + 1)}{s[T_M^2 s^2 + (2T_M \xi_M + K_M K_\omega T_1)s - 1 + K_M K_\omega + K_M K_a K_a)} \\[4mm] G_{\text{open\_I}}(s) = \dfrac{K_M V K_i (T_{1\theta}s + 1][T_{2\theta}s + 1)}{s(T_M^2 s^2 + (2T_M \xi_M + K_M K_\omega T_1)s - 1 + K_M K_\omega + K_M K_a K_a]} \end{cases}$$

闭环系统传递函数为

$$\begin{cases} G_{\text{close\_PI}}(s) = \dfrac{K_M V (K_p s + K_i)(T_{1\theta}s + 1)(T_{2\theta}s + 1)}{a_0 s^3 + a_1 s^2 + a_2 s + a_3} \\[3mm] a_0 = T_M^2 + K_M V K_p T_{1\theta} T_{2\theta} \\[2mm] a_1 = 2T_M \xi_M + K_M K_\omega T_1 + K_M V(K_p(T_{1\theta} + T_{2\theta}) + K_i T_{1\theta} T_{2\theta}) \\[2mm] a_2 = -1 + K_M K_\omega + K_M K_a K_a + K_M V(K_p + K_i(T_{1\theta} + T_{2\theta})) \\[2mm] a_3 = K_M V K_i \\[3mm] G_{\text{close\_I}}(s) = \dfrac{K_M V K_i (T_{1\theta}s + 1)(T_{2\theta}s + 1)}{a_0 s^3 + a_1 s^2 + a_2 s + a_3} \\[3mm] a_0 = T_M^2 \\[2mm] a_1 = 2T_M \xi_M + K_M K_\omega T_1 + K_M V K_i T_{1\theta} T_{2\theta} \\[2mm] a_2 = -1 + K_M K_\omega + K_M K_a K_a + K_M V K_i(T_{1\theta} + T_{2\theta}) \\[2mm] a_3 = K_M V K_i \end{cases}$$

其单位阶跃响应稳态值

$$a_y(t \to \infty) = \lim_{s \to 0} s G_{\text{close}}(s) \frac{1}{s} = \frac{K_M V K_i}{K_M V K_i} = 1$$

即闭环系统的稳态特性不随弹体的气动参数、飞行速度和控制参数等变化而变化。

对于 PI 控制，闭环系统传递函数为一个三阶系统（分子次数和分母次数相同），根据闭环系统的滤波特性，选择 K_p 使闭环系统的常数项 $\dfrac{K_M V K_p T_{1\theta} T_{2\theta}}{T_M^2 + K_M V K_p T_{1\theta} T_{2\theta}}$ 尽量小，即 K_p 尽量取小值。

从控制理论看，静不稳定弹体经过内回路状态反馈后可转换为频率特性较好的被控对象，在此基础上再设计外回路对其进行控制，即能取得与静稳定弹体一样好的控制品质。

下面举例说明伪攻角增稳三回路过载控制的性能，见例 12-14。

例 12-14 伪攻角增稳三回路过载控制设计。

某一制导武器的结构参数、气动参数及飞行状态同例 12-13，采用伪攻角增稳三回路过载控制，在例 12-13 设计增稳回路的基础上试设计控制器，使系统截止频率 $\omega_c = 2.65\ \text{rad/s}$ ，相位裕度 $Pm \geqslant 50°$ ，半振荡次数 $N \leqslant 1$ 次。

解： 计算增加阻尼回路与增稳回路反馈后广义被控对象在 ω_c 处的幅值为 43.954 9 dB，如图 12-42（a）所示，取控制器在 ω_c 处的增益为 -43.954 9 dB，即可得控制器参数为

$$G_c(s) = \frac{K_p s + K_i}{s} = \frac{-0.001\,05 s - 0.016\,81}{s}$$

则系统开环传递函数为

$$G_{open}(s) = \frac{-0.022567(s - 23.18)(s + 24.08)(s + 16)}{s(s^2 + 14.39s + 73.93)}$$

开环 bode 图如图 12 - 42（b）所示，系统相位裕度为 69.2°，幅值裕度为 25.6 dB，截止频率为 2.68 rad/s，ω_c 处的对数幅值斜率为 -20 dB/dec，截止频率远离其前后两个交接频率，满足工程上"错开原理"。由 bode 图可以看出，控制回路具有较好的动态特性及稳态特性。

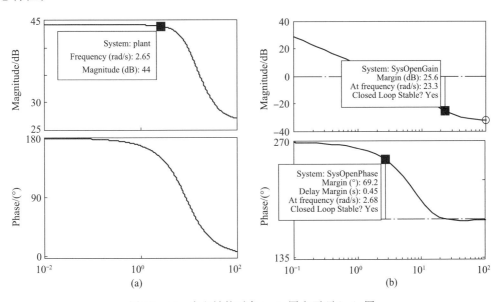

图 12 - 42　广义被控对象 bode 图和开环 bode 图

闭环系统 bode 图如图 12 - 43（a）所示，带宽为 0.704 7 Hz，没有超调。单位阶跃响应如图 12 - 43（b）所示，伪攻角增稳三回路过载控制的控制性能：上升时间 $t_r = 0.633$ s，调节时间 $t_s = 0.825$ s，超调量 $\sigma = 0.0\%$，半振荡次数 $N = 0$，控制品质良好。

注：本例和例 12 - 13 的 MATLAB 控制系统代码见本章附录。

（4）控制器鲁棒性测试

例 12 - 15　伪攻角增稳三回路过载控制的鲁棒性测试。

某一制导武器在 5 500 m 高度以 $Ma = 0.746$ 4（速度 $V = 237.345$ m/s）飞行；弹体结构参数：质量 $m = 700$ kg，转动惯量 $J_z = 500$ kg/m^2。弹体气动参数：m_z^α 分别为 -0.025，0，0.025，$m_z^{\delta_z} = -0.073$ 3，$m_z^{\omega_z} = -5.425$ 9，$C_y^\alpha = 1.245$ 4，$C_y^{\delta_z} = 0.133$ 6（弹体参考面积 $S_{ref} = 0.10$ m^2，参考长度 $L_{ref} = 3.50$ m）。试采用伪攻角增稳三回路过载控制并分析其鲁棒性。

解：根据气动参数，可解算得到 m_z^α 为 -0.025，0，0.025 时的气动静稳定度分别为 -0.02、0 和 0.02，分别对应着较大气动静稳定、临界稳定和较大静不稳定。

根据气动参数、结构参数以及飞行状态可解算得到：动力系数 a_{24} 分别为 -19.7，0 和 19.7，$a_{25} = -57.75$，$a_{34} = 0.843$ 8，$a_{35} = 0.090$ 5，$a_{22} = -1.10$。

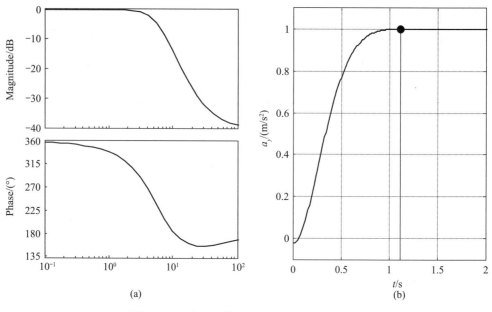

图 12-43 闭环系统 bode 图和单位阶跃响应

将弹体动力系数代入式（12-7），相应地可解算得到弹体静稳定度分别为－0.02，0和 0.02 时的传递函数为

$$\begin{cases} G_{\delta_z}^{\omega_z}(s)\,|_{a_{24}=19.7} = \dfrac{-3.078s-2.691}{0.053\,28s^2+0.093s-1} = \dfrac{-57.774\,1(s+0.874\,4)}{(s+5.293)(s-3.546)} \\[3mm] G_{\delta_z}^{\omega_z}(s)\,|_{a_{24}=0} = \dfrac{-57.776\,3}{s+1.1} \\[3mm] G_{\delta_z}^{\omega_z}(s)\,|_{a_{24}=-19.7} = \dfrac{-2.799s-2.276}{0.048\,5s^2+0.104s+1} = \dfrac{-57.738\,4(s+0.813\,2)}{(s+1.07+\mathrm{i}4.41)(s+1.07-\mathrm{i}4.41)} \end{cases}$$

$$(12-21)$$

设计控制器：阻尼反馈系数 $K_\omega=-0.218\,8$，增稳反馈系数 $K_a=-1.410\,7$，前向串联控制器：$G_{\mathrm{PI}}(s) = \dfrac{-0.001\,335s-0.0213\,6}{s}$ 或 $G_{\mathrm{I}}(s) = \dfrac{-0.02136}{s}$。

仿真结果：基于伪攻角增稳三回路过载控制（PI 控制）的阶跃响应如图 12-44 所示，基于伪攻角增稳三回路过载控制（I 控制）的阶跃响应如图 12-45 所示，其时域指标和频域指标如表 12-2 所示。

结果分析：两种控制方法都具有较强的鲁棒性，能很好地适应气动参数变化（即一组控制参数可以适应静稳定、临界稳定和静不稳定弹体），表现为：

1) 开环特性：I 控制和 PI 控制两者开环回路频率特性均较好，相比较而言，PI 控制具有更充裕的幅值裕度，即意味着 PI 控制还可以提升控制回路快速性；

2) 初始响应特性：PI 控制的初始响应速度较快，这是因为单位阶跃响应初始段误差较大，PI 控制器中的比例环节起主要作用，响应速度快；

3) 快速性：从上升时间和带宽指标看，I 控制的快速性优于 PI 控制，其原因在于比

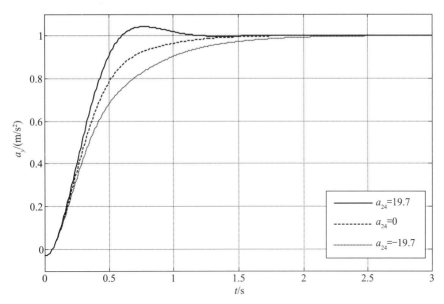

图 12 - 44　伪攻角增稳三回路过载控制（PI 控制）的阶跃响应

例控制在改善初始响应特性的同时，也起部分增加弹体静稳定性作用，即使被控对象的增益有小幅下降，在相同控制器增益下，PI 控制的带宽稍低，快速性稍慢；

4）稳态误差：I 控制和 PI 控制的稳态误差为 0，跟理论分析一致；

5）鲁棒性：I 控制和 PI 控制都具有很强鲁棒性，能适应强不确定性的被控对象，相比较而言，PI 控制器具有更强的鲁棒性，其控制品质更优。

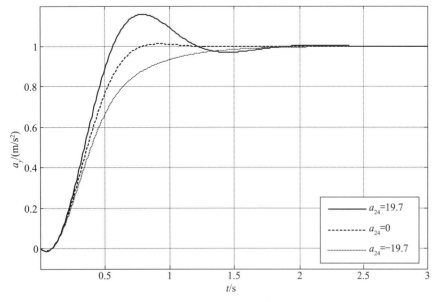

图 12 - 45　伪攻角增稳三回路过载控制（I 控制）的阶跃响应

表 12 - 2　性能指标

指标	伪攻角增稳三回路过载控制					
	PI 控制			I 控制		
	$a_{24}=-19.7$	$a_{24}=0$	$a_{24}=19.7$	$a_{24}=-19.7$	$a_{24}=0$	$a_{24}=19.7$
Gm /dB	25.55	24.72	23.52	14.96	13.233	11.128 3
Pm /(°)	80.92	74.73	63.78	73.41	65.55	52.621 3
ω_c /(rad/s)	2.15	2.68	3.37	2.14	2.65	3.308 0
ω_b /Hz	0.419 0	0.634 2	0.961 3	0.525	0.826 0	1.034 1
Dm /s	0.076 6	0.078 1	0.079 6	0.085 8	0.088 4	0.091 1
t_r /s	0.99	0.68	0.50	0.86	0.6	0.50
t_s /s	1.65	1.17	0.95	1.4	0.73	1.63
σ	0	0	4%	0	1%	16%

（5）伪攻角增稳三回路过载控制特性分析

伪攻角增稳三回路过载控制可视为由经典二回路过载控制改进而来，具有如下特性：

1）不需要增加控制系统的硬件设备；

2）控制系统具有很强的鲁棒性，即采用一组控制器参数，可适应不同被控对象的情况，且指标变化不大；

3）控制品质较好，无稳态误差，动态响应特性较好；

4）需要实时计算伪攻角传递函数；

5）当制导武器无大气测量系统提供的飞行空速以及动压数据时，控制系统只能使用导航系统提供的地速信息计算飞行动压，另外弹体气动参数存在误差时，这些因素都会较大程度上影响姿控的品质，具体见例 12 - 16。

例 12 - 16　伪攻角增稳三回路过载控制在有风情况下的性能测试（无大气测量系统）。

某一制导武器在高度 6 000 m 以 $Ma=0.592\ 0$ 空速飞行，飞行地速为 237.345 m/s，顺风为 50 m/s，升力系数 $C_y^\alpha=1.1209$，其他气动参数和结构参数与例 12 - 4 一致，测试顺风情况下 PI 控制伪攻角增稳三回路过载控制的控制性能。

解：控制参数同例 12 - 15。

开环 bode 图如图 12 - 46（a）所示，系统相位裕度为 75.3°，幅值裕度为 20.0 dB，截止频率为 1.62 rad/s，闭环系统带宽为 0.372 9 Hz，即从频域上看，其特性发生较大的变化。

单位阶跃响应如图 12 - 46（b）所示，上升时间 $t_r=1.16$ s，调节时间 $t_s=1.96$ s，超调量 $\sigma=0.0\%$，与理想情况下相比，动态响应特性发生了较大的变化。

12.3.8　其他滞后环节增稳三回路过载控制

由 12.3.5 节和 12.3.7 节内容可知，静不稳定控制器设计的主要思想是通过内回路（阻尼回路和增稳回路）设计来改变原被控对象的结构或参数大小，使其变为稳定的被控

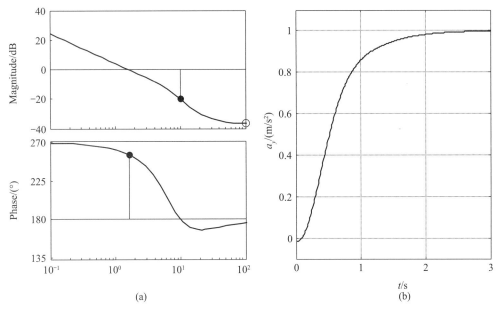

(a)　　　　　　　　　　　　　　　(b)

图 12 - 46　开环 bode 图和单位阶跃响应

对象并具有较好的被控特性（即被控对象的零极点处于 s 平面较佳的位置）。对于较大静不稳定弹体，一般经阻尼反馈后的新被控对象大多带小不稳定的正根，如图 12 - 47 所示。而增稳回路则是改变被控对象的结构形式，根据被控对象特性，需要在实轴上引入极点（即滞后环节），经典三回路过载控制在坐标原点处增加极点，而伪攻角三回路过载控制则在被控对象的零点处增加极点，两者都能较好地改善静不稳定弹体的被控特性。根据经典控制理论，在虚轴任何地方增加极点，都起将弹体不稳定正根往虚轴负方向移动的作用，即起增稳作用。

本文提出其他滞后校正网络进行被控对象增稳，为了分析方便，取 0.75 倍零点的位置 $\left[\dfrac{-0.75}{T_1}, 0\right]$ 和 2 倍零点的位置 $\left[\dfrac{-2}{T_1}, 0\right]$ 放置极点，分别取名为强滞后增稳三回过载控制和弱滞后增稳三回路过载控制。其三回路过载控制的框图如图 12 - 48 所示，由阻尼回路、增稳回路和过载回路组成，阻尼回路增加弹体阻尼和稳定性，增稳回路增加弹体稳定性。

令滞后校正网络为 $lag(s) = \dfrac{1}{T_d s + 1}$ ，则强滞后增稳和弱滞后增稳三回路过载控制的增稳回路开环根轨迹图如图 12 - 49 所示。

在阻尼回路的基础上设计增稳回路，增稳回路的开环传递函数为

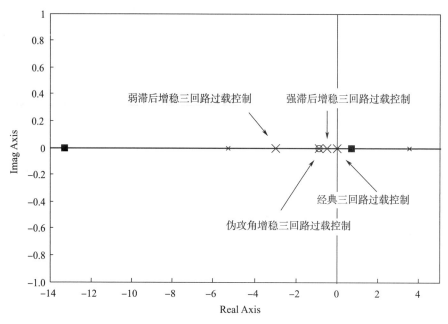

图 12 - 47 静不稳定弹体阻尼回路根轨迹图

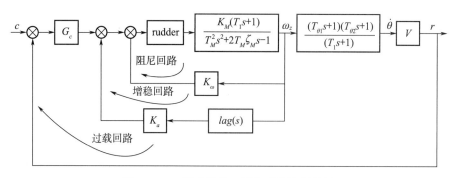

图 12 - 48 滞后增稳三回路过载控制框图

$$
\begin{cases}
G(s)\big|_{K_\omega - K_a} = \dfrac{K_a K_M (T_1 s + 1)}{a_0 s^3 + a_1 s^2 + a_2 s + a_3} \\[2mm]
a_0 = T_M^2 T_d \\[1mm]
a_1 = 2 T_M \xi_M T_d + K_M K_\omega T_1 T_d + T_M^2 \\[1mm]
a_2 = 2 T_M \xi_M + K_M K_\omega T_1 - T_d + K_M K_\omega T_d \\[1mm]
a_3 = -1 + K_M K_\omega
\end{cases}
\tag{12-22}
$$

即开环传递函数为带零点的三阶环节，通过调节反馈系数 K_a 调节增稳回路的截止频率、相位裕度及幅值裕度等。增稳回路的闭环传递函数为

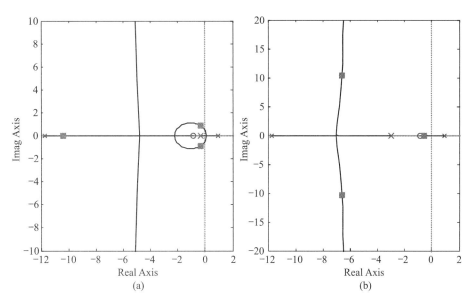

图 12-49　滞后增稳三回路过载的增稳回路开环根轨迹图

$$
\begin{cases}
G(s)\big|_{K_\omega\_K_a} = \dfrac{K_a K_M (T_1 s + 1)(T_d s + 1)}{b_0 s^3 + b_1 s^2 + b_2 s + b_3} \\[2mm]
b_0 = T_M^2 T_d \\[1mm]
b_1 = 2 T_M \xi_M T_d + K_M K_\omega T_1 T_d + T_M^2 \\[1mm]
b_2 = 2 T_M \xi_M + K_M K_\omega T_1 - T_d + K_M K_\omega T_d + K_M T_1 K_a \\[1mm]
b_3 = -1 + K_M K_\omega + K_M K_a
\end{cases}
\tag{12-23}
$$

即闭环传递函数为带零点的三阶环节，通过调节反馈系数 K_a 可调节特征多项式零次项 b_3 和一次项 b_2，容易将右边的实根调整至 s 左半平面。

滞后增稳三回路过载控制的外回路设计同伪攻角增稳三回路过载控制，下面举例说明滞后增稳三回路过载控制设计，见例 12-17。

例 12-17　滞后增稳三回路过载控制。

某一制导武器其飞行状态、结构参数、气动参数同例 12-15，试分别设计强滞后增稳和弱滞后增稳三回路过载控制，使其适用于静不稳定、临界稳定以及稳定的弹体的控制。

解： 弹体传递函数如式（12-21）所示。

设计的弱滞后增稳和强滞后增稳三回路过载控制如下：

1）强滞后增稳三回路过载控制的参数：阻尼反馈系数 $K_\omega = -0.187\,5$，增稳反馈系数 $K_a = -0.863$，滞后校正网络 $lag(s) = \dfrac{1}{0.615 s + 1}$，控制 $G_c(s) = \dfrac{-0.001\,164 s - 0.023\,28}{s}$；

2）弱滞后增稳三回路过载控制的参数：阻尼反馈系数 $K_\omega = -0.25$，增稳反馈系数 $K_a = -2.086$，滞后校正网络 $lag(s) = \dfrac{1}{1.845 s + 1}$，控制器 $G_c(s) = \dfrac{-0.001\,302 s - 0.021\,69}{s}$。

　　仿真结果：强滞后增稳三回路过载控制的单位阶跃响应如图 12 - 50 所示，弱滞后增稳三回路过载控制的单位阶跃响应如图 12 - 51 所示，其时域指标和频率指标见表 12 - 3。

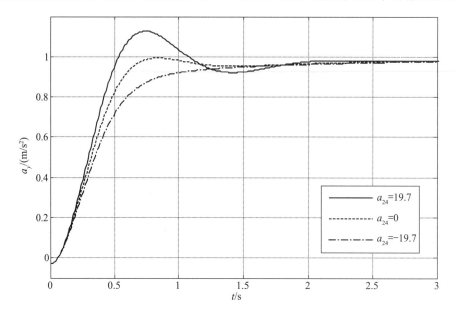

图 12 - 50　强滞后增稳三回路过载控制系统单位阶跃响应

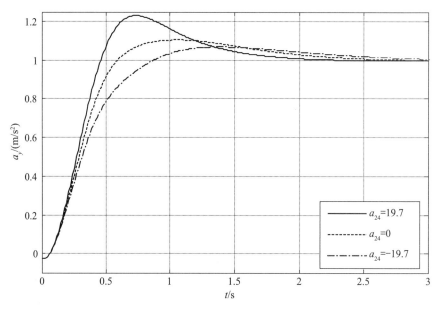

图 12 - 51　弱滞后增稳三回路过载控制系统单位阶跃响应

　　结果分析：强滞后增稳和弱滞后增稳三回路过载控制两种控制方法都具有较强的鲁棒性，能很好地适应气动参数变化（即一组控制参数可以适应静稳定、临界稳定和静不稳定弹体三种情况），表现为：

　　1）稳态误差：两者控制回路的稳态误差为 0，跟理论分析一致，但由于引入滞后反馈后，增稳回路引入了一个零点（即为滞后校正网络的极点），采用 PI 控制器，在控制结构上不能消除此零点的影响，而此零点离虚轴较近，故闭环系统的阶跃响应存在很明显的"爬行"现象，强滞后增稳三回路过载控制由于引入的极点离虚轴更近，故其"爬行"现象更为严重；

2）鲁棒性：两者控制回路都具有较强的鲁棒性，对被控对象的模型不确定性具有较强适应性；

3）动态性能：两者控制回路的动态性能较佳，优于经典三回路过载控制。

表 12 - 3　性能指标

指标	滞后增稳三回路过载控制					
	强滞后			弱滞后		
	$a_{24} = -19.7$	$a_{24} = 0$	$a_{24} = 19.7$	$a_{24} = -19.7$	$a_{24} = 0$	$a_{24} = 19.7$
Gm /dB	27.78	27.11	26.10	19.36	17.98	16.23
Pm /(°)	77.74	67.12	51.52	67.82	60.54	49.54
ω_c /(rad/s)	2.49	3.12	3.77	2.51	3.03	3.78
ω_b /Hz	0.555	0.841	1.013	0.590	0.856	1.119
Dm /s	0.081 6	0.084 6	0.088 4	0.077 3	0.078 0	0.078 4
t_r /s	0.85	0.57	0.47	0.65	0.489	0.41
t_s /s	3.3	3.05	2.87	2.47	2.15	1.77
σ	0	0	12.7%	6.9%	10.6%	23.0%

12.3.9　过载增稳三回路过载控制

在某种意义上，弹体法向加速度相位滞后于角速度，故在理论上也可用于被控对象增稳。

空地导弹大多不配备攻角传感器，但一般都配备加速度计，即可用加速度计测量的法向加速度来调节被控对象的静稳定性，采用加速度反馈增稳的三回路过载控制称为过载增稳三回路过载控制。

（1）控制器结构与特点

过载增稳三回路过载控制是在二回路过载控制的基础上进行改造，在内回路增加增稳回路，增稳回路在反馈回路中引入弹体法向加速度以增加被控对象的稳定性。

过载增稳三回路过载控制的框图如图 12 - 52 所示，包括阻尼回路、过载增稳回路以及过载外回路。阻尼回路增加被控对象的阻尼和稳定性，过载增稳回路调节被控对象的稳定性，两者共同将被控对象不稳定状态改造至稳定状态。

过载增稳三回路过载控制的特点：1）过载增稳三回路过载控制如去掉增稳回路后，其控制结构与二回路过载控制完全一致，即可将二回路过载控制视为过载增稳三回路过载

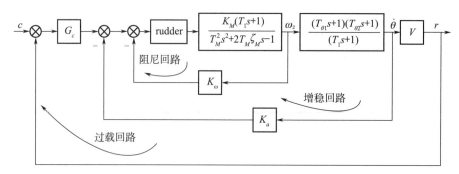

图 12-52　过载增稳三回路过载控制框图

控制的一个特例；2）跟经典三回路过载控制和伪攻角三回路过载控制相比，过载增稳三回路过载控制直接采用弹体输出的加速度信息，不需要间接计算伪攻角值（计算值跟真实攻角值存在差别）或俯仰角；3）增稳回路用于调节被控对象的稳定性，既可增加弹体的静稳定度，也可减小静稳定度，故过载增稳三回路过载控制从控制结构上，可以用于控制静不稳定、临界稳定及静稳定弹体，并都能取得很好的控制品质。

（2）内回路设计

内回路设计包括阻尼回路设计和增稳回路设计。

①阻尼回路

阻尼回路设计同经典三回路过载控制阻尼回路设计。

②增稳回路

增稳回路如图 12-52 所示，是在阻尼回路的基础上利用弹载惯性测量单元输出的弹体加速度信息进行弹体增稳，其开环传递函数为

$$P_{\mathrm{open}}(s) = \frac{K_M K_a V (T_{1\theta} s + 1)(T_{2\theta} s + 1)}{T_M^2 s^2 + (2 T_M \xi_M + K_M K_\omega T_1)s - 1 + K_M K_\omega}$$

即可通过调节 K_a 来调节开环的频率特性，如截止频率等。

闭环传递函数为

$$P_{\mathrm{close}}(s) = \frac{K_M V T_{1\theta} T_{2\theta} s^2 + K_M V(T_{1\theta} + T_{2\theta})s + K_M V}{a_0 s^2 + a_1 s + a_2}$$

$$a_0 = T_M^2 + K_a K_M V T_{1\theta} T_{2\theta}$$

$$a_1 = 2 T_M \zeta_M + K_M K_\omega T_1 + K_a K_M V(T_{1\theta} + T_{2\theta}) \tag{12-24}$$

$$a_2 = -1 + K_M K_\omega + K_a K_M V$$

经过阻尼回路和增稳回路后，被控对象的恢复项由不稳定项 $\dfrac{-1}{T_M^2}$ 变化至

$\dfrac{-1 + K_M K_\omega + K_a K_M V}{(T_M^2 + K_a K_M V T_{1\theta} T_{2\theta})} \approx \dfrac{-1 + K_M K_\omega + K_a K_M V}{T_m^2}$，只要满足条件 $(K_M K_\omega + K_a K_M V) \geqslant$

1，即可将被控对象不稳定状态改善至稳定状态，并且通过选择合适的阻尼反馈系数 K_ω 和增稳反馈系数 K_a，可使被控对象的恢复项处于一个合理的值，简化其后的控制器设计。

式（12-24）中 $T_{1\theta}T_{2\theta}$ 和（$T_{1\theta}+T_{2\theta}$）较小，初步设计时，可忽略，即上式可简化为

$$P_{\text{close}}(s) = \frac{K_M V}{T_M^2 s^2 + (2T_M \zeta_M + K_M K_\omega T_1)s - 1 + K_M K_\omega + K_a K_M V}$$

上式可视为经内回路和增稳回路反馈后的广义被控对象，通过反馈系数的选择，可以自由地配置被控对象的极点。

例 12-18　增稳回路设计。

某一制导武器其飞行状态、结构参数、气动参数同例 12-4，在例 12-8 设计阻尼回路的基础上，试设计增稳回路，使弹体的特征根移至 s 的左半平面，并使闭环的增稳回路具备较好的频率特性。

解：增稳回路的根轨迹图如图 12-53（a）所示，增加增稳回路系数 K_a，使右边极点（-0.518）向负实轴方向移动，另一个极点 -14.9 向正实轴方向移动，两极点在实轴某一点相遇后，再向虚轴正负方向运动。

取 $K_a = -0.005\,5$，增稳回路的开环 bode 图如图 12-53（b）所示，增稳回路截止频率为 4.36rad/s，相位裕度为 $66.5°$。增稳反馈后的被控对象为

$$G_{K_\omega\_K_a}(s) = \frac{24.3621(s+24.08)(s-23.18)}{(s^2+16.19s+66.03)} \tag{12-25}$$

经过内回路（阻尼回路和增稳回路）反馈后，被控对象由不稳定状态变化至稳定状态，并具有较好的频率特性（阻尼特性和稳定特性）。

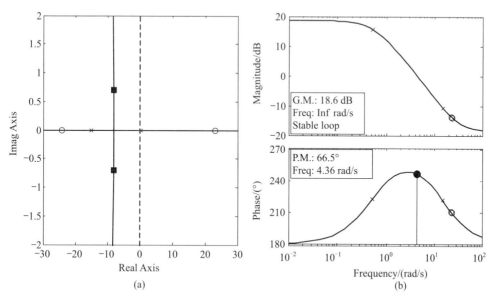

图 12-53　增稳回路根轨迹图和增稳回路 bode 图

（3）外回路设计

经内回路（阻尼回路和增稳回路）设计后，被控对象即表示为式（12-25），由于被控对象为零型环节，故其控制器为 1 型或 1 型以上环节，取 PI 控制，即 $G_c(s) =$

$\dfrac{K_p s + K_i}{s}$ ，则开环传递函数为

$$G_{\text{open}}(s) = \frac{K_p s^3 + (K_M V T_{1\theta} T_{2\theta} + K_p K_M V (T_{1\theta} + T_{2\theta})) s^2 + (K_p K_M V + K_i K_M V (T_{1\theta} + T_{2\theta})) s + K_i K_M V}{a_0 s^3 + a_1 s^2 + a_2 s}$$

$a_0 = T_M^2 + K_a K_M V T_{1\theta} T_{2\theta}$

$a_1 = 2 T_M \zeta_M + K_M K_\omega T_1 + K_a K_M V (T_{1\theta} + T_{2\theta})$

$a_2 = -1 + K_M K_\omega + K_a K_M V$

系统开环为一个三阶的 1 型系统，通过调整控制器增益 K_i 即可调整系统的增益，K_i 越大，则系统截止频率越大，幅值裕度和相位裕度越小。

闭环系统传递函数为

$$G_{\text{close}}(s) = \frac{K_p s^3 + (K_M V T_{1\theta} T_{2\theta} + K_p K_M V (T_{1\theta} + T_{2\theta})) s^2 + (K_p K_M V + K_i K_M V (T_{1\theta} + T_{2\theta})) s + K_i K_M V}{a_0 s^3 + a_1 s^2 + a_2 s + a_3}$$

$a_0 = T_M^2 + K_a K_M V T_{1\theta} T_{2\theta} + K_p$

$a_1 = 2 T_M \zeta_M + K_M K_\omega T_1 + K_a K_M V (T_{1\theta} + T_{2\theta}) + K_M V T_{1\theta} T_{2\theta} + K_p K_M V (T_{1\theta} + T_{2\theta})$

$a_2 = -1 + K_M K_\omega + K_a K_M V + K_p K_M V + K_i K_M V (T_{1\theta} + T_{2\theta})$

$a_3 = K_i K_M V$

闭环系统为一个三阶系统，传递函数的分子次数也是三次，这样，闭环系统在高频段的衰减特性取决于闭环系统的常数项 $\dfrac{K_p}{T_m^2 + K_a K_M V T_{1\theta} T_{2\theta} + K_p}$，$K_p$ 越小则系统的高频衰减特性越好。闭环系统的阶跃响应稳态值

$$a_y(t \to \infty) = \lim_{s \to 0} s G_{\text{close}}(s) \frac{1}{s} = \frac{K_M V K_i}{K_M V K_i} = 1$$

即闭环系统的稳态特性不随弹体的气动参数、飞行速度和控制参数等变化而变化。

（4）控制器性能分析及测试

由分析过载增稳三回路控制的内回路和外回路设计可知，此控制可以适用于静不稳定控制。此控制回路的设计过程见例 12 - 19。

例 12 - 19 过载增稳三回路过载控制设计。

某一制导武器其飞行状态、结构参数、气动参数同例 12 - 4，采用过载增稳三回路过载控制，在例 12 - 18 设计增稳回路的基础上，设计控制器使系统截止频率 $\omega_c = 2.65\ \text{rad/s}$，相位裕度 $Pm \geqslant 50°$，半振荡次数 $N \leqslant 1$ 次。

解： 计算阻尼回路和增稳回路反馈后被控对象在 ω_c 处的幅值为 45.516 1 dB，取控制器在 ω_c 处的增益为 $-45.516\ 1$ dB，即可得控制器传递函数为

$$G_c(s) = \frac{K_p s + K_i}{s} = \frac{-0.000\ 936\ 2s - 0.014\ 04}{s}$$

系统开环 bode 图如图 12 - 54 所示，相位裕度为 63.7°，截止频率为 2.69 rad/s，截止频率处的对数频率斜率为 -20 dB/dec，截止频率远离其前后两个交接频率，满足工程上"错开原理"，控制回路具有较好的动态特性及稳态特性。

闭环系统的 bode 图如图 12-55 所示，闭环系统高频段的幅值衰减特性随着比例系数 K_p 的增加而变差，并且带宽相应降低，$K_p = -0.000\,936\,2$，$-0.001\,4$，$-0.002\,8$ 对应的带宽分别为 0.711 Hz，$0.678\,9$ Hz 和 $0.612\,1$ Hz。

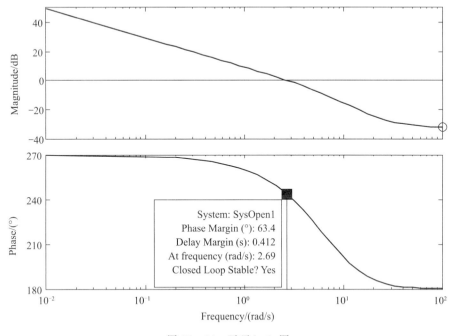

图 12-54 开环 bode 图

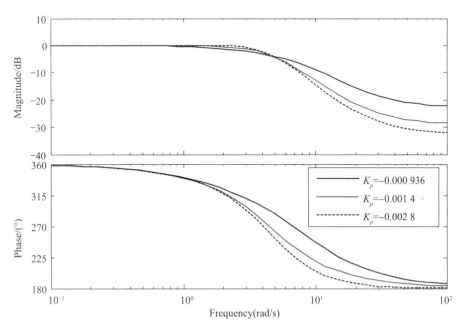

图 12-55 闭环系统 bode 图

单位阶跃响应如图 12 - 56 所示，由此可知控制回路的时域性能：上升时间 $t_r =$ 0.63 s，调节时间 $t_s =$ 1.46 s，超调量 $\sigma = 5\%$ ，半振荡次数为 1 次，满足设计指标。

由闭环系统的时域特性和频域特性可知：1) 闭环系统为一个稳定系统，具有足够的稳定裕度，即能控制静不稳定并具有较大不确定性的弹体；2) 控制系统的动态响应特性很好；3) 控制系统的稳态误差为 0。

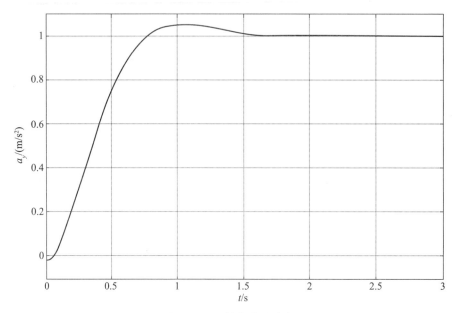

图 12 - 56　单位阶跃响应

（5）控制器鲁棒性测试

在本节对过载增稳三回路过载控制的鲁棒性进行测试，为了与经典三回路过载控制进行比较，分别采用经典三回路过载控制和过载增稳三回路过载控制两种控制方法控制，具体见例 12 - 20。

例 12 - 20　过载增稳三回路过载控制鲁棒性测试。

某一制导武器的结构参数、气动参数及飞行状态同例 12 - 15，采用经典三回路过载控制和过载增稳三回路过载控制两种控制方法，比较两者控制系统的鲁棒性。

解：为了考察控制系统对被控对象变化的适应性，两种控制方法各自选择一组控制参数去控制静不稳定、临界稳定及静稳定弹体，两种控制方法选取相同的阻尼反馈系数 K_ω $= -0.218\,8$。经典三回路过载控制的参数：$\omega_1 = -0.937\,5$，$K_a = 0.009\,2$，$K_c = 0.685\,0$。过载增稳三回路过载控制的参数：$K_a = -0.005\,5$，$K_p = -0.001\,19$，$K_i = -0.017\,85$。

仿真结果：过载增稳三回路过载控制系统单位阶跃响应如图 12 - 57 所示，经典三回路过载控制系统单位阶跃响应如图 12 - 58 所示，两者控制器对应的时域指标和频率指标见表 12 - 4。

结果分析：两种控制方法都具有较强的鲁棒性，能很好地适应气动参数变化（即一组控制参数可以适应静稳定、临界稳定和静不稳定弹体），其中过载增稳三回路过载控制较经典三回路过载控制的控制效果更好，表现为：

1）初始响应特性：过载增稳三回路过载的初始响应速度较快，这是因为单位阶跃响应初始段误差较大，过载增稳三回路过载含有比例环节，它起主要作用，响应速度快；而经典三回路过载控制主要靠积分起作用，响应缓慢；

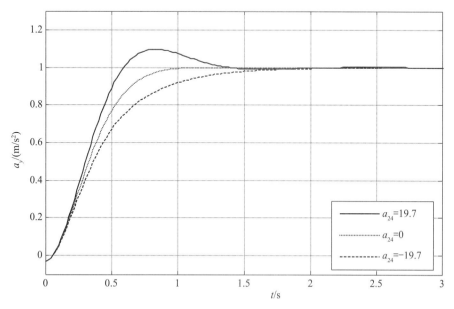

图 12-57　过载增稳三回路过载控制系统单位阶跃响应

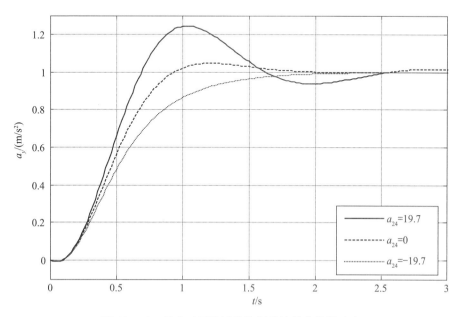

图 12-58　经典三回路过载控制系统单位阶跃响应

表 12 - 4　性能指标

指标	过载增稳三回路过载控制			经典三回路过载控制		
	$a_{24} = -19.7$	$a_{24} = 0$	$a_{24} = 19.7$	$a_{24} = -19.7$	$a_{24} = 0$	$a_{24} = 19.7$
Gm /dB	30.754 8	30.7548	30.754 8	20.494 5	18.055 9	14.740 6
Pm /(°)	78.123 1	70.40 66	58.012 2	105.619 8	95.450 7	69.699 7
ω_b /Hz	0.450 2	0.673 6	0.889 5	0.388 7	0.623 4	0.782 8
t_r /s	0.92	0.65	0.51	1.12	0.78	0.62
t_s /s	1.53	0.88	1.11	1.73	1.59	2.39
σ	0	0	9%	0	5%	24%

2）快速性及动态性能：过载增稳三回路过载控制的快速性强于经典三回路过载控制，动态性能也较佳，从单位阶跃响应可以看出过载增稳三回路过载控制的单位阶跃响应快且平滑；

3）稳态性能：过载增稳三回路过载控制理论上没有稳态误差，而经典三回路过载控制稳态误差与飞行空速相关，当低速飞行且有较大风速时，会出现较大稳态误差；

4）鲁棒性：过载增稳三回路过载控制的鲁棒性更好，对气动参数的不确定性的适应能力更强，比较图 12-57 和图 12-58 可以看出在适应大静稳定变化的情况下，过载增稳三回路过载单位阶跃响应动态过程更好。

（6）全弹道数学仿真试验

前面章节对单点状态下的控制系统性能进行测试，本章节对全弹道状态下的控制系统性能进行测试。

①设计指标

控制系统设计指标包括时域指标和频域指标。时域指标：上升时间 $t_r = 0.8$ s，半振荡次数 $N \leqslant 1$ 次。频域指标：系统截止频率 $\omega_c \geqslant 2.0$ rad/s，相位裕度 $Pm \geqslant 50°$，幅值裕度 $Gm \geqslant 12$ dB，延迟裕度 $Dm \geqslant 70$ ms，闭环带宽 $\omega_b \geqslant 0.6$ Hz。

②仿真条件

投放条件：高度 7 000.0 m，速度 $Ma = 0.8$，射程 =70.0 km；

气动拉偏：无；

结构拉偏：轴向质心前移 9 mm；

执行机构延迟：5 个控制周期（相当于 25 ms）；

测试指令：如图 12-60 所示，前 10 s，制导指令按制导律给出；10～60 s，制导指令按正弦波给出，即 $a_{y-c} = 10 + 2\sin(0.7 \times 2\pi \times t)$；60～120 s，制导指令按方波给出。

③仿真结果

仿真结果如图 12-59～图 12-65 所示，图 12-59 为飞行高度曲线，图 12-60 和图 12-61 为法向加速度曲线，图 12-62 为飞行攻角和速度曲线，图 12-63 为俯仰舵偏曲线，图 12-64 为弹体重要动力系数变化曲线，分别对应 a_{24}、a_{25}、a_{34} 和 a_{35}，图 12-65 为控制回路频域指标，分别对应着相位裕度、幅值裕度、截止频率、闭环带宽、时间延迟裕度以及飞行动压等。

④仿真分析及结论

仿真分析：分析图 12-61 法向加速度曲线可知，上升时间 $t_r = 0.62\ \mathrm{s}$，半振荡次数为 0 次，闭环系统很好地满足全弹道的时域指标；分析图 12-61 和图 12-65 可知，全弹道的带宽大于 0.6 Hz，相位裕度、幅值裕度和延迟裕度满足设计指标，并留有较大的余量。

结论：采用过载增稳三回路过载控制能很好地适应静不稳定弹体的姿态控制。

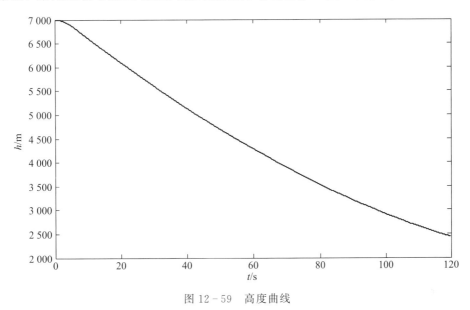

图 12-59　高度曲线

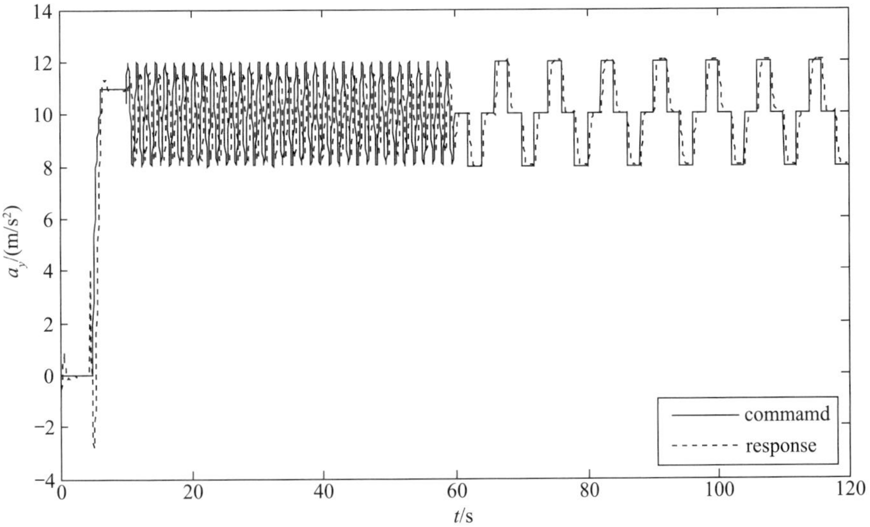

图 12-60　法向过载指令及响应

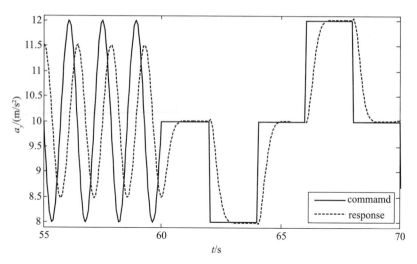

图 12 - 61　法向过载指令及响应（局部放大）

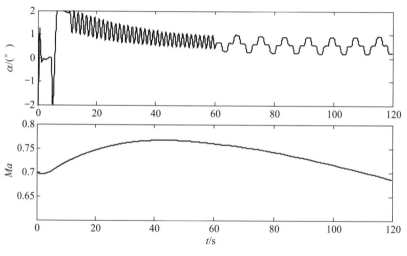

图 12 - 62　攻角和马赫数

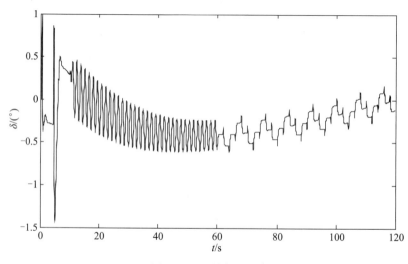

图 12 - 63　俯仰舵偏

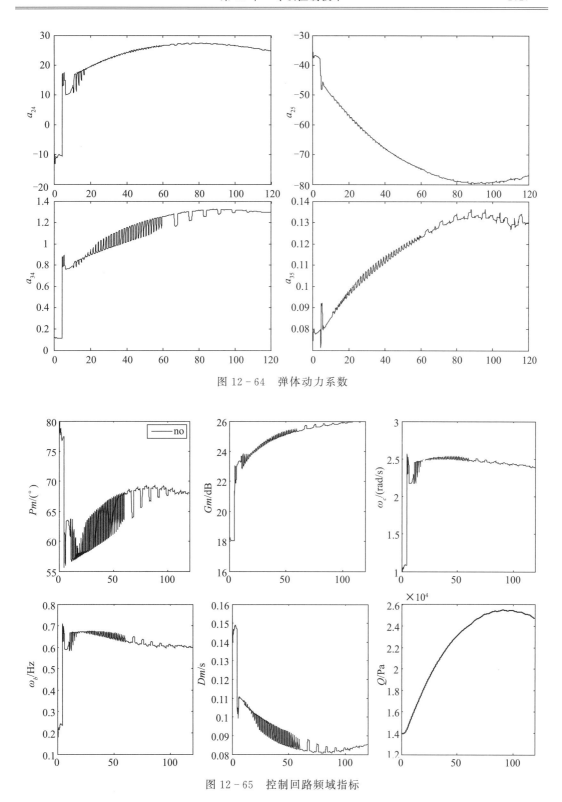

图 12 - 64 弹体动力系数

图 12 - 65 控制回路频域指标

12.4　垂直打击

空地制导武器在现代战争中的大量应用在很大程度上促使了敌方防御工事的发展，敌方战略目标转入了地下坚固掩体或躲进山洞，并且防御工事强度越来越强。为了提高对敌方地下防御工事和山洞中目标的摧毁效果，空地制导武器采用侵彻战斗部，提出了垂直打击目标的需求。垂直打击即要求空地制导武器接近目标时，以－90°或接近于－90°攻击角攻击目标，在技术上，即对末段弹道倾角加以约束，使末段弹道倾角为－90°或接近－90°。

目前，美国、以色列和南非等国多款空地制导武器已实现垂直打击技术，如美国 SDB－I 和 AGM－158，以色列"Spice1000"制导炸弹和南非"闪电"（Umbani）制导炸弹等，图 12－66 给出了美国滑翔制导炸弹 SDB－I（配备侵彻战斗部）及其末端垂直打击目标飞行投弹试验。

图 12－66　SDB－I 及末端垂直打击

垂直打击技术结合引信技术甚至可以有选择性地控制导弹在敌方防御工事内部不同高度爆炸，例如某空地制导武器对一栋带地下室的五层楼进行打击，第一枚击穿第五层楼顶后，通过设置电子引信起爆时间可控制导弹在五层楼内部爆炸以摧毁目标，第二枚、第三枚、第四枚、第五枚和第六枚以同样的原理，可依次摧毁第四层、第三层、第二层和第一层以及地下室目标。

垂直打击技术在工程上的实现涉及惯性导航技术和终端视线高低角约束制导律设计。下面依次介绍惯性导航技术、终端视线高低角约束制导律设计以及仿真试验验证。

12.4.1　惯性导航技术

第 4 章介绍的惯性导航技术（以下简称为常规惯性导航）在俯仰角接近于±90°时，导航姿态滚动角和偏航角会趋于发散，本节简要介绍另一种惯性导航方法（以下简称为垂直打击惯性导航），其在俯仰角接近于±90°时，导航姿态滚动角和偏航角不会趋于发散。

为了深入理解两种惯性导航算法之间的区别，对两种惯导算法进行了简单的比较，特别对其特点进行了深入的分析，旨在使读者较全面理解两种惯性导航算法的优缺点，以做到灵活运用。

12.4.1.1　弹体姿态角定义

惯性导航技术主要是确定载体相对于地球的位置、速度和姿态，弹体姿态定义为弹体相对于惯性空间的角度信息，常用三个欧拉角表示，对于空地制导武器，惯性空间常选用地面坐标系。在本节依次介绍两种惯性导航所涉及的坐标系定义、姿态角定义及姿态矩阵等。

（1）坐标系定义

弹体坐标系 $Ox_1y_1z_1$：采用前上右坐标系，坐标定义见 2.7.1 节内容，如图 12-67 所示。地面坐标系分两种：一种为地理坐标系，另一种为发射坐标系，分别定义如下。

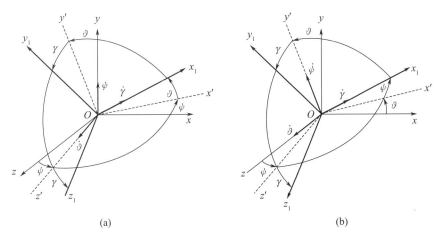

图 12-67　姿态角定义

①地理坐标系 $Oxyz$（简称 n 系）

地理坐标系常采用北天东地理坐标系、北西天地理坐标系以及游动坐标系，本文采用北天东地理坐标系，如图 12-67（a）所示。

②发射坐标系 $Oxyz$（简称 g 系）

投弹时刻的地面投影点 O 为坐标原点，Ox 在当地水平面内指向目标，Oy 与当地重力方向相反，Oz 与 Oxy 面垂直并构成右手坐标系，如图 12-67（b）所示。

（2）姿态角定义

由于地面坐标系定义了两种不同的坐标系，则弹体的姿态角相应地有两种定义，分别描述如下。

①地面坐标系为地理坐标系

当地面坐标系为地理坐标系时，其弹体相对于地面坐标系用三个姿态角表示：

1）滚动角 γ：弹体法向轴 Oy_1 与包含弹体纵轴 Ox_1 的铅垂面之间的夹角，绕纵轴 Ox_1 顺时针旋转为正；

2）偏航角 ψ：弹体纵轴 Ox_1 在水平面内投影与 Ox 之间的夹角，绕 Oy 顺时针为正；

3）俯仰角 ϑ：弹体纵轴 Ox_1 与水平面之间的夹角，在水平面上方为正。

②地面坐标系为发射坐标系

当地面坐标系为发射坐标系时，其弹体相对于地面坐标系同样可用三个姿态角表示：

1）滚动角 γ：弹体横轴 Oz_1 和 Oz 与 Ox_1 两轴确定平面之间的夹角，绕 Ox_1 顺时针旋转为正；

2）偏航角 ψ：弹体纵轴 Ox_1 与 Oxy 平面之间的夹角，绕 Oy' 顺时针选转为正；

3）俯仰角 ϑ：弹体纵轴 Ox_1 在 Oxy 平面上的投影与 Ox 的夹角，绕 Oz' 顺时针旋转为正。

③两种姿态角定义之间的区别

由两种地面坐标系定义以及姿态角定义可知：

1）地理坐标系为动坐标系，随着弹体的运动而移动，而发射坐标系为固连坐标系，不随着弹体的运动而运动。

2）两种姿态角定义存在区别，简述如下：

虽然采用同样的名称去定义弹体姿态角，但其姿态角定义有很大不同，大部分情况下，两者数值存在差别，有时差别很大。

对于第一种定义，当弹体俯仰角趋于 $\pm 90°$ 时，弹体纵轴在水平面内的投影趋于一点，即偏航角无定义；对于第二种定义，当弹体偏航角趋于 $\pm 90°$ 时，弹体纵轴在垂直面内的投影与 Oy 重合，即俯仰角为 $\pm 90°$。

3）由弹体角速度 ω_x，ω_y 和 ω_z 与弹体姿态角速度 $\dot{\gamma}$，$\dot{\psi}$ 和 $\dot{\vartheta}$ 之间的关系式不同。

由第一种姿态角定义，可得弹体角速度 ω_x，ω_y 和 ω_z 与弹体姿态角速度 $\dot{\gamma}$，$\dot{\psi}$ 和 $\dot{\vartheta}$ 之间的关系如式（12-26）所示，当俯仰角趋于 $\vartheta \to \pm 90°$ 时，$\sec\vartheta \to \infty$ 和 $\tan\vartheta \to \infty$，这时，任何 Oy_1 轴和 Oz_1 轴陀螺输出的误差量都会引起姿态滚动角和偏航角的解算误差急剧放大，趋于发散。

$$\begin{cases} \dot{\gamma} = \omega_x - \tan\vartheta\,(\omega_y\cos\gamma - \omega_z\sin\gamma) \\ \dot{\psi} = \sec\vartheta\,(\omega_y\cos\gamma - \omega_z\sin\gamma) \\ \dot{\vartheta} = \omega_y\sin\gamma + \omega_z\cos\gamma \end{cases} \quad (12-26)$$

需要注意的是，上式是假设忽略地球自转和弹体线运动情况下推导得到，而实际陀螺输出角速度信息包含地球自转角速度信息和弹体线运动引起的角速度信息，故使用上式前，需要对陀螺输出角速度信息加以修正，具体见 12.4.1.2 节。

由第二种姿态角定义，可得弹体角速度 ω_x，ω_y 和 ω_z 与弹体姿态角速度 $\dot{\gamma}$，$\dot{\psi}$ 和 $\dot{\vartheta}$ 之间的关系如式（12-27）所示，当偏航角趋于 $\psi \to \pm 90°$ 时，$\sec\psi \to \infty$ 和 $\tan\psi \to \infty$，同理，任何 Oy_1 轴和 Oz_1 轴陀螺输出的误差量都会引起姿态滚动角和俯仰角的解算误差急剧放大，趋于发散。

$$
\begin{cases}
\dot{\gamma} = \omega_x - \tan\psi \left(\omega_y \sin\gamma - \omega_z \cos\gamma \right) \\
\dot{\psi} = \omega_y \cos\gamma - \omega_z \sin\gamma \\
\dot{\vartheta} = \sec\psi \left(\omega_y \sin\gamma + \omega_z \cos\gamma \right)
\end{cases}
\tag{12-27}
$$

需要注意的是，上式陀螺输出角速度信息也需要修正，具体见 12.4.1.2 节。

（3）姿态矩阵

当采用地理坐标系时，从地理坐标系转至弹体坐标系时，采用先绕 $\dot{\psi}$ 轴（即 Oy 轴）逆时针旋转 ψ 角，然后绕 $\dot{\vartheta}$ 轴（即 Oz' 轴）逆时针旋转 ϑ 角，最后绕 $\dot{\gamma}$ 轴（即 Ox_1 轴）逆时针旋转 γ 角。其姿态转移矩阵为

$$
C_n^b = \begin{bmatrix}
\cos\vartheta\cos\psi & \sin\vartheta & -\cos\vartheta\sin\psi \\
-\cos\gamma\sin\vartheta\cos\psi + \sin\gamma\sin\psi & \cos\gamma\cos\vartheta & \cos\gamma\sin\vartheta\sin\psi + \sin\gamma\cos\psi \\
\sin\gamma\sin\vartheta\cos\psi + \cos\gamma\sin\psi & -\sin\gamma\cos\vartheta & -\sin\gamma\sin\vartheta\sin\psi + \cos\gamma\cos\psi
\end{bmatrix}
$$

当采用发射坐标系时，从发射坐标系转至弹体坐标系时，采用先绕 $\dot{\vartheta}$ 轴（即 Oz 轴）逆时针旋转 ϑ 角，然后绕 $\dot{\psi}$ 轴（即 Oy' 轴）逆时针旋转 ψ 角，最后绕 $\dot{\gamma}$ 轴（即 Ox_1 轴）逆时针旋转 γ 角。其姿态转移矩阵为

$$
C_g^b = \begin{bmatrix}
\cos\vartheta\cos\psi & -\sin\vartheta\cos\gamma + \cos\vartheta\sin\psi\sin\gamma & \sin\vartheta\sin\gamma + \cos\vartheta\sin\psi\cos\gamma \\
\sin\vartheta\cos\psi & \cos\vartheta\cos\gamma + \sin\vartheta\sin\psi\sin\gamma & -\cos\vartheta\sin\gamma + \sin\vartheta\sin\psi\cos\gamma \\
-\sin\psi & \cos\psi\sin\gamma & \cos\psi\cos\gamma
\end{bmatrix}
$$

12.4.1.2　弹体姿态解算

由于惯组陀螺感受的角速度为载体相对于惯性坐标系的角速度在弹体坐标系中的投影，而弹体姿态解算是在选定的地面坐标系中确定，两种地面坐标系定义和姿态角定义不一样，故弹体姿态解算也存在差别，分别介绍如下。

（1）常规惯性导航弹体姿态解算方法简述

采用常规惯性导航算法，其姿态为弹体相对于地理坐标系（即平台坐标系）的几何关系，地理坐标系为动坐标系，故需要扣除弹体自身平动和地球自转引起的角速度，得到载体相对于地理坐标系的角速度在弹体坐标系中的投影 ω_{nb}^b。采用常规惯性导航时，其原理框图如图 12-68 所示，此姿态解算如下：

1）惯组陀螺输出经误差补偿后为 ω_{ib}^b，即载体相对于惯性坐标系的角速度在弹体坐标系中的投影；

2）基于地球自转 ω_{ie}^e（地球自转角速度在地球坐标系中的投影），经地球坐标系至平台坐标系转移矩阵 C_e^p 后得到地球自转角速度在导航坐标系中的投影 ω_{ie}^n；

3）计算弹体由线运动引起的 ω_{en}^n；

4）由 ω_{ie}^n 和 ω_{en}^n 可得，载体相对于惯性坐标系的角速度在导航坐标系中的投影 ω_{in}^n，经姿态转移矩阵 C_n^b 可得，载体相对于惯性坐标系的角速度在弹体坐标系中的投影 ω_{in}^b；

5）由 ω_{ib}^b 和 ω_{in}^b 可得载体相对于导航坐标系的角速度在弹体坐标系中的投影 ω_{nb}^b，由 ω_{nb}^b 更新四元数矩阵 Q；

6）对 $\boldsymbol{Q}$ 进行规范化，提取 $\boldsymbol{C}_n^b$ ；

7）由姿态阵 $\boldsymbol{C}_n^b$ ，可解算得到弹体姿态。

$$\begin{cases} \gamma = \arctan\left(\dfrac{-\boldsymbol{C}_n^b(3,2)}{\boldsymbol{C}_n^b(2,2)}\right) = \arctan\left(\dfrac{\cos\vartheta\sin\gamma}{\cos\vartheta\cos\gamma}\right) \\[3mm] \psi = \arctan\left(\dfrac{-\boldsymbol{C}_n^b(1,3)}{\boldsymbol{C}_n^b(1,1)}\right) = \arctan\left(\dfrac{\cos\vartheta\sin\psi}{\cos\vartheta\cos\psi}\right) \\[3mm] \vartheta = \arcsin(\boldsymbol{C}_n^b(1,2)) = \arcsin(\sin\vartheta) \end{cases} \qquad (12-28)$$

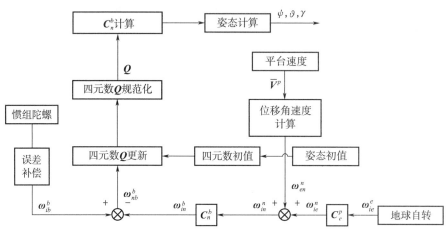

图 12 - 68　捷联惯性导航姿态解算框图（常规惯性导航）

（2）垂直打击惯性导航弹体姿态解算方法简述

采用垂直打击惯性导航，其姿态为弹体相对于发射坐标系的几何关系，发射坐标系为固连坐标系，故只需要扣除地球自转引起的角速度，得到载体相对于发射坐标系的角速度在弹体坐标系中的投影 $\boldsymbol{\omega}_{gb}^b$ 。采用垂直打击惯性导航时，其原理框图如图 12 - 69 所示，此姿态解算如下：

1）惯组陀螺输出经误差补偿后为 $\boldsymbol{\omega}_{ib}^b$ ，即载体相对于惯性坐标系的角速度在弹体坐标系中的投影；

2）基于地球自转 $\boldsymbol{\omega}_{ie}^e$ （地球自转角速度在地球坐标系中的投影），经地球坐标系至发射坐标系转移矩阵 $\boldsymbol{C}_e^g$ 后得到地球自转角速度在发射坐标系中的投影 $\boldsymbol{\omega}_{ie}^g$ ；

3）由 $\boldsymbol{\omega}_{ie}^g$ 经姿态转移矩阵 $\boldsymbol{C}_g^b$ 得到：地球自转相对发射坐标系在发射坐标系中的投影 $\boldsymbol{\omega}_{ie}^b$ ；

5）由 $\boldsymbol{\omega}_{ib}^b$ 和 $\boldsymbol{\omega}_{ie}^b$ 可得载体相对于发射坐标系的角速度在弹体坐标系中的投影 $\boldsymbol{\omega}_{gb}^b$ ，由 $\boldsymbol{\omega}_{gb}^b$ 更新四元数矩阵 $\boldsymbol{Q}$ ；

6）对 $\boldsymbol{Q}$ 进行规范化，提取 $\boldsymbol{C}_g^b$ ；

7）由姿态阵 $\boldsymbol{C}_g^b$ ，可解算得到弹体姿态。

$$\begin{cases} \gamma = \arctan\left(\dfrac{\boldsymbol{C}_g^b(3,2)}{\boldsymbol{C}_g^b(3,3)}\right) = \arctan\left(\dfrac{\cos\vartheta\sin\gamma}{\cos\vartheta\cos\gamma}\right) \\[2mm] \psi = \arctan\left(\dfrac{-\boldsymbol{C}_g^b(3,1)}{\sqrt{\boldsymbol{C}_g^b(3,2)^2 + \boldsymbol{C}_g^b(3,3)^2}}\right) = \arctan\left(\dfrac{\sin\psi}{\cos\psi}\right) \\[2mm] \vartheta = \arctan\left(\dfrac{\boldsymbol{C}_g^b(2,1)}{\boldsymbol{C}_g^b(1,1)}\right) = \arctan\left(\dfrac{\sin\vartheta\cos\psi}{\cos\vartheta\cos\psi}\right) \end{cases} \tag{12-29}$$

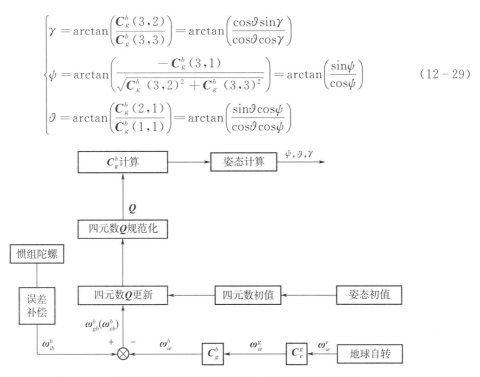

图 12-69　捷联惯性导航姿态解算框图（垂直打击惯性导航）

（3）姿态解算精度初步分析

由式（12-28）和式（12-29）可知，陀螺输出角速度存在误差时，会影响弹体姿态角的误差。假设陀螺输出角速度分别为 ω_x，ω_y 和 ω_z，而实际真实角速度为 $\omega_x(\text{true})$，$\omega_y(\text{true})$ 和 $\omega_z(\text{true})$，则角速度误差为 $\Delta\omega_x = \omega_x - \omega_x(\text{true})$，$\Delta\omega_y = \omega_y - \omega_y(\text{true})$ 和 $\Delta\omega_z = \omega_z - \omega_z(\text{true})$，下面分析陀螺输出角速度误差对姿态角解算精度的影响。

当 $\Delta\omega_x$、$\Delta\omega_y$ 和 $\Delta\omega_z$ 无偏差时，则计算得到 $\dot{\gamma}$、$\dot{\psi}$ 和 $\dot{\vartheta}$ 无误差（假设导航姿态初始值无误差，惯性导航算法解算无误差），两种惯性导航算法的姿态解算误差为 0。

通常情况下，存在如下情况：1）惯组加速度计和陀螺输出存在零偏、零偏稳定性、零偏重复性、随机游走、刻度因数偏差、三轴耦合误差；2）惯组安装偏差；3）导航的初始值存在误差；4）惯性导航算法解算存在误差。考虑上述因素，惯性导航姿态解算存在误差。下面分常规惯性导航算法和垂直打击惯性导航算法两种情况，简单说明 $\Delta\omega_x$、$\Delta\omega_y$ 和 $\Delta\omega_z$ 至 $\dot{\gamma}$、$\dot{\psi}$ 和 $\dot{\vartheta}$ 的误差传递。

①常规惯性导航算法

为了分析方便，假设惯性导航初始姿态误差为 0，即 γ，ψ 和 ϑ 无误差，在省略高阶项的情况下，由式（12-28）可得

$$\begin{cases} \Delta\dot{\gamma} = \Delta\omega_x - \tan\vartheta(\Delta\omega_y\cos\gamma - \Delta\omega_z\sin\gamma) \\[1mm] \Delta\dot{\psi} = \sec\vartheta(\Delta\omega_y\cos\gamma - \Delta\omega_z\sin\gamma) \\[1mm] \Delta\dot{\vartheta} = \Delta\omega_y\sin\gamma + \Delta\omega_z\cos\gamma \end{cases} \tag{12-30}$$

由上式可知：

1）$\Delta\omega_x$、$\Delta\omega_y$ 和 $\Delta\omega_z$ 对 $\Delta\dot\gamma$、$\Delta\dot\psi$ 和 $\Delta\dot\vartheta$ 都有影响；

2）当俯仰角 ϑ 较小时，陀螺输出角速度误差 $\Delta\omega_y$ 和 $\Delta\omega_z$ 对 $\Delta\dot\gamma$ 的影响较小，$\Delta\omega_y$ 和 $\Delta\omega_z$ 对 $\Delta\dot\psi$ 的影响较大；

3）$\Delta\omega_y$ 和 $\Delta\omega_z$ 对 $\Delta\dot\vartheta$ 的影响跟俯仰角 ϑ 大小无关；

4）当俯仰角较大时，陀螺输出角速度误差 $\Delta\omega_y$ 和 $\Delta\omega_z$ 会在较大程度上影响滚动角和偏航角的解算误差，而且随着俯仰角的增加，此解算误差影响变大，当俯仰角接近于 $\pm 90°$，此解算误差急剧放大；角速度误差 $\Delta\omega_y$ 和 $\Delta\omega_z$ 造成俯仰角的解算误差，但其解算误差不随俯仰角大小的变化而变化。

②垂直打击惯性导航算法

为了分析方便，假设惯性导航初始姿态误差为 0，即 γ，ψ 和 ϑ 无误差，在省略高阶项的情况下，由式（12-29）可得

$$\begin{cases} \Delta\dot\gamma = \Delta\omega_x - \tan\psi\,(\Delta\omega_y\sin\gamma - \Delta\omega_z\cos\gamma) \\ \Delta\dot\psi = \Delta\omega_y\cos\gamma - \Delta\omega_z\sin\gamma \\ \Delta\dot\vartheta = \sec\psi\,(\Delta\omega_y\sin\gamma + \Delta\omega_z\cos\gamma) \end{cases} \qquad (12-31)$$

由上式可知：

1）$\Delta\omega_x$、$\Delta\omega_y$ 和 $\Delta\omega_z$ 对 $\Delta\dot\gamma$、$\Delta\dot\psi$ 和 $\Delta\dot\vartheta$ 都有影响；

2）当偏航角 ψ 较小时，陀螺输出角速度误差 $\Delta\omega_y$ 和 $\Delta\omega_z$ 对 $\Delta\dot\gamma$ 的影响较小，可以忽略；

3）$\Delta\omega_y$ 和 $\Delta\omega_z$ 对 $\Delta\dot\psi$ 的影响只跟滚动角 γ 大小有关；

4）$\Delta\omega_y$ 和 $\Delta\omega_z$ 对 $\Delta\dot\vartheta$ 的影响跟偏航角 ψ 大小有关，偏航角 ψ 越大，$\Delta\omega_y$ 和 $\Delta\omega_z$ 对 $\Delta\dot\vartheta$ 的解算误差越大；

5）当偏航角较大时，陀螺输出角速度误差 $\Delta\omega_y$ 和 $\Delta\omega_z$ 会在较大程度上影响滚动角和俯仰角的解算误差，而且随着偏航角的增加，此误差影响变大，当俯仰角接近于 $\pm 90°$，此解算误差急剧放大；角速度误差 $\Delta\omega_y$ 和 $\Delta\omega_z$ 对偏航角的解算误差不随偏航角大小的变化而变化。

结合两种惯性导航算法的姿态解算精度，主要视俯仰角和偏航角的变化范围而确定采用哪一种惯性导航算法。

（4）两种弹体姿态解算方法的区别及适用范围分析

两种弹体姿态解算方法存在较大的区别，适用范围也完全不一样。

①区别

1）解算的坐标系不一样；

2）陀螺输出角速度信息处理不一样；

3）由于姿态角定义不同，姿态角初始值不一样，引起姿态四元素初值不一样。

②适用范围分析

进行常规惯性导航计算时，若加速度计和陀螺输出存在噪声和偏差，不会出现 $\boldsymbol{C}_n^b$ 计算发散，当俯仰角趋于 $\pm 90°$ 时，由 $\boldsymbol{C}_n^b$ 推导得到弹体姿态滚动角和偏航角会出现快速发散。

另外，由常规惯性导航姿态角的定义可知，由于俯仰角趋于 $\pm 90°$ 时，这时弹体纵轴在地理坐标系 Oxz 平面内的投影趋于一点，姿态滚动角和偏航角无定义，这样导致姿态解算趋于发散。

故常规惯性导航算法适用于俯仰角不接近 $\pm 90°$ 时的情况，同理垂直打击惯性导航算法适用于偏航角不接近 $\pm 90°$ 时的情况。

（5）仿真分析

例 12‐21　导航姿态角误差特性。

惯组陀螺输出存在误差情况下，当俯仰角趋于 $-90°$ 时，试分析常规惯性导航和垂直打击惯性导航算法的姿态误差。

仿真条件：惯组加速度计无误差，陀螺零位偏差分别为 10 （°）/h。姿态角变化：滚动角 $\gamma(t) = 0.0°$，偏航角 $\psi(t) = 0.0°$，俯仰角由三段弹道组成，$\vartheta(t \in [0, 5\mathrm{s}]) = 0.0°$，$\vartheta(t \in [5, 35\mathrm{s}]) = -90°\sin(0.016\,667 \times 2\pi \times (t-5))$，$\vartheta(t \in [35, 40\mathrm{s}]) = 0.0°$，如图 12‐70（a）所示，仿真常规惯性导航和垂直打击惯性导航算法的滚动角和偏航角的误差。

解：对于常规惯性导航，仿真结果如图 12‐70 和图 12‐71 所示（其中图 12‐71 为局部放大图），偏航角变化曲线如图 12‐70（b）和图 12‐71（b）所示，滚动角变化曲线如图 12‐70（c）和图 12‐71（c）所示。对于垂直打击惯性导航，偏航角变化曲线如图 12‐72（b）所示，滚动角变化曲线如图 12‐72（c）所示。

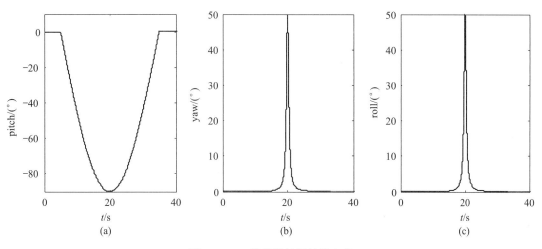

图 12‐70　常规惯性导航姿态角

仿真分析及结论：

1）采用常规惯性导航和垂直打击惯性导航算法时，如果惯组加速度计和陀螺无任何

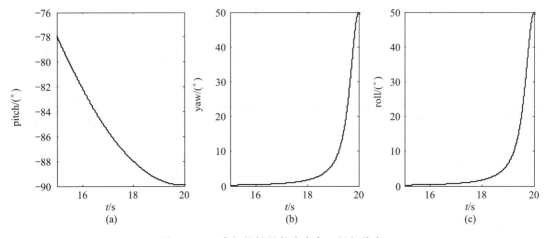

图 12 - 71　常规惯性导航姿态角（局部放大）

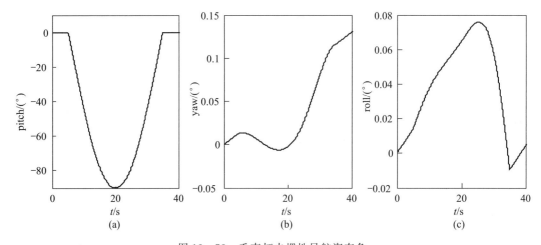

图 12 - 72　垂直打击惯性导航姿态角

偏差，在理论上，惯性导航解算算法误差为 0，则导航姿态解算误差为 0。

2）在实际工程中，惯组加速度计和陀螺存在各种误差以及惯组安装偏差等，当俯仰角接近 ±90°时，对于常规惯性导航算法，由于陀螺输出角速度存在误差，导致解算的滚动角和偏航角误差急剧增大，而对于垂直打击惯性导航算法，陀螺输出角速度存在误差不会导致解算的滚动角和偏航角误差急剧增大。

3）对于常规惯性导航算法，当俯仰角 ϑ 比较小时，由于 $\tan\vartheta$ 是小量，$\sec\vartheta$ 不大，则由 ω_y 和 ω_z 偏差引起的 $\dot{\gamma}$ 和 $\dot{\psi}$ 的变化比较小，故比较适应俯仰角 ϑ 较小时的飞行状态。对于垂直打击惯性导航算法，当偏航角 ψ 比较小时，由于 $\tan\psi$ 是小量，$\sec\psi$ 不大，则由 ω_y 和 ω_z 偏差引起的 $\dot{\gamma}$ 和 $\dot{\psi}$ 的变化比较小，故比较适应偏航角 ψ 较小时的飞行状态。

12.4.1.3　发射坐标系建立

根据定义发射坐标系是与地球表面固连的坐标系，进行垂直惯性导航解算时，首先需要确定发射坐标系，即需要确定发射坐标系的 Ox_g ，即确定发射角 A_0 ， A_0 定义为 Ox_g 与指北方向之间的夹角，如图 12 - 73 所示。

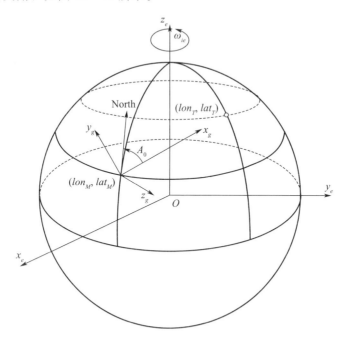

图 12 - 73　发射角示意图

已知起始点位置（ lon_M ， lat_M 和 alt_M ）和目标点位置（ lon_T ， lat_T 和 alt_T ），计算 A_0 的流程如图 12 - 74 所示，先根据起始点和目标点的地理经度和地理纬度信息计算其地心半径和地心纬度，据此计算地心张角，最后确定发射角 A_0 。

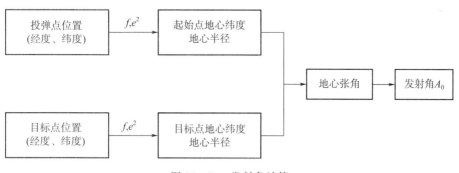

图 12 - 74　发射角计算

12.4.1.4　初始对准

惯性导航初始对准是惯性导航计算的起始点，由于惯性导航是基于积分的一种算法，所以确定惯性导航的初始值至关重要。对于垂直打击惯性导航有两种方法确定其初始值：

其一，地面对准：在地面确定导航的初始对准（包括位置、速度和姿态），其位置一般由外部输入，速度为 0，姿态滚动角和俯仰角可利用弹上的惯组加速度计确定，偏航角需要外部输入。

其二，空中传递对准：起飞后由载机在空中通过"S"机动或摇摆对制导武器进行空中对准，由空中传递对准算法确定载机惯组和弹载惯组之间的失准角，确定惯性导航的初始值。

由于载机飞行时，偏航角可以大幅变化超过 90°，故投弹前，采用常规惯性导航算法，投弹后采用垂直打击惯性导航或在投弹后根据弹体俯仰角的大小切换至垂直打击惯性导航。即需要实现两种惯性导航算法之间的切换。

下面简单介绍如何将地理坐标系下输出的导航位置、速度以及姿态信息转换至发射坐标系下的相应状态量。原地理系速度转换为相对速度，原大地位置转换为相对位置，转换方法如下。

（1）垂直打击惯性导航——位置

可根据常规惯性导航算法的位置信息计算得到垂直打击惯性导航算法的初始位置

$$\begin{cases} x_g = 0.0 \\ y_g = h \\ z_g = 0.0 \end{cases} \tag{12-32}$$

式中 h ——切换前常规惯性导航算法输出的高度值，即海拔。

（2）垂直打击惯性导航——速度

根据定义，地理坐标系至发射坐标系之间角度关系只跟发射角相关，其转换矩阵为

$$\boldsymbol{C}_n^g = \begin{bmatrix} \sin A_0 & \cos A_0 & 0 \\ 0 & 0 & 1 \\ \cos A_0 & -\sin A_0 & 0 \end{bmatrix}$$

可将地理坐标系下的速度矢量转换至发射坐标系下的速度

$$\begin{bmatrix} V_{x_g} \\ V_{y_g} \\ V_{z_g} \end{bmatrix} = \boldsymbol{C}_n^g \begin{bmatrix} V_e \\ V_n \\ V_u \end{bmatrix}$$

（3）垂直打击惯性导航——姿态

由前面章节的内容可知，导航的姿态角可由姿态阵中提取，已知常规惯性导航输出姿态，即已知 $\boldsymbol{C}_n^b$，则垂直打击惯性导航的姿态阵

$$\boldsymbol{C}_g^b = \boldsymbol{C}_g^n \boldsymbol{C}_n^b$$

根据式（12-29）提取垂直打击惯性导航姿态滚动角 γ、偏航角 ψ 和俯仰角 ϑ。

12.4.1.5 位置计算

垂直打击惯性导航解算的结果为相对位置，如式（12-32）所示，即相对于固定地表面发射坐标系的相对位置，但是习惯用经度、纬度和高度表示，故需要将垂直打击惯性导航解算的位置转换为地理坐标系下位置，转换方法如下：

根据弹体在发射坐标系中的当前位置，将其转换至地心坐标系下，假设发射坐标系至地心坐标系的转换矩阵为 $\boldsymbol{C}_g^e$，则转换后可视为在地心坐标系的增量为

$$\begin{pmatrix} \Delta x_e \\ \Delta y_e \\ \Delta x_e \end{pmatrix} = \boldsymbol{C}_g^e \begin{pmatrix} x_g \\ y_g \\ z_g \end{pmatrix}$$

假设发射坐标系原点在地心坐标系的坐标为 $(x_{e0}, y_{e0}, x_{e0})^{\mathrm{T}}$，则弹体在地心坐标系的实时位置为

$$\begin{pmatrix} x_e \\ y_e \\ x_e \end{pmatrix} = \begin{pmatrix} x_{e0} \\ y_{e0} \\ z_{e0} \end{pmatrix} + \begin{pmatrix} \Delta x_e \\ \Delta y_e \\ \Delta x_e \end{pmatrix}$$

大地经度为

$$\lambda = \arctan\left(\frac{y_e}{x_e}\right)$$

令 $N = \dfrac{a}{\sqrt{1 - e^2 \sin^2 \varphi}}$，则大地高度为

$$h = \frac{\sqrt{x_e^2 + y_e^2}}{\cos\varphi} - N$$

大地纬度为

$$\varphi = \arctan\left[\frac{z_e}{\sqrt{x_e^2 + y_e^2}} (1 - e^2 \frac{N}{N+h})^{-1}\right]$$

初始令 $h = 0$ 进行迭代运算，直到两次迭代得到的大地高度差小于 10^{-16}，上述迭代计算的收敛速度很快，通常只需迭代 3～4 步即可得到足够精确的载体经度和纬度。

12.4.2　终端视线高低角约束制导律

12.4.2.1　终端视线高低角约束制导律介绍

终端视线高低角约束制导律的推导过程已在第 6 章中做了详细的介绍，并进行了三自由度和六自由度的弹道仿真，具体见 6.15 节，这里不再赘述，制导律表示式为

$$U^*(t) = \dot{\theta}^*(t) = 4\dot{q} + \frac{2}{T_{\text{togo}}}(q - q_{tf})$$

式中　q ——视线角；

　　　$\dot{q}$ ——视线角速度；

　　　T_{togo} ——剩余时间；

　　　q_{tf} ——终端视线高低角约束值。

不同文献基于不同的假设，也提出了不同形式的终端视线高低角约束制导律，如

$$U^*(t) = \dot{\theta}^*(t) = 6\dot{q} + \frac{6}{T_{\text{togo}}}(q - q_{tf})$$

或

$$U^*(t) = \dot{\theta}^*(t) = 4.5\dot{q} + \frac{6.3}{T_{\text{togo}}}(q - q_{tf})$$

上述终端视线高低角约束制导律的形式一样，都可以写成如下形式，不同在于其系数有所不同，其制导律由两项组成，即比例导引项和终端约束项

$$U^{*}(t) = \dot{\theta}^{*}(t) = k_y \dot{q} + \frac{k_{ytl}}{T_{togo}}(q - q_{tf}) \tag{12-33}$$

式中　　k_y——比例导引系数；

k_{ytl}——终端约束项系数。

具体应用时，需要借助于型号的气动特点及具体弹道的特性来确定其系数，当然也可以取不同于以上系数的制导律。

12.4.2.2　终端视线高低角约束制导律具体应用

终端视线高低角约束制导律在工程上具体应用时，需要折中考虑其射程、视线高低角约束、制导精度等因素，对于远弹道，需要补偿重力对弹道的影响，有时候还需要增加升力补偿项，另外考虑姿控输入指令通常为加速度，所以将基于角速度的制导律转换为加速度形式，如下式所示

$$a_{y\_c} = a_{y\_PN} + a_{y\_gravity} + a_{y\_tl}$$

式中　　a_{y_PN}——比例导引项；

$a_{y\_gravity}$——重力补偿项；

a_{y_tl}——终端约束项。

下面简单分析各项的作用及特性，如图 12-75 所示。

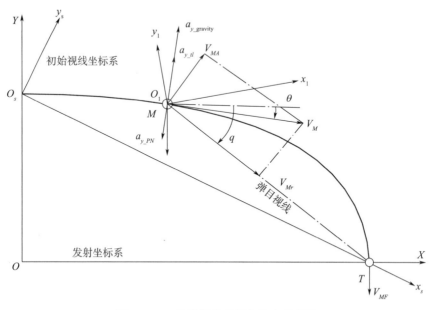

图 12-75　终端视线高低角约束示意图

（1）比例导引项

比例导引项表达式如下

$$a_{y\_PN} = k_y \times \dot{q} \times V$$

其用于保证制导精度，即抑制弹目视线的转动，对于攻击静止目标，其使速度矢量逐渐靠近弹目视线，最终使其与弹目视线重合，以零脱靶量击中目标。

（2）重力补偿项

重力补偿项表达式如下

$$a_{y\_gravity} = (c+1) g \cos(\theta)$$

$c \geqslant 0$，为重力补偿系数，当 $c = 0$ 时，为重力补偿，当 $c > 0$ 时，为过重力补偿，其作用是在纵向平面内补偿重力对弹道的影响，c 越大，则弹道越凸，越容易满足大高低角约束情况。通常情况下，为了保证制导精度，则要求在弹道末段，使 $c \to 0$。

（3）终端约束项

终端约束表达式如下

$$a_{y\_tl} = \frac{k_{ytl}}{T_{togo}} (q - q_{tf}) \times V$$

其用于实现落角约束，当弹目视线角与视线高低角约束值不同时即产生作用，产生相应的 a_{y_tl} 使弹目视线靠近视线高低角约束值。当视线高低角约束值较大时，其值为正值，作用为抬起弹道，使弹道为凸形状。

式（12 - 33）中有两个导引系数，分别为 k_y 和 k_{ytl}，按照最优制导律推导的结果：$k_y = 4$，$k_{ytl} = 2$，但是为了兼顾射程和视线高低角约束的要求，k_y 和 k_{ytl} 分别取值如下

$$\begin{cases} k_y = 3.0 + \dfrac{(3.0 - 4.0)}{(1.471\,1 + 1.537\,5)} \times \{atan\,[-30 + (1 - Rone) \times 40.0] + 1.537\,5\} \\[3mm] k_{ytl} = \dfrac{(2.0 - 0.0)}{(1.471\,1 + 1.537\,5)} \times \{atan\,[-30 + (1 - Rone) \times 40.0] + 1.537\,5\} \end{cases}$$

其中，Rone 为归一化待飞距离，其值在投弹时刻为 1。

12.4.3　仿真试验

前面章节对垂直打击的相关技术进行了介绍，本节基于六自由度对相同投放高度不同射程不同终端视线高低角约束值的弹道进行仿真。

例 12 - 22　六自由度弹道仿真。

（1）设计指标

终端高低角约束 $q = -85°$ 和 $q = -90°$；

终端高低角约束精度：$|q - q_{tf}| \leqslant 1°$；

脱靶量 ΔL：$|\Delta L| \leqslant 1\,m$。

（2）仿真条件

投放条件：高度 $9\,000.0\,m$，速度 $Ma = 0.71$，射程 $70.0\,km$、$105\,km$ 和 $140\,km$；

风场条件：无风；

气动拉偏：$\Delta m_z^\alpha = -0.5$；

结构拉偏：轴向质心后移 20 mm；

执行机构延迟：5 个控制周期（相当于 25 ms）。

（3）仿真结果

仿真结果：如表 12-5 和图 12-76～图 12-78 所示，表 12-5 为仿真弹道的终端情况，包括视线高低角、速度和脱靶量等；图 12-76 为射程和高度变化曲线，图 12-77 为攻角、侧滑角和马赫数变化曲线，图 12-78 为弹道倾角和高低角变化曲线。图 12-79 为射程为 70 km 时弹道的导引系数和终端约束项系数的变化曲线，图 12-80 为射程为 70 km 时弹道的法向加速度指令、比例导引项加速度和终端约束项加速度。

表 12-5 终端视线高低角约束仿真结果

弹道	射程/km	高低角约束值/(°)	终端情况				
			高低角/(°)	速度/(m/s)	侧向偏差/m	纵向偏差/m	脱靶量/m
1	70	−90.0	−89.97	298.7	0.038	−0.046	0.06
		−85.0	−85.09	298.1	0.000	0.021	0.021
2	105	−90.0	−89.91	291.9	0.041	−0.07	0.084
		−85.0	−85.08	292.0	0.000	0.033	0.033
3	140	−90.0	−89.96	225.0	0.036	−0.028	0.046
		−85.0	−85.02	226.9	0.008	0	0.008

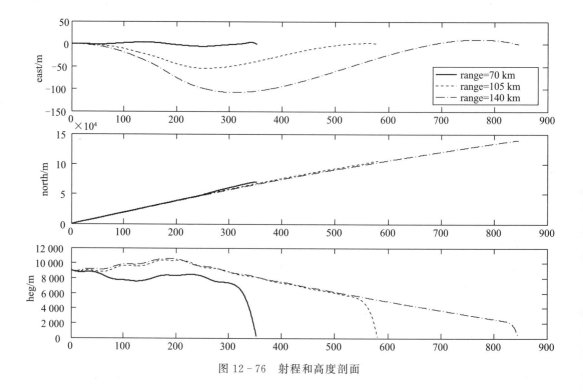

图 12-76 射程和高度剖面

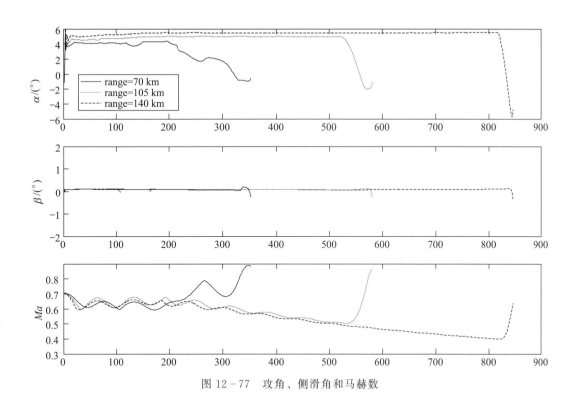

图 12 - 77　攻角、侧滑角和马赫数

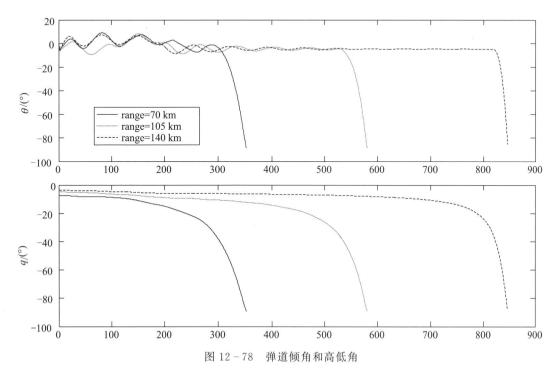

图 12 - 78　弹道倾角和高低角

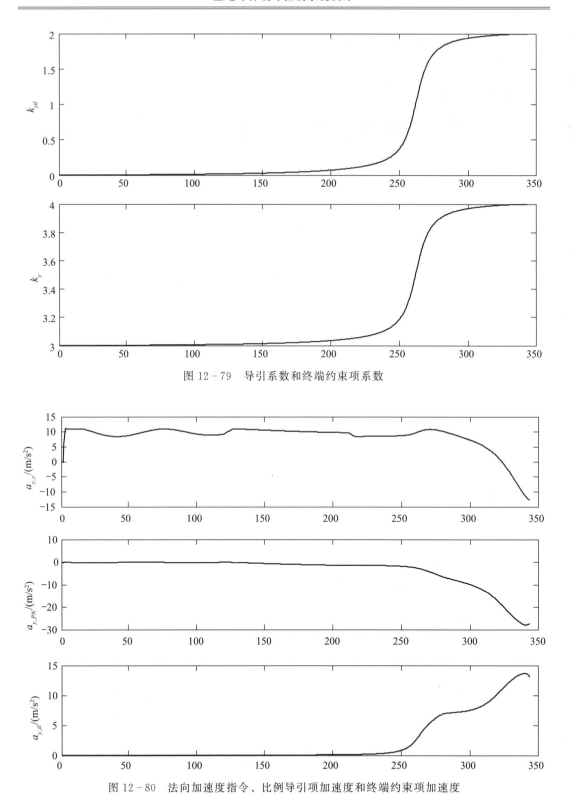

图 12-79　导引系数和终端约束项系数

图 12-80　法向加速度指令、比例导引项加速度和终端约束项加速度

（4）仿真分析及结论

由仿真结果可知：

1）导引系数和终端约束项系数采用如图 12 - 79 所示的变化规律，可以实现基于一套导引系数，兼顾不同射程、制导精度和终端视线高低角约束的要求，整个弹道法向加速度指令变化平滑，避免了导引系数切换引起的弹道突变；

2）能很好地满足不同射程情况下终端视线高低角约束，同时满足落点精度要求；

3）对于终端视线高低角约束值较大的弹道，终端约束项主要使弹道向外凸，以满足终端高低角约束；

4）对于攻击静止目标，比例导引项加速度主要使速度矢量方向往弹目视线靠近，保证打击精度，由于终端视线高低角约束项的作用（使速度矢量方向偏离弹目视线），故此时比例导引项值较大；

5）对于远射程的终端视线高低角约束弹道，由于要保证射程，故在很长时间内，法向加速度比较大，这样最后留给高低角下压时间较短，故下压段的负法向加速度较大，末段飞行攻角负值较大，如图 12 - 77 所示。

12.4.4　三组不同参数制导律仿真

在 12.4.2 节介绍了三组终端视线高低角约束制导律，即

$$\begin{cases} K_y = 4.0, K_{ytl} = 2 \\ K_y = 4.5, K_{ytl} = 6.3 \\ K_y = 6.0, K_{ytl} = 6.0 \end{cases}$$

由 12.4.3 节内容可知，比例导引系数 K_y 越大，则使弹体速度方向往弹目视线上依靠的速度越快，终端约束项系数 K_{ytl} 越大，则使弹道越凸，即使弹体速度方向脱离弹目视线，即需要协调两者系数的大小以及它们大小比值，如果侧重于制导精度，则比例导引系数应该相应加大，如果侧重于终端视线高低角约束的精度，则可适当增加终端约束项系数 K_{ytl}。

另外终端约束项系数 K_{ytl} 较大带来的问题是：由于 K_{ytl} 较大，则终端约束项 $a_{y\_tl} = \dfrac{K_{ytl}}{T_{togo}}(q - q_{tf}) \times V$ 较大，即弹道越凸，这样就要求比例导引项 $a_{y\_PN} = K_y \times \dot{q} \times V$ 越大，导致的问题是，两项都很大，稍微受扰动，造成法向过载变化很快，影响制导品质，由于较难在数学解析上比较三种仿真的优劣，下面通过仿真试验验证三组参数的优劣。

仿真条件同例 12 - 22，假设终端视线高低角约束值为 $-90°$，仿真结果如表 12 - 6 所示。

表 12-6　三组参数仿真结果

弹道	高低角约束值/(°)	射程/km	参数 (K_y, K_{ytl})	终端情况				
				高低角/(°)	速度/(m/s)	侧向偏差/m	纵向偏差/m	脱靶量/m
1	−90	70	4.0　2.0	−89.97	298.7	0.038	−0.046	0.06
			4.5　6.3	−16.29	271.4	126.5	4 556.0	4 557.2
			6.0　6.0	−89.24	300.6	0.110	1.132	1.138
2		105	4.0　2.0	−89.91	291.9	0.041	−0.074	0.085
			4.5　6.3	−35.41	280.1	−13.10	2 238.2	2 238.2
			6.0　6.0	−89.91	293.1	−0.049	0.001	0.049
3		140	4.0　2.0	−89.96	225.0	0.036	−0.028	0.046
			4.5　6.3	−33.57	217.2	−5.293	1 101.0	1 101.0
			6.0　6.0	−89.44	224.8	0.136	−0.400	0.422

可以看出第一组系数（4.0，2.0）仿真结果最好，对应的弹道品质远优于第三组参数对应的弹道品质，其脱靶量也大部分小于第三组参数对应的脱靶量，其终端高低角约束精度也优于第三组参数对应的约束精度。

通过大量的仿真分析，终端高低角约束制导律所采用的系数的大小与具体制导武器的弹道特性、气动特性等因素有关，需要经过理论分析和大量的仿真后确定一组比较优化的系数，并不局限于以上的三组参数。

12.4.5　放宽终端视线高低角约束

为了改善终端视线高低角约束弹道末端弹道的弹道特性，保证制导精度，可以放宽终端高低角约束，即对终端高低角约束进行处理。

（1）对终端约束项的过载量进行限幅

终端视线高低角约束在理论上是为了控制视线高低角与设置的约束值一致，当在接近弹道末段时，由于各种因素的影响，实际高低角和设置的高低角存在较大的偏差，随着剩余时间的减少，终端约束项引起的过载量则会很大，它的作用是使视线高低角逼近约束的高低角，但同时也引起弹道倾角脱离高低角（对于打击静止目标），进而引起制导误差。故在工程上，可以将终端约束项引起的过载量限制在一定的范围之内，弱化其对制导弹道的影响。

（2）对制导剩余时间进行约束

随着弹目距离减少，剩余时间急剧减少，故可能引起终端约束项急剧变化，可以对制导剩余时间 T_{togo} 进行限幅处理，例如当 $T_{togo} < t_{lim}$（t_{lim} 为某一小量）时，令 $T_{togo} = t_{lim}$。下面仿真放宽终端视线高低角约束的弹道。

例 12-23　六自由度弹道仿真。

（1）设计指标

终端高低角约束值 $q + f = -90°$；

终端高低角约束精度：$|q - q_{tf}| \leqslant 10°$；

脱靶量 ΔL：$|\Delta L| \leqslant 1$ m。

（2）仿真条件

投放条件：高度 10 000 m，速度 $Ma = 0.8$，射程 50 km、80 km、110 km 和 150 km；

风场条件：0.5 倍侧风；

气动拉偏：稳定性拉偏 $\Delta m_z^a = -0.5$，阻尼拉偏 $\Delta m_z^{w_z} = -0.5$，升力拉偏 $\Delta C_y^a = -0.05$，阻力拉偏 $\Delta C_d^a = 0.05$；

结构拉偏：轴向质心后移 20 mm；

执行机构延迟：5 个控制周期（相当于 25 ms）。

（3）仿真结果

仿真结果如表 12 - 7 和图 12 - 81～图 12 - 83 所示，表 12 - 7 为不同射程对应弹道的终端情况，包括视线高低角、速度和脱靶量等；图 12 - 81 为射程和高度变化曲线，图 12 - 82 为法向加速度指令、比例导引项加速度、终端约束项加速度，图 12 - 83 为弹道倾角和高低角变化曲线。

表 12 - 7　终端视线高低角约束仿真结果

弹道	射程/km	高低角约束值/(°)	终端情况				
			高低角/(°)	速度/(m/s)	侧向偏差/m	纵向偏差/m	脱靶量/m
1	50	−90.0	−80.52	303.4	0.024	0.089	0.092
2	80	−90.0	−89.96	302.7	0.065	0.081	0.104
3	110	−90.0	−89.66	300.9	−0.023	0.109	0.111
4	150	−90.0	−86.95	−271.7	0.035	−0.165	0.0169

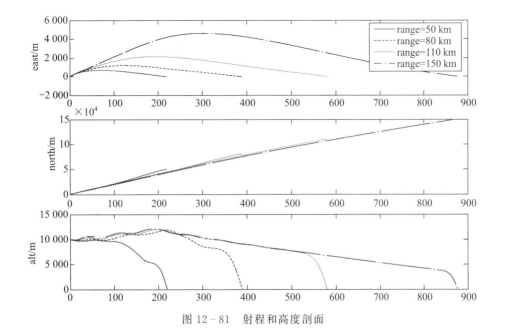

图 12 - 81　射程和高度剖面

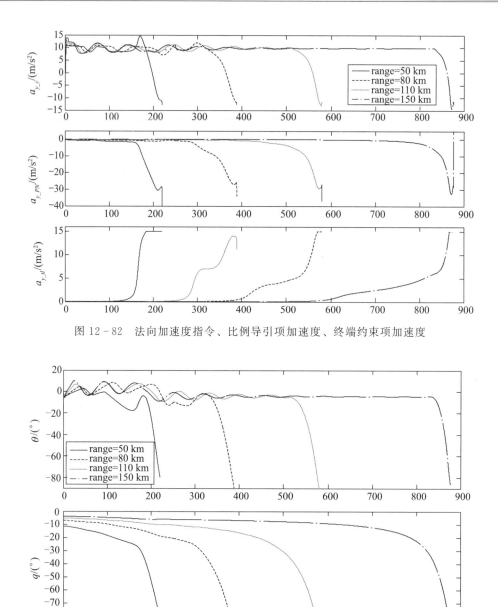

图 12-82　法向加速度指令、比例导引项加速度、终端约束项加速度

图 12-83　弹道倾角和高低角

（4）仿真分析

相比于原方案，此方案终端视线高低角约束精度虽然不如原方案，但是其落点精度稍有提高，且弹道终端的法向过载可以大大减小。

12.5　倾斜转弯控制

12.5.1　STT 和 BTT 控制简介

导弹在横侧平面内的机动有两种模式：1）侧滑转弯（Slid to Turn，STT），通过控制的作用产生飞行侧滑，由飞行侧滑产生侧向气动力从而实现转弯机动（即侧向机动）；2）倾斜转弯（Bank to Turn，BTT），通过控制的作用，使弹体以近似为 0° 的侧滑角飞行，同时控制弹体滚动，由弹体法向力在水平面内的分量提供弹体在横侧平面内机动所需的气动力，从而实现倾斜转弯。

倾斜转弯技术从制导控制的角度来说，主要由 BTT 制导和 BTT 姿控两部分内容所组成，最初是为了提高导弹的机动性能而发展起来的，其思想也是借鉴有人驾驶飞行技术（有人驾驶飞行器大多采用倾斜转弯技术），并不算特别新的技术。从导弹的总体设计思想来说，采用 BTT 技术的导弹与原来基于 STT 思想的导弹相比，存在很大的不同，涉及制导、姿控、气动设计、动力系统等技术。

美国在 20 世纪 50 年代就将 BTT 技术应用于波马克导弹的研制中，从那时候起美国一直在探讨、研究和发展 BTT 技术，BTT 技术在战术导弹中的应用涉及导弹总体方案设计、气动外形设计、飞行力学、动力系统以及制导和姿控，但是受限于当时的控制技术水平，如采用 BTT 技术，会对导弹的控制系统设计等带来很大的困难，所以长期以来 BTT 技术主要停留在理论研究上，而在实际应用中，导弹制导控制大多还是采用 STT 控制。进入 20 世纪 80 年代，BTT 控制技术得到了迅速的发展，加之现代控制理论、滤波理论和计算机技术的发展以及用于 BTT 导弹控制系统中某些硬件的研制有了新的突破，为 BTT 技术创造了实现条件。

需要着重指出的是：BTT 技术主要用于空空导弹和地空导弹，其目的是提高战术导弹的整体性能，特别是机动性能。对于空地导弹来说，如果是轴对称空地导弹，并无必要采用 BTT 技术，但是对于面对称空地导弹（特别主气动面为大展弦比弹翼的空地导弹），则需要采用 BTT 技术，以改善导弹横侧向的机动能力和控制品质。

12.5.2　BTT 控制技术特点

战术导弹的气动外形布局大多为轴对称，采用 STT 控制方式，即通过控制的作用产生飞行侧滑来实现侧向机动。这对于中近程小机动的导弹较为适宜，但对超大机动格斗导弹和远程拦截空空导弹来说，由于要求导弹阻力小、机动过载大（或升阻比大），特别是对于采用椭圆截面的面对称气动外形，STT 控制则不适用，只有 BTT 控制才是合适的选择。BTT 控制采用经典设计方法，把俯仰、偏航、滚动之间的耦合看作未知干扰，采用经典频率设计方法分别设计俯仰、偏航、滚动控制系统，通过引入协调控制指令消除耦合因素，即给偏航通道引入协调转弯信号，使导弹在飞行控制过程中的侧滑角尽可能接近于零。

BTT 控制的特点：采用 BTT 控制技术的导弹在截击目标的过程中，导弹通过滚动控制快速地把导弹的最大升力面转到理想的机动方向，同时俯仰控制系统控制导弹在最大升力面内产生所需的机动加速度。此时导弹转弯的向心力由升力而不是由侧滑产生的侧向力提供，因而侧滑角基本保持不变，但攻角有所增加。由于航向和滚动的耦合，导弹的滚动会产生一定的侧滑，瞬间侧滑角还能引起一定的滚动角变化。

12.5.3　BTT 控制分类

根据导弹气动外形布局以及飞行弹道等因素，BTT 控制进一步可分为三类：BTT - 45 控制、BTT - 90 控制和 BTT - 180 控制，其区别是在制导过程中，产生滚动角指令的角度范围不同，即最大值分别为 45°、90°和 180°。

（1）BTT - 45 控制

BTT - 45 控制适用于轴对称布局导弹，由于轴对称导弹有两个互相垂直的气动升力面，如图 12 - 84 （a）所示，采用 BTT - 45 控制技术，只要控制导弹滚动小于或等于 45°，即可将弹体最大升力面对准所需的机动面。

（2）BTT - 90 控制

BTT - 90 控制适用于面对称导弹（也称为飞机型导弹或飞航式导弹），如图 12 - 84 （b）所示，此气动外形通常只有一个有效升力面，大多采用"X"字型气动舵，也称为－×型布局。为了将最大升力面对准目标，－×型布局导弹的最大控制滚动角为 90°，此类气动外形可产生正负攻角，即正负法向加速度。

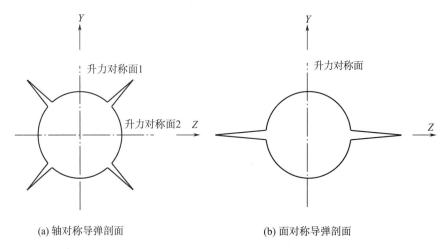

(a) 轴对称导弹剖面　　　　　　　　　　　(b) 面对称导弹剖面

图 12 - 84　轴对称导弹剖面和面对称导弹剖面

（3）BTT - 180 控制

BTT - 180 控制适用于面对称导弹，其气动外形与采用 BTT - 90 控制技术的面对称导弹基本一致。

BTT - 180 控制与 BTT - 90 控制的不同之处为，此气动外形导弹由于某一因素的限制

（通常由于动力系统的限制，即将冲压发动机应用于战术导弹上，冲压发动机的工作条件通常需要弹体以正攻角飞行），只能以正攻角飞行，即只能产生正向加速度，故此类导弹为了打击目标，为了使最大升力面对准机动面，需要控制滚动角最大为 180°。

12.5.4 BTT 制导

BTT 制导设计思想：通过姿控的作用，快速地将弹体法向气动力对准导弹的机动矢量面。如图 12 - 85 所示，具体操作如下：

1）在直角坐标系下，计算滚动角为零时的弹体系的法向指令加速度 a_{yc} 和侧向指令加速度 a_{zc}。

2）计算所需滚动角，即弹体绕纵轴转动一定的滚动角 γ_{c_btt} 后，则弹体系的新的指令加速度为

$$
\begin{bmatrix} a_x \\ a_{yc\_btt} \\ a_{zc\_btt} \end{bmatrix} = \begin{bmatrix} 1 & 0 & 0 \\ 0 & \cos\gamma_{c\_btt} & \sin\gamma_{c\_btt} \\ 0 & -\sin\gamma_{c\_btt} & \cos\gamma_{c\_btt} \end{bmatrix} \begin{bmatrix} a_x \\ a_{yc} \\ a_{zc} \end{bmatrix}
$$

即

$$
\begin{cases} a_{yc\_btt} = a_{yc}\cos\gamma_{c\_btt} + a_{zc}\sin\gamma_{c\_btt} \\ a_{zc\_btt} = -a_{yc}\sin\gamma_{c\_btt} + a_{zc}\cos\gamma_{c\_btt} \end{cases}
$$

令 $a_{zc\_btt} = 0$，则得

$$
\gamma_{c\_btt} = a\tan\left(\frac{a_{zc}}{a_{yc}}\right) \tag{12-34}
$$

式中 γ_{c_btt} ——BTT 的指令滚动角；

a_{yc_btt} ——BTT 的法向指令加速度；

a_{zc_btt} ——BTT 的侧向指令加速度，通常为 0。

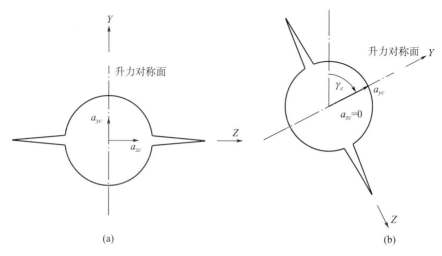

图 12 - 85 BTT 指令滚动角

3）根据滚动角 γ_{c_btt}，重新分配弹体的侧向加速度和法向加速度

$$\begin{cases} a_{zc\_btt} = 0 \\ a_{yc\_btt} = \sqrt{a_{zc}{}^2 + a_{yc}{}^2} = \dfrac{a_{yc}}{\cos\gamma_c} \end{cases} \quad (12-35)$$

由上述推导过程可知：

1）BTT 指令滚动角由弹体系的侧向指令加速度和法向指令加速度两者综合产生，如侧向指令加速度越大，则指令滚动角也越大；如法向指令加速度越小，则指令滚动角越大；

2）$a_{zc\_btt} = 0$，即弹体以 0°侧滑角或近似为 0°的侧滑角飞行；

3）a_{yc_btt} 由弹体的最大升力面产生，其值正比于原法向指令加速度，与指令滚动角的余弦成反比；

4）当 $a_{yc} \rightarrow 0$ 时，即代表着法向不需要机动，这时解算可得滚动指令角 $\gamma_c \rightarrow \pm 90°$，即 BTT 法向加速度指令即为直角坐标系下的侧向加速度指令 a_{zc}。

12.5.5　BTT 姿控

对于 STT 导弹，俯仰通道产生法向过载，具有提供正负攻角的能力；航向通道产生侧向过载，具有提供正负侧滑角的能力；滚动通道保持倾斜稳定或控制。而对于 BTT 导弹，俯仰通道产生法向过载，具有提供正负攻角的能力；航向通道欲使侧滑角为零，航向必须与倾斜协调；滚动通道控制导弹滚动，使合成法向过载落在弹体的对称之内，指向弹道机动的方向。

由以上各通道的功能比较可知，俯仰通道的功能是一致的，而其他两个通道的功能却不一样。BTT 导弹在飞行过程中要求侧滑角保持为零，还需快速将弹体法向控制在需要机动平面之内，这要求 BTT 导弹的航向通道与滚动通道协调工作，需要有效地解决导弹空间运动时的惯性耦合与气动耦合问题。

（1）惯性耦合

对于惯性耦合问题，在第 7.7.5 节有所介绍。在此结合 BTT 导弹的特点加以补充介绍。

假设交叉转动惯量为 0，即 $J_{xy} = J_{yz} = J_{zx} = 0$，可得导弹绕质心转动的动力学方程为

$$\begin{cases} J_x \dfrac{\mathrm{d}\omega_x}{\mathrm{d}t} = M_x - (J_z - J_y)\omega_y\omega_z \\ J_y \dfrac{\mathrm{d}\omega_y}{\mathrm{d}t} = M_y - (J_x - J_z)\omega_x\omega_z \\ J_z \dfrac{\mathrm{d}\omega_z}{\mathrm{d}t} = M_z - (J_y - J_x)\omega_x\omega_y \end{cases} \quad (12-36)$$

对于绝大多数制导武器，绕弹体侧轴转动惯量 J_z 和绕法向轴转动惯量 J_y 大致相等，都远大于绕纵轴转动惯量 J_x。

对于 STT 导弹，滚动通道指令为

$$\gamma_c = 0$$

即弹体在飞行过程中 ω_x 近似为 0，ω_y 和 ω_z 在整个飞行过程中，通常也较小，即式（12 - 36）可简化为

$$
\begin{cases}
J_x \dfrac{\mathrm{d}\omega_x}{\mathrm{d}t} = M_x \\[2mm]
J_y \dfrac{\mathrm{d}\omega_y}{\mathrm{d}t} = M_y \\[2mm]
J_z \dfrac{\mathrm{d}\omega_z}{\mathrm{d}t} = M_z
\end{cases}
\tag{12 - 37}
$$

式（12 - 37）为姿态动力学的简化公式，可以获得较高的动力学求解精度，即弹体三个坐标轴方向的转动是相互独立的，因而可以不考虑惯性耦合问题。

对于 BTT 导弹，要满足战术导弹的战术性能指标，通常要求滚动控制回路具有快速控制滚动角至指令的能力，即滚动角速度可能很大，则 $-(J_x - J_z)\omega_x\omega_z$ 和 $-(J_y - J_x)\omega_x\omega_y$ 不能忽略，即不能忽略惯性耦合对姿态的影响。

进一步分析惯性耦合项：假设 BTT 导弹以 ω_x 绕纵轴旋转时，这时如果弹体存在偏航运动或弹体受扰动产生 ω_y 时，则在俯仰通道产生耦合力矩 $-(J_y - J_x)\omega_x\omega_y \doteq -J_y\omega_x\omega_y$，即导致弹体产生俯仰力矩，引起弹体俯仰方向的角运动。同理，俯仰方向的角运动同时产生弹体偏航运动。

为了解决惯性耦合问题，把滚动运动与航向俯仰运动分开，即要求导弹滚动时，俯仰、航向运动不进行控制，当导弹的升力面与目标共面后（即目标处于导弹最大升力面上），停止对滚动的控制，再控制导弹的俯仰和航向运动。采用此方案，当导弹滚动时，导弹俯仰、航向运动的角速度 ω_y、ω_z 很小，则方程组（12 - 36）中的第 1 式就简化成了方程组（12 - 37）中的第 1 式。当导弹做俯仰或航向运动时，由于升力面与目标已共面（即停止了滚动），则方程组（12 - 36）中的第 2，3 式也可简化成方程组（12 - 37）中的 2，3 式。这样就把三个相互不独立的运动变成了相互独立的运动。

为了使导弹能有效地攻击目标，对以上的控制方案应有一定要求，即要求导弹滚动运动的快速性品质好、响应过程平稳，能在一个很短的时间内完成滚动控制。

（2）气动耦合

对于气动耦合问题，在第 7.7.5 节有所介绍。在此结合 BTT 导弹的特点加以补充介绍。

众所周知气动耦合是由于导弹的结构不对称性及导弹在飞行过程中受到的气动力在弹体对称面两边不对称或受到气动干扰引起的侧向运动之间的相互耦合作用，表达式可见方程组（12 - 38）

$$
\begin{cases}
m_x = m_{r0} + m_x^{\omega_x}\omega_x + m_x^{\delta_x}\delta_x + m_x^{\beta}\beta + m_x^{\delta_y}\delta_y + m_x^{\omega_y}\omega_y \\[1mm]
m_y = m_{y0} + m_y^{\omega_y}\omega_y + m_y^{\delta_y}\delta_y + m_y^{\beta}\beta + m_y^{\delta_x}\delta_x + m_y^{\omega_x}\omega_x \\[1mm]
m_z = m_{z0} + m_z^{\omega_z}\omega_z + m_z^{\delta_z}\delta_z + m_z^{\alpha}\alpha + m_z^{\dot{\alpha}}\dot{\alpha} + m_z^{\dot{\delta}_z}\dot{\delta}_z
\end{cases}
\tag{12 - 38}
$$

方程组第 1 式和第 2 式中的 m_x 和 m_y 含有相互交叉产生的力矩，例如 m_x 力矩不仅包

括由滚动舵偏产生的力矩 $m_x^{\delta_x}\delta_x$ 和滚动阻尼力矩 $m_x^{\omega_x}\omega_x$，还含有航向运动中由偏航舵产生的力矩 $m_x^{\delta_y}\delta_y$，侧滑角 β 产生的斜吹力矩 $m_x^\beta\beta$ 和绕 Oy_1 转动角速度产生的阻尼力矩 $m_x^{\omega_y}\omega_y$。同理 m_y 力矩，不仅包括由偏航舵偏产生的力矩 $m_y^{\delta_y}\delta_y$、偏航阻尼力矩 $m_y^{\omega_y}\omega_y$ 和侧滑角 β 产生的偏航力矩 $m_y^\beta\beta$，还包含滚动运动中由滚动舵偏产生的力矩 $m_y^{\delta_x}\delta_x$，绕 Ox_1 转动产生的偏航阻尼力矩 $m_y^{\omega_x}\omega_x$。在工程上，如果较精确地知道这些耦合项力矩系数，可采用补偿法来消除或减小气动耦合作用。

12.5.6　BTT 控制算法简介

BTT 控制算法大致分为两大类：滚动和偏航控制回路独立设计和滚动和偏航控制回路协调控制。

（1）滚动和偏航控制回路独立设计

滚动和偏航控制回路分别单独控制，它们之间无协调交联关系。此方法适用于某一些打击地面静止目标，弹体为轴对称的导弹。

（2）滚动和偏航控制回路协调控制

滚动和偏航控制回路协调控制，考虑两控制回路之间的交联关系，可实时估计它们之间的交联项，加以实时的补偿，在理论上即可获得高控制品质的协调控制。

12.5.7　BTT 弹道仿真

前面章节对 BTT 和 STT 的相关技术进行了介绍，本节将基于六自由度对相同投放高度、速度以及射程，不同离轴角情况的 BTT 和 STT 弹道进行仿真。

例 12 - 24　BTT 和 STT 弹道仿真。

（1）仿真条件

被控对象：某配备大展弦比弹翼面对称导弹；

投放条件：高度 5 000.0 m，速度 $Ma=0.8$，射程 35 km，离轴角 20.0° 和 40°；视线高低角约束值 -45°；

风场条件：无风；

气动拉偏：$\Delta m_z^\alpha=-0.5$；

结构拉偏：轴向质心前移 20 mm；

执行机构延迟：8 个控制周期（相当于 40 ms）；

干扰：在高度区间 [1 750.0 m，2 000.0 m] 受到 10.0 m/s 的侧风。

（2）仿真结果

仿真结果如表 12 - 8 和图 12 - 86～图 12 - 95 所示，表 12 - 8 为仿真弹道的终端情况，包括弹道倾角、速度和脱靶量等；图 12 - 86～图 12 - 90 为 BTT 弹道的仿真曲线，依次为射程和高度变化曲线，弹体姿态变化曲线，攻角、侧滑角和马赫数变化曲线，滚动舵偏和偏航舵偏变化曲线，弹道偏角和方位角变化曲线；图 12 - 91～图 12 - 95 为 STT 弹道的仿真曲线，依次为射程和高度变化曲线，弹体姿态变化曲线，攻角、侧滑角和马赫数变化曲线，滚动舵偏和偏航舵偏变化曲线，弹道偏角和方位角变化曲线。

表 12 - 8　BTT 和 STT 弹道仿真结果

弹道	制导模式	离轴角/(°)	终端情况				
			弹道倾角/(°)	速度/(m/s)	侧向偏差/m	纵向偏差/m	脱靶量/m
1	BTT	20	−45.04	276.7	0.000 1	0.011	0.011
2	BTT	40	−44.99	273.9	0.000 3	0.028	0.028
3	STT	20	−45.02	259.7	0.002	0.001	0.002
4	STT	25	−38.94	251.6	2 582.7	789.3	2 700.6

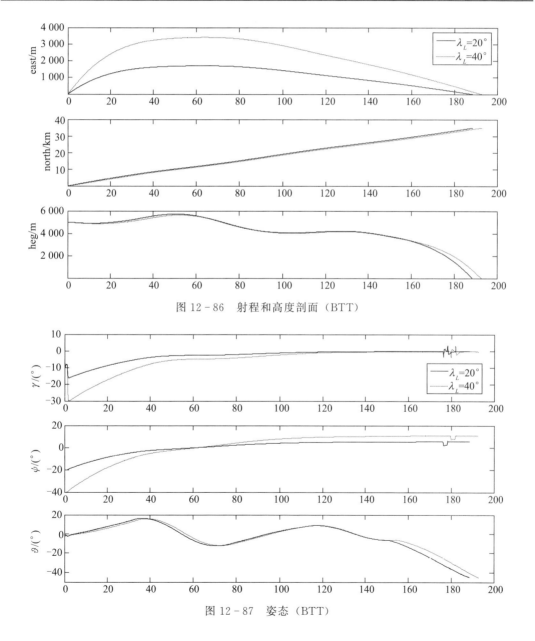

图 12 - 86　射程和高度剖面（BTT）

图 12 - 87　姿态（BTT）

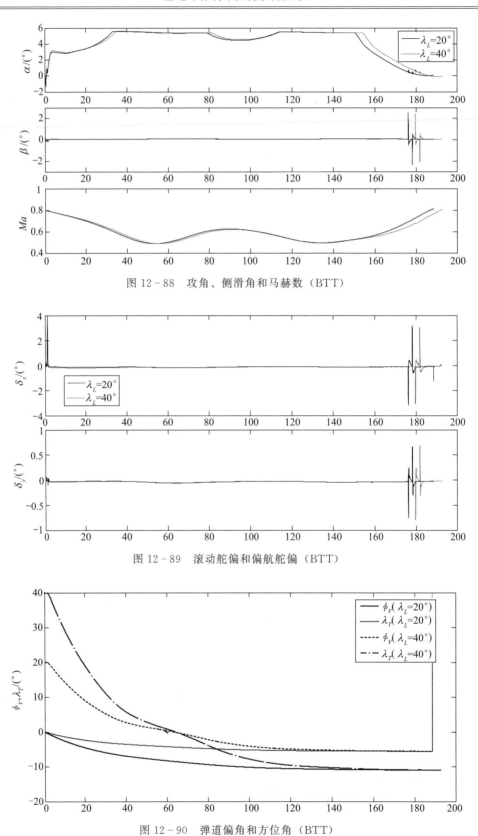

图 12-88　攻角、侧滑角和马赫数（BTT）

图 12-89　滚动舵偏和偏航舵偏（BTT）

图 12-90　弹道偏角和方位角（BTT）

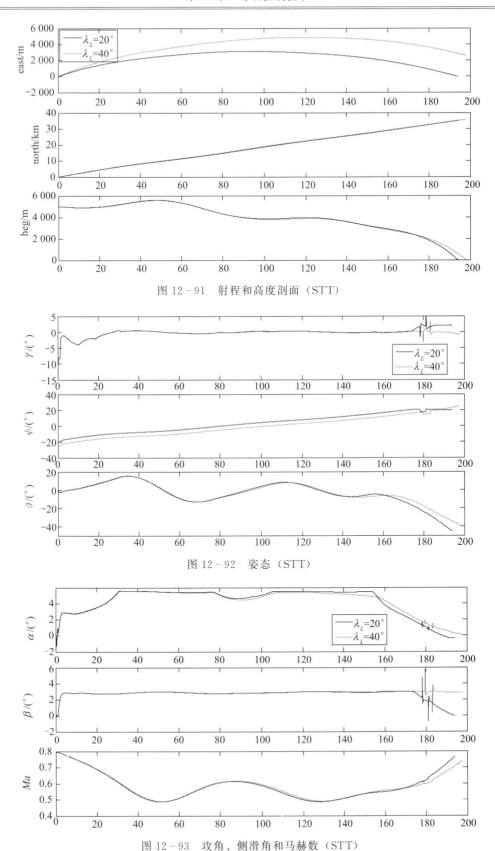

图 12 - 91　射程和高度剖面（STT）

图 12 - 92　姿态（STT）

图 12 - 93　攻角、侧滑角和马赫数（STT）

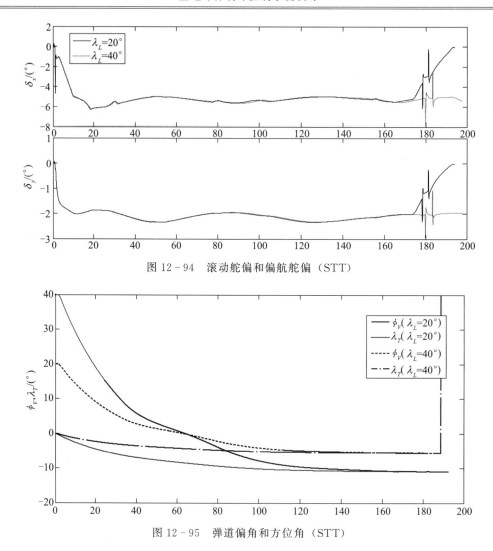

图 12 - 94　滚动舵偏和偏航舵偏（STT）

图 12 - 95　弹道偏角和方位角（STT）

（3）仿真分析及结论

由表 12 - 8 和图 12 - 86～图 12 - 95 可知：

1）对于面对称空地导弹来说，采用 BTT 技术的侧向机动能力远大于 STT 侧向机动能力，可以在很大程度上拓宽战术导弹的侧向投放包络；

2）在离轴角较小时，采用 BTT 技术和 STT 技术的制导精度都很高，在理论上，对于打击静止目标，其制导方法误差在弹道末段趋于 0；

3）当离轴角较大时，采用 BTT 技术制导精度依旧很高，而采用 STT 技术由于侧向机动能力不够而引起脱靶；

4）采用 BTT 技术时飞行侧滑角几乎为 0°，滚动和偏航舵偏也几乎为 0°，而采用 STT 技术时飞行侧滑角较大，则产生滚动力矩和偏航力矩，需要滚动控制回路和偏航控制回路相应地给出滚动舵偏指令和偏航舵偏指令，即 STT 弹道的滚动舵偏和偏航舵偏相对较大；

5）采用 BTT 技术时飞行侧滑角、滚动舵偏和偏航舵偏都很小，即气动阻力较小，射程相对较远；而采用 STT 技术时飞行侧滑角、滚动舵偏和偏航舵偏都较大，即气动阻力较大，射程相对较近；

6）从侧向制导品质的特性来看，面对称空地导弹 BTT 弹道特性远优于 STT 弹道特性，对于攻击静止目标，其弹道偏角可以较快地跟踪弹目视线方位角，这样可以保证足够高的制导精度；

7）对于轴对称空地导弹而言，采用 BTT 技术的优势则不存在，一般还是采用 STT。

12.6 目标定位

对于某一些空地导弹，常采用发射后锁定目标的攻击模式，在初制导和中制导段，弹目距离可能超出了导引头的作用范围，导弹弹上制导系统需要根据外部输入的目标信息将导弹导引至合适的弹道上，使得可顺利完成中末制导交接班。在工程上需要开发目标定位技术，即基于载机自身和载机配备的光电设备等测量信息，确定目标在大地坐标系中位置和速度的一种技术。

目标定位技术涉及的研究内容较多，本文简单介绍一种基于载机光电吊舱确定目标位置的方法，即采用机载光电设备——光电吊舱（大多为四合一全数字化吊舱，具有红外成像、可见光成像、激光照射及激光测距等功能）去探测目标，根据光电设备输出的测量结果（主要为斜距、高低角和方位角等信息）及载机自身的位置及姿态信息，基于目标定位算法可实时计算得到目标在大地坐标系中的位置，即可对目标进行定位，不过由于计算误差以及测量误差，故存在目标定位误差。

12.6.1 运动目标定位算法

基于光电吊舱目标定位算法的输入为：

1）光电吊舱自身信息：位置、速度以及姿态信息；

2）光电吊舱测量输出：激光测距、视线高低角和方位角，如图 12 - 96 所示。

基于光电吊舱目标定位算法的流程较为复杂，涉及坐标转换及估计算法，具体步骤如下：

1）根据吊舱输出高低角 θ 和方位角 ϕ 计算视线在吊舱坐标系下的矢量；

2）根据吊舱姿态信息计算吊舱坐标系至地理坐标系的转换矩阵 C_s^n；

3）计算视线在地理坐标系下的矢量；

4）基于弹目距离以及视线在地理坐标系下的矢量等信息进行无迹 Kalman 滤波，输出目标相对于吊舱在地理坐标系下的位置和速度；

5）结合吊舱自身的导航信息计算目标在地理坐标系下的绝对位置和速度信息。

由于载机装配的光学设备输出测量值及导航系统输出均存在量测误差，包括系统误差和噪声，在大多数情况下系统误差可以经过标较加以消除或大部分消除。在理论上，基于

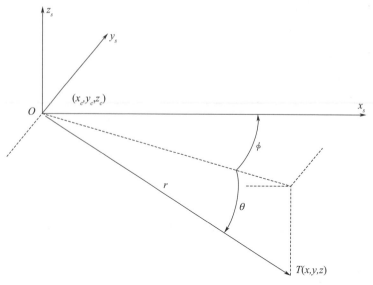

图 12 - 96　导引头坐标系的目标

量测值可以运用直接法实时计算得到目标的位置，不过波动比较大。在工程上采用的目标定位算法主要有最小二乘/极大似然定位算法、扩展 Kalman 滤波、无迹 Kalman 滤波以及粒子滤波等。其中最小二乘法定位算法实时性稍差，需要利用一组测量值计算得到目标的位置，存在一定的滞后性。扩展 Kalman 滤波可用于低机动目标的定位解算。无迹 Kalman 滤波可用于高机动目标的定位，可实时输出目标的位置。基于粒子滤波进行定位计算的精度较高，但其计算量很大。本文采用无迹 Kalman 滤波进行目标定位解算，具体见 12.6.2 节的算例。

12.6.2　算例

下面以实例的方式简单说明目标定位算法。

例 12 - 25　基于无迹 Kalman 滤波进行目标定位仿真。

假设目标在东北天地理坐标系中以初始位置（4 000 m，1 000 m，0 m）为起点，以 V_e = 10 m/s，V_n = 5m/s 做匀速运动，装备光学吊舱的载机以初始位置（0 m，0 m，4 000 m）为起点，以 V_e =60m/s，V_n =20m/s 匀速飞行，光学吊舱对目标进行实时锁定，并对目标距离和角度进行观测（周期为 50 ms），假设目标在飞行过程中受到加速度的干扰，试设计无迹 Kalman 滤波器对目标的运动轨迹进行估计，并分析无迹 Kalman 滤波器的性能。

解：

（1）建立模型

可选取目标运动量 $x = [x，V_e，y，V_n，z，V_u]^T$ 作为状态量，光电吊舱输出量 $z = [r，\theta，\phi]^T$ 作为量测量，假设目标在运动过程中受到加速度干扰为 $d = [d_x，d_y，d_z]^T$（$d_x，d_y，d_z$ 分别为投影在地理东北天坐标系中的加速度干扰）。

目标运动可表示为

$$
\begin{cases}
x_{k+1} = x_k + V_{ek}t_s + 0.5d_{xk}t_s^2 \\
V_{ek+1} = V_{ek} + d_{xk}t_s \\
y_{k+1} = y_k + V_{nk}t_s + 0.5d_{yk}t_s^2 \\
V_{nk+1} = V_{nk} + d_{yk}t_s \\
z_{k+1} = z_k + V_{uk}t_s + 0.5d_{zk}t_s^2 \\
V_{uk+1} = V_{uk} + d_{zk}t_s
\end{cases}
$$

光电吊舱锁定目标后，实时输出激光测距值 r、高低角 θ 和方位角 ϕ 为

$$
\begin{cases}
r = \sqrt{(x_c - x)^2 + (y_c - y)^2 + (z_c - z)^2} \\
\theta = a\tan\left(\dfrac{z_c - z}{\sqrt{(x_c - x)^2 + (y_c - y)^2}}\right) \\
\phi = a\tan\left(\dfrac{y_c - y}{x_c - x}\right)
\end{cases}
$$

根据题意，可建立状态方程和量测方程为

$$
\begin{cases}
\boldsymbol{x}_{k+1} = \boldsymbol{A}_k\boldsymbol{x}_k + \boldsymbol{\Gamma}_k\boldsymbol{W}_k \\
\boldsymbol{z}_{k+1} = \boldsymbol{h}(x_{k+1}, k+1) + \boldsymbol{V}_k
\end{cases}
$$

其中 $\boldsymbol{A}_k = \begin{bmatrix} 1 & t_s & 0 & 0 & 0 & 0 \\ 0 & 1 & 0 & 0 & 0 & 0 \\ 0 & 0 & 1 & t_s & 0 & 0 \\ 0 & 0 & 0 & 1 & 0 & 0 \\ 0 & 0 & 0 & 0 & 1 & t_s \\ 0 & 0 & 0 & 0 & 0 & 1 \end{bmatrix}$，$\boldsymbol{\Gamma}_k = \begin{bmatrix} 0.5t_s^2 & 0 & 0 \\ t_s & 0 & 0 \\ 0 & 0.5t_s^2 & 0 \\ 0 & t_s & 0 \\ 0 & 0 & 0.5t_s^2 \\ 0 & 0 & t_s \end{bmatrix}$，$\boldsymbol{W}_k$ 为系统噪声，$\boldsymbol{V}_k$ 为量

测噪声，假设 $\boldsymbol{W}_k$、$\boldsymbol{V}_k$ 都为高斯白噪声，且互不相关。

状态方程为线性方程，而量测方程为非线性方程，故此目标定位问题为典型的非线性滤波问题，在工程上可采用最小二乘/极大似然定位算法、扩展 Kalman 滤波、无迹 Kalman 滤波及粒子滤波。本文采用无迹 Kalman 滤波。

（2）滤波器设计

UKF 滤波器设计主要确定：量测噪声和状态噪声，状态量初始值和协方差阵初始值以及 UT 变换参数。

①量测噪声和状态噪声

量测噪声 $\boldsymbol{R}$ 和状态噪声 $\boldsymbol{Q}$ 的取值影响滤波器收敛速度和收敛精度，常根据实际量测值精度和状态噪声确定 $\boldsymbol{R}$ 和 $\boldsymbol{Q}$。

根据实际光电吊舱的量测精度，取 $\boldsymbol{R}$ 和 $\boldsymbol{Q}$ 为

$$
\boldsymbol{R} = \begin{bmatrix} 900 & 0 & 0 \\ 0 & 0.0001 & 0 \\ 0 & 0 & 0.0001 \end{bmatrix}, \quad \boldsymbol{Q} = \begin{bmatrix} 0.04 & 0 & 0 \\ 0 & 0.04 & 0 \\ 0 & 0 & 0.01 \end{bmatrix}
$$

②状态量初始值和协方差阵初始值

Kalman 滤波属于迭代算法，需要设置状态量的初始值 x_0 和协方差阵的初始值 $\boldsymbol{P}_0$。初始值在一定程度上影响 Kalman 初始段的收敛特性，$\boldsymbol{P}$ 阵代表滤波器的精度指标，对角线上元素的平方根即表示对应状态量的估计误差分量，可根据实际经验，设置状态量和协方差阵初始值，状态量的初始值 $\boldsymbol{x}_0$ 为

$$\boldsymbol{x}_0 = \boldsymbol{x}_0(\text{true}) + \begin{bmatrix} 50 & 3 & 50 & 2 & 20 & 1 \end{bmatrix}^{\mathrm{T}}$$

协方差阵初始值 $\boldsymbol{P}_0$ 为

$$\boldsymbol{P}_0 = \begin{bmatrix} 2\,500 & 0 & 0 & 0 & 0 & 0 \\ 0 & 36 & 0 & 0 & 0 & 0 \\ 0 & 0 & 2\,500 & 0 & 0 & 0 \\ 0 & 0 & 0 & 16 & 0 & 0 \\ 0 & 0 & 0 & 0 & 400 & 0 \\ 0 & 0 & 0 & 0 & 0 & 4 \end{bmatrix}$$

③UT 变换参数

UT 变换的参数较多，且参数的直接意义不是特别明确，也常常采用"试凑"法，一般情况下取如下参数

$$\alpha = 0.01, \ \kappa = 0, \ \beta = 2, \ \lambda = \alpha^2(n + \kappa) - n$$

（3）仿真结果

光电吊舱量测值如图 12 - 97 所示，其中图 12 - 97（a）为弹目距离，图 12 - 97（b）为视线方位角，图 12 - 97（c）为视线高低角；图 12 - 98 为真实位置及滤波输出，分别表示东向、北向和天向距离；图 12 - 99 为真实速度及滤波输出，分别表示东向、北向和天向速度；图 12 - 100 为位置协方差，分别表示东向、北向和天向距离协方差；图 12 - 101 为速度协方差，分别表示东向、北向和天向速度协方差。

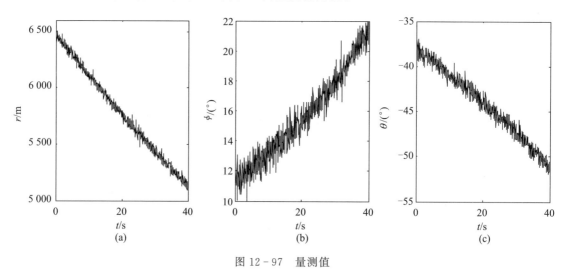

图 12 - 97　量测值

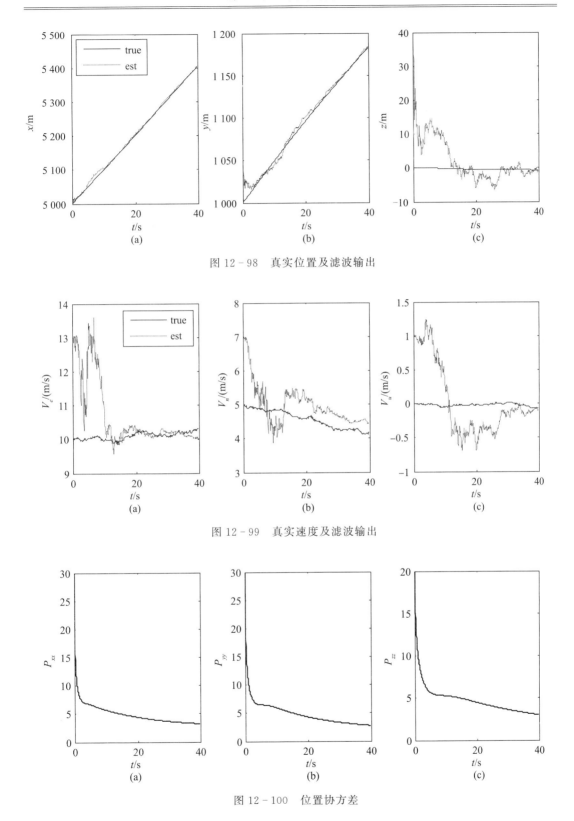

图 12 - 98 真实位置及滤波输出

图 12 - 99 真实速度及滤波输出

图 12 - 100 位置协方差

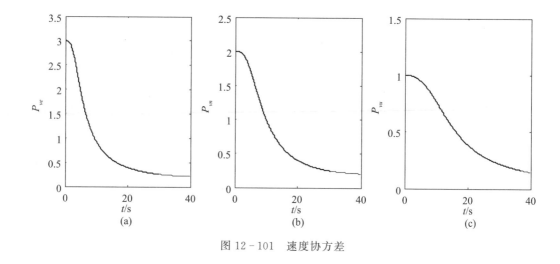

图 12 - 101　速度协方差

由图可知：1）初始位置误差在较少的迭代周期内快速收敛，其精度达到 10 m 级，其后以较慢速度收敛，滤波精度高；2）初始速度误差收敛速度较慢，需要较长的时间才能慢慢收敛，其精度较高；3）随着弹目距离减小，其滤波精度有所提升；4）UKF 精度与系统噪声 W_k 的设置相关，系统状态量 x_i 对应的噪声 W_i 方差越大，则此估计精度越差；5）UKF 精度与测量噪声 V_j 的设置相关，测量噪声越大，则估计精度越差。

（4）仿真结论

分析仿真结果可知：

1）可通过调节 Kalman 滤波器 Q 阵和 R 阵的大小调节滤波器的滤波效果；

2）UKF 能够很好地对目标的位置进行定位，定位精度为 10 m 级，对目标的速度进行估计，也可达到较高的精度；

3）UKF 是处理非线性滤波问题的有效方法之一。

本例的 MATLAB 仿真程序见表 12 - 9。

表 12 - 9　移动目标定位无迹 Kalman 滤波

```
function ukf_example

% ex12_6_1. m

% developed by qiong studio


N = 1800 ;

n = 6 ;

m = 3 ;

ts = 0. 05 ;

t = 0 : ts : (N - 1) * ts ;

Q = diag([0. 2 * 0. 2, 0. 2 * 0. 2, 0. 05 * 0. 05]) ;

R = diag([30 * 30, 0. 01 * 0. 01, 0. 01 * 0. 01]) ;


W = sqrt(Q) * randn(m, N) ;

V = sqrt(R) * randn(m, N) ;
```

续表

```
X = zeros(n,N);
Z = zeros(m,N);

Xukf = zeros(n,N);

x_craft = zeros(3,N);
x_aim = zeros(6,N);

A = [1 ts 0 0 0 0;0 1 0 0 0 0;0 0 1 ts 0 0;0 0 0 1 0 0;0 0 0 0 1 ts; 0 0 0 0 0 1];
Tao = [0.5 * ts^2 0 0;ts 0 0;0 0.5 * ts^2 0;0 ts 0;0 0 0.5 * ts^2;0 0 ts];

f = @(x)[x(1) + ts * x(2);x(2);
        x(3) + ts * x(4);x(4);
        x(5) + ts * x(6);x(6)];
h = @(x_c,x_a,v)[((x_c(1) - x_a(1))^2 + (x_c(2) - x_a(3))^2 + (x_c(3) - x_a(5))^2 )^0.5 + v(1);
atan( - (x_c(3) - x_a(5))/( (x_c(1) - x_a(1))^2 + (x_c(2) - x_a(3))^2)^0.5) + v(2);
atan((x_c(2) - x_a(3))/( x_c(1) - x_a(1))) + v(3)];
x_craft = [0,0,4000]';
v_craft = [50,20,0]';
for ii = 2:N
    x_craft(:,ii) = x_craft(:,ii - 1) + ts * v_craft;
end
x_aim(:,1) = [4000,10,1000,10,0,0]';
for ii = 2:N
    x_aim(:,ii) = A * x_aim(:,ii - 1) + Tao * W(:,ii);
end

for ii = 1:N
    Z(:,ii) = h(x_craft(:,ii),x_aim(:,ii),V(:,ii));
end

x = x_aim(:,1) + [50 3 30 2 20 1]';
P = eye(n);
P(1,1) = 2500; P(3,3) = 900; P(5,5) = 400;
P(2,2) = 9;   P(4,4) = 4;   P(6,6) = 1;
for ii = 2:N
    [x,P] = ukf(f,x,P,h,Z(:,ii),Q,R,Tao,x_craft(:,ii));
end

function [x,P] = ukf(f,x,P,h,z,Q,R,Tao,x_craft)

n = numel(x);
m = numel(z);
```

续表

```
alpha = 0. 01;
ka = 0;
beta = 2;
lamda = alpha^2 * (n + ka) - n;
for j = 1:2 * n + 1
      Wm(j) = 1/(2 * (n + lamda));
      Wc(j) = 1/(2 * (n + lamda));end
Wm(1) = lamda/(n + lamda);
Wc(1) = lamda/(n + lamda) + 1 - alpha^2 + beta;

Xsigma = Sigma(x, P, n, lamda);

Xpred = zeros(n, 1);
for j = 1:2 * n + 1
      Xsigmapre(:,j) = f(Xsigma(:,j));
      Xpred = Xpred + Wm(j) * Xsigmapre(:,j);
end
Ppred = zeros(n, n);
for j = 1:2 * n + 1
      Ppred = Ppred + Wc(j) * (Xsigmapre(:,j) - Xpred) * (Xsigmapre(:,j) - Xpred)';
end
Ppred = Ppred + Tao * Q * Tao';

Xaugsigma = Sigma(Xpred, Ppred, n, lamda);
for j = 1:2 * n + 1
      Zsigmapre(:,j) = hmeas(x_craft, Xaugsigma(:,j), [0 0 0]');
end

Zpred = zeros(m, 1);
for j = 1:2 * n + 1
      Zpred = Zpred + Wm(j) * Zsigmapre(:,j);
end

Pzz = zeros(m, m);
for j = 1:2 * n + 1
      Pzz = Pzz + Wc(j) * (Zsigmapre(:,j) - Zpred) * (Zsigmapre(:,j) - Zpred)';
end
Pzz = Pzz + R;

Pxz = zeros(n, m);
for j = 1:2 * n + 1
```

续表

```
        Pxz = Pxz + Wc(j) * (Xaugsigma( : ,j) − Xpred) * (Zsigmapre( : ,j) − Zpred)';
end
K = Pxz * inv(Pzz) ;
x = Xpred + K * (z − Zpred) ;
P = Ppred − K * Pzz * K';


function X = Sigma(x,P,n,lamda)

cho = (chol(P * (n + lamda)))';
for j = 1 : n
        x_plus( : ,j) = x + cho( : ,j) ;
        x_minus( : ,j) = x − cho( : ,j) ;
end
X = [x,x_plus,x_minus] ;
```

12.7　导引头隔离度对制导控制回路的影响

　　导引头的作用已在第 5 章做了介绍，导引头是目标跟踪装置，相当于导弹的"眼睛"，依据目标辐射或反射的光学或电磁信号来探测、识别、跟踪及锁定目标。在锁定目标之后，实时测量弹目相对运动信息，经处理后输出信息为制导回路生成制导指令提供输入，引导导弹攻击目标。

　　导引头按是否配有控制平台，可分为捷联式和伺服式（也称为框架式），其中捷联式导引头将光轴或天线轴等相关的探测组件固定在导引头基座上，一般输出为弹目视线角信号；框架式导引头配置伺服控制平台，相关的探测组件固定在伺服平台，一般输出弹目视线角速度信号，框架式导引头进一步可分为两框架式和三框架式，考虑到导引头设计难易程度、成本、体积、维护及使用等因素，战术导弹大多采用两框架式，两框架式导引头由于结构构造的特性，在隔离弹体姿态扰动或运动对其影响方面不是很理想，即弹体姿态扰动或运动会引起导引头平台相应的扰动运动，即导致导引头光轴和雷达天线轴在惯性空间晃动。其一影响导引头对目标的锁定效果，其二导致导引头输出一个额外的干扰信息。

　　对于框架式导引头设计来说，设计高控制品质的伺服平台显得尤其重要，在工程上大多采用陀螺稳定平台来消除弹体扰动的影响，根据设计原理不同，主要有动力陀螺稳定和速率陀螺稳定两种方案，对于小型的战术空地导弹，大多采用速率陀螺稳定方案，基于此方案的导引头随动伺服控制系统也常称为速率陀螺稳定平台。

　　根据第 5 章所提的导引头设计指标，涉及稳定平台的指标主要有伺服跟踪角速度、视线跟踪精度以及隔离度。其中对于打击地面固定目标或慢速移动目标，其伺服跟踪角速度和视线跟踪精度等容易满足，而隔离度不太容易满足。对于某一些气动耦合严重的空地导弹而言，隔离度较差的导引头则会使弹体姿态剧烈振荡，解释如下：

由于框架式导引头安装于导弹的头部，考虑至：1）制导回路的品质；2）姿控回路的控制品质；3）执行机构的非线性特性（死区）、控制精度、延迟特性；4）量测器件的测量噪声及误差；5）导弹在大气中飞行时受到大气紊流等因素的影响，导弹在实际飞行过程中，弹体姿态在控制的作用下响应指令的同时伴随着或大或小的低频抖动，如图 12 - 102 所示；当进入末制导时，此抖动演变为一个接近于等幅振荡的极限环，如图 12 - 103 所示。此现象初步解释如下：由于导弹在实际飞行过程中受到各种干扰的影响，弹体姿态伴随着小幅的抖动，此弹体姿态运动则会引起伺服导引头输出一个额外的小幅抖动信息，即输出弹目视线角速度在真值的基础上叠加一个额外的干扰信号，此干扰随后代入制导回路生成制导指令，其制导指令不可避免地包含扰动信号，姿控回路响应制导回路指令（此制导指令包含较大量级的干扰振荡信号），弹体姿态进一步产生较大幅值的振荡，最终的现象表现为一个等幅振荡的极限环。这种由于进入末制导后，由导引头、制导回路、姿控回路以及执行机构等参与的相互耦合的现象称之为导引头隔离度问题。

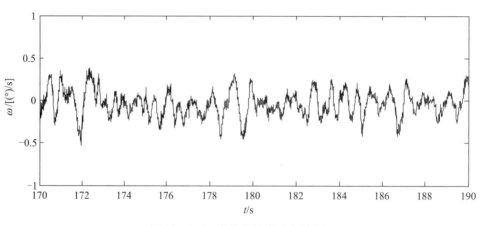

图 12 - 102　弹体角速度（中制导）

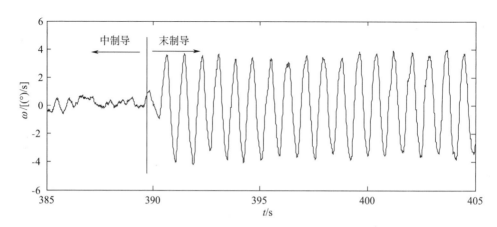

图 12 - 103　弹体角速度（末制导）

　　框架式导引头隔离度对制导系统产生影响的机理：框架式导引头基于稳定平台保持指向在惯性空间的稳定，由于受约束于各种因素（伺服平台存在：a）各种机械动、静摩擦力矩的影响；b）稳定平台基座质心偏心；c）稳定平台上各种导线存在拉扯现象；d）伺服控制品质等因素均影响基座运动），其稳定平台很难实现对载体运动或干扰的完全隔离，导弹的姿态运动或扰动会导致稳定平台伴随着小幅晃动，此晃动影响导引头探测器的正常工作，严重影响导引头视线稳定与跟踪，故其输出也伴随一个额外的信息，此额外信息进入制导回路，产生额外的制导指令（即制导指令失真），姿控回路随之响应此指令，引起弹体姿态以更大的幅值振荡。

　　导引头隔离度也可以进一步解释为：在制导指令中耦合了弹体的角运动，通过姿控回路和弹体响应，闭合形成了导引头—制导回路—姿控回路—弹体动力学的寄生回路。此寄生回路产生的耦合作用激发弹体姿态来回等幅振荡，出现非线性极限环，这不是制导控制系统设计所希望的，经大量的仿真试验以及投弹试验，可初步得到如下结论：

　　1）寄生回路诱发弹体姿态出现某一频率的极限环，导引头输出的视线角速度包含附加的振荡干扰信号，导致制导回路输出指令失真；

　　2）导引头输出的额外干扰信号其振荡幅值可能大大超过真实的弹目视线角速度，故较严重影响制导和姿控品质，影响打击精度；

　　3）若制导和姿控回路设计合理，制导回路和姿控回路进入某一频率的极限环，当某种因素发生变化时，极限环则可以进入新的一种稳定状态（即新的频率或幅值），制导回路一般情况下并不会发散；

　　4）极限环的幅值以及频率取决于导引头隔离度、制导回路设计及相应的滤波器、姿控回路的控制品质以及弹体的气动特性以及飞行状态（飞行动压）等因素；

　　5）寄生回路引发的极限环振荡在一定程度上影响制导精度，极限环频率越低或振荡幅值越大，则制导指令包含的额外信息越大，最终影响制导精度。

　　故在工程上，一方面需设计低隔离度的伺服导引头，其核心是设计高控制品质的伺服平台；另一方面设计受隔离度影响小的制导回路——姿控回路。

12.7.1　隔离度定义

　　在工程上，常采用隔离度或去耦系数来表征导引头伺服平台对载体姿态运动或扰动的去耦能力，定义为：当载体姿态以某幅值做正弦角运动 $\omega(s)$ 时，引起导引头输出额外的弹目视线角速度与其比值即为导引头隔离度，如下式所示

$$G_{\mathrm{gl}}(s) = \frac{\Delta \dot{q}(s)}{\omega(s)}$$

式中　$\omega(s)$——载体相对于惯性空间的角运动速度；

　　　　$\Delta \dot{q}(s)$——由载体角运动引起稳定平台相对于惯性空间的角运动速度。

　　隔离度数值跟测试环境相关，通常在实验室里将导引头固定一个二轴转台上，让导引头锁定正前方远处的目标，分别向二轴转台外框或内框输入正弦指令，导引头输出俯仰框和偏航框角速度，即可根据上式计算得到导引头的隔离度。需要指出的是：在导弹飞行过

程中，对于两框架直角导引头而言，导弹在惯性空间的姿态运动或扰动较为复杂，滚动、偏航及俯仰三通道通常带有某种耦合作用，故真实情况下，隔离度值比实验室测试值要大。

评价框架导引头隔离度性能指标：

1）隔离度越小，代表导引头对载体姿态运动或扰动的隔离能力越强；

2）应在不同输入频率和幅值条件下，测试导引头的隔离度；

3）应从频率响应的角度去看待导引头的隔离度，即从导引头随频率增加的幅值响应特性和相位响应特性去考核隔离度；

4）通常导引头输出在相位上延迟于输出信号，延迟越大，则越容易引起振荡抖动。

12.7.2　寄生回路定义

空地导弹攻击目标的过程中，弹体姿态运动或扰动通过导线拉扯、轴承摩擦、伺服平台控制品质等因素耦合到导引头伺服框架的运动中，影响导引头探测器在惯性空间的指向，从而使导引头输出的弹目视线角速度包含一个额外的干扰信号。

（1）导引头与目标在纵向平面的空间几何关系

以纵向制导平面为例，在惯性空间导引头与目标之间的空间几何关系如图 12 - 104 所示，其中 M 表示导弹，T 表示目标；MT 表示真实的弹目视线 LOS，用视线角 q_D 表示；q_s 为导引头视场中心轴（定义为光学轴向或雷达天线轴向）相对惯性空间基准 Mx 之间的夹角，也称为惯性框架角；ϑ 为弹体俯仰；q_r 为导引头视场中心轴相对于弹体轴之间的夹角，称为框架角；ε 为导引头视场中心轴与真实弹目视线之间的偏差角，称为框架失准角，由图可知

$$q_r = q_s - \vartheta , \varepsilon = q_D - q_s$$

导引头稳定跟踪回路的主要功能为：1）实时控制伺服框架，使得导引头视场中心轴始终指向目标，即使 $\varepsilon \to 0$；2）使导引头视场中心轴角速度 $\dot{q}_s$ 隔离弹体姿态角速度 $\dot{\vartheta}$；3）实时提取弹目视线角速度 $\dot{q}_D$。

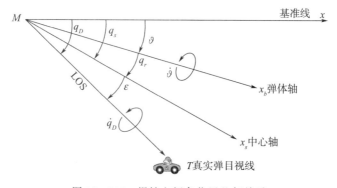

图 12 - 104　惯性空间角位置几何关系

（2）寄生回路

导引头寄生回路如图 12 - 105 所示，该寄生回路形成机理为：假设导引头理想工作

时，导引头实时测量弹目相对运动，生成弹目视线角速度信号 $\dot{q}$，经角速度型制导律和滤波器后生成制导指令，控制器依据制导指令和弹体动力学反馈信息生成姿控指令，姿控指令经执行机构伺服控制偏转弹体的舵面，经过弹体运动学产生弹体过载，使得弹体姿态运动的同时生成线运动，进而产生新的弹目相对运动形成闭合回路，此回路即为制导回路。

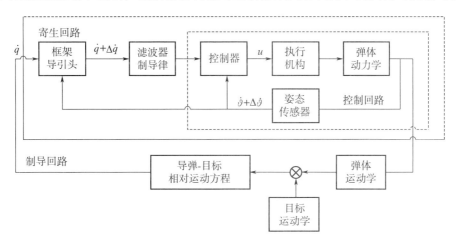

图 12 - 105　框架导引头寄生回路示意图

导引头真实工作时存在隔离度问题，导引头输出信号中会包含由弹体姿态扰动产生的视线角速度信号 $\Delta\dot{q}$，即导引头输出带偏差的弹目视线角速度信号 $\dot{q}+\Delta\dot{q}$，基于制导回路生成的制导指令带有额外的信息，此信息连同指令真值进入姿控回路，产生额外的姿控指令，通过执行机构驱使弹体姿态运动 $\dot{\vartheta}$，同时此姿态运动还附加一个额外的姿态干扰 $\Delta\dot{\vartheta}$，此姿态运动和姿态干扰反过来影响导引头伺服平台运动，从而形成附加的闭合回路，称为隔离度寄生回路，此回路改变制导系统动力学，影响制导系统的稳定性和制导精度。

12.7.3　隔离度产生机理分析

根据导引头在惯性空间运动的角度几何关系（如图 12 - 104 所示）、寄生回路的示意图（图 12 - 105）和导引头控制框图，可得含有隔离度模型的伺服控制系统框图，如图 12 - 106 所示，输入信号为弹目视线角 q_t，干扰信号为弹体姿态角速度，输出信号为制导所需角速度信号 $\dot{q}_0+\Delta\dot{q}$，即整个控制回路可视为带干扰输入的单输入-单输出线性系统。$\frac{1}{L_a s+R_a}$、$\frac{1}{Js+f}$、C_m 等量的定义见第 7 章相关内容，图中 $G_1(s)$ 为导引头跟踪回路前向传递函数，主要为跟踪回路控制器和运放，$G_2(s)$ 为稳定回路前向传递函数，$G_D(s)$ 为干扰力矩传递函数，$G_{gyro}(s)$ 为角速度陀螺传递函数。导引头框架与弹体的相对角速度 $\dot{q}_r$，通过反电动势系数 C_E 和干扰力矩传递函数 $G_D(s)$ 作用于稳定回路，使导引头输出额外的视线角速度，因此该模型中反电动势和干扰力矩是引起隔离度问题的主要原因。

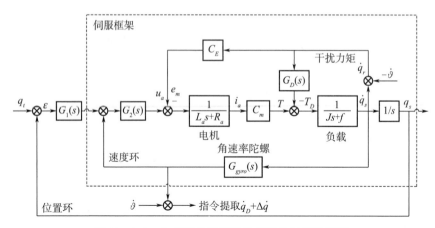

图 12-106　含有隔离度模型的伺服控制系统框图

附录　例 12-13 和例 12-14 MATLAB 源代码

```
% ex12_14_1. m
% developed by qiong studio
clear all;
clc

Lref = 3. 5;
Sref = 0. 10;
Mass = 700;
Jz = 500;
r2d = 180/pi;
d2r = pi/180;

Vel = 0. 7464 * 318;
density = 0. 6975;
Q = 0. 5 * density * Vel^2

mz2alpha = 0. 025 * r2d;
mz2deltaz = - 0. 0733 * r2d;
mz2wz = - 5. 4259;
cy2alpha = 1. 2454 * r2d;
cy2deltaz = 0. 1336 * r2d;

a24 = mz2alpha * Q * Sref * Lref/Jz;
```

```matlab
a25 = mz2deltaz * Q * Sref * Lref/Jz;
a22 = mz2wz * Q * Sref * Lref/Jz * Lref/(Vel);
a24t = a24/100;
a34 = cy2alpha *  Q * Sref/(Mass * Vel);
a35 = cy2deltaz * Q * Sref/(Mass * Vel);


t1dott2 = a35/(a25 * a34 - a35 * a24);
t1addt2 = - a35 * (a22 + a24t)/(a25 * a34 - a35 * a24);
Km = ( - a25 * a34 + a35 * a24)/(a22 * a34 + a24);
T1 = ( - a35 * a24t + a25)/(a25 * a34 - a35 * a24);
if a24< = - a22 * a34    % body stable
    Tm = 1/( - a24 - a22 * a34)^0.5;
    Zeta = 0.5 * ( - a22 - a24t + a34) * Tm;
    body = tf([Km * T1 Km],[Tm^2 2 * Tm * Zeta 1]);
else                    % body unstable
    Tm = - 1/(a24 + a22 * a34)^0.5;
    Zeta = - 0.5 * ( - a22 - a24t + a34) * Tm;
    body = tf([Km * T1 Km],[ - Tm^2 2 * Tm * Zeta 1]);
end
W_pitchDot2pathangleDot = tf([t1dott2 t1addt2 1],[T1 1]);


Kalpha = (a25 + a35 * a22)/(a25 * a34 - a35 * a24);
Talpha = (a25)/(a25 * a34 - a35 * a24);   % same as T1
G_w2alpha = tf(Kalpha,[Talpha 1]);


kw = - 0.2188;
body_kw = feedback(body,kw)
ka = - 1.4107;
body_kw_ka = minreal(feedback(body_kw,ka * G_w2alpha));
plant = minreal(body_kw_ka * W_pitchDot2pathangleDot * Vel);
zpk(plant)


figure('name','body + kw + ka')
bode(plant)


w = 2.65;
[re,im] = nyquist(plant,w);
```

```
amp = (re^2 + im^2)^0.5;
amp_db = 20 * log10(amp);


Ki = 1/amp * w;
Kp = Ki/16;
Gc = tf(-[Kp Ki],[1 0]);

figure('name','open loop')
SysOpen1 = plant * Gc;
bode(SysOpen1)


[Gm,Pm,Wcg,Wcp] = margin(SysOpen1);
GmdB = 20 * log10(Gm);


figure('name','close loop')
SysClose1 = SysOpen1/(1 + SysOpen1);
bd1 = bandwidth(SysClose1)/(2 * pi)
bode(SysClose1);


figure('name','step')
step(SysClose1,0:0.01:2)


% - - -  method two: in order to get time delay margin of system
body0 = Gc * body * W_pitchDot2pathangleDot * Vel;
f1 = kw/(Gc * W_pitchDot2pathangleDot * Vel);
f2 = ka * G_w2alpha/(Gc * W_pitchDot2pathangleDot * Vel);
f3 = 1;
f = f1 + f2 + f3;
SysOpen2 = minreal(body0 * f);


figure('name','open loop2')
bode(SysOpen2);
[Gm,Pm,Wcg,Wcp] = margin(SysOpen2);
delayMargin = Pm * d2r/Wcp
% - - -  method two: in order to get time delay margin of system
```

参 考 文 献

［1］　宋建梅，张天桥．带末端落角约束的变结构导引律［J］．弹道学报，2001，13（1）：16－20.

［2］　陈海东，余梦伦，董利强．具有终端角度约束的机动再入飞行器的最优制导律［J］．航天控制，2002，（1）：6－11.

［3］　曹邦武，姜长生，关世义，等．电视指令制导空地导弹垂直命中目标的末制导系统研究［J］．宇航学报，2004，25（4）：393－397.

［4］　林波，孟秀云，刘藻珍．具有末端角约束的鲁棒制导律设计［J］．系统工程与电子技术，2005，27（11）：1943－1945.

［5］　刘永善，贾庆忠，刘藻珍．电视制导侵彻炸弹落角约束变结构制导律［J］．弹道学报，2006，18（2）：9－14.

［6］　孙未蒙．空地制导武器多约束条件下的制导律设计［D］．国防科技大，2008.

［7］　LEE Y I，RYOO C K，KIM E. Optimal Guidance with Constraints on Impact Angle and Terminal Acceleration［A］．AIAA Guidance，Navigation，and Control Conference and Exhibit［C］，Austin，TX，2003.

［8］　RYOO C K，CHO H，TAHK M J. Optimal guidance laws with terminal impact angle constraint［J］．Journal of Guidance，Control，and Dynamics，2005，28（4）：724－732.

［9］　杨扬，王长青．一种实现垂直攻击的导弹末制导律［J］．研究战术导弹技术，2006，（3）：65－68.

［10］　ROBERT M. bank－to－turn technology，AIAA79－1752，412－422.

［11］　闫明，邹美英，王惠林．机载稳瞄系统目标定位与误差分析［J］．应用光学，2008，29（sup）：53－56.

［12］　刘栋，王惠林．卡尔曼滤波算法在目标定位系统中的应用［J］．红外与激光工程，2010，39（sup）：387－389.

［13］　崔大朋，苏建平．精确制导武器稳定平台技术［J］．四川兵工学报，2015，36（5）：35－38.

［14］　王连明．机载光电平台的稳定与跟踪伺服控制技术研究［D］．长春：中国科学院长春光学精密机械与物理研究所，2002.

［15］　李向旭，张曾科，姜敏．两轴稳定平台的模糊——PID复合控制器设计与仿真［J］．电光与控制，2010，17（14）：69－72.

［16］　吴晔，胡伟锋，许美健．导引头稳定平台线性隔离度及其提高方法［J］．制导与引信，2011，32（1）：1－6.

［17］　张崇军．提高导引头稳定平台对弹体姿态去耦能力的方法研究［J］．弹箭与制导学报，2008，28（4）：19－24.

［18］　朱华征．成像导引头伺服机构若干基本问题研究［D］．长沙：国防科学技术大学，2011.

［19］　赵超．导引头稳定系统隔离度研究［J］．电光与控制，2008，15（7）：78－82.

［20］　李富贵，夏群利，崔晓曦，等．导引头隔离度寄生回路对视线角速度提取的影响［J］．宇航学报，

2013, 34 (8): 1072 - 1077.

[21] 李富贵，夏群利，蔡春涛，等. 导引头隔离度对寄生回路稳定性的影响 [J]. 红外与激光工程，2013, 42 (8): 2341 - 2347.

[22] 宋韬，林德福，祁载康，等. 平台导引头隔离度寄生回路特性分析 [J]. 红外与激光工程，2013, 42 (12): 3309 - 3314.

[23] 李富贵，夏群利，祁载康. 导引头隔离度寄生回路对最优制导律性能的影响 [J]. 航空学报，2013, 34 (12): 2658 - 2667.

[24] 杜运理，夏群利，祁载康. 导引头隔离度相位滞后对寄生回路稳定性影响研究 [J]. 兵工学报，2011, 32 (1): 28 - 32.

[25] 李富贵，夏群利，蔡春涛，等. 导引头隔离度寄生回路稳定性及测试方法 [J]. 北京理工大学学报，2013, 33 (8): 801 - 819.

[26] 徐平，王伟，林德福. 导引头隔离度对末制导炮弹制导控制的影响 [J]. 弹道学报，2012, 24 (1): 17 - 21.

[27] 周桃品，李友年. 导引头隔离度对制导系统影响研究 [J]. 航空兵器，2013 (1): 32 - 50.

[28] 宋韬，林德福，祁载康. 平台导引头隔离度模型辨析 [J]. 北京理工大学学报，2013, 33 (6): 575 - 580.

[29] 徐娇，王江，宋韬，等. 基于扰动观测器的导引头隔离度抑制方法研究 [J]. 兵工学报，2014, 35 (11): 1790 - 1798.

[30] 朱华征，范大鹏，张文博，等. 质量不平衡力矩对导引头伺服机构性能影响分析 [J]. 红外与激光工程，2009, 38 (5): 767 - 772.

[31] 宋韬，林德福，王江. 平台导引头隔离度对导弹制导系统影响 [J]. 哈尔滨工程大学学报，2013, 34 (10): 1234 - 1241.

第 13 章　仿真技术

13.1　引言

飞行控制仿真技术是以相似性原理为依据，建立在飞行动力学、空气动力学、控制理论、信息处理技术、计算机技术和仿真技术等理论基础之上，以计算机和其他专业物理效应设备为工具，利用系统模型对真实或假想的系统进行试验，并借助于专家的经验知识、统计数据和试验结果评判标准对试验结果进行分析，进而做出决策的一门综合性和试验性的学科。

空地制导武器的控制系统仿真技术以加入弹上硬件和控制系统软件为基础，搭建仿真平台，以数学方法建立被控对象模型为核心，在仿真平台中加入导弹控制系统硬件的数学模型或真实实物，采用数学或实物模拟飞行环境和目标的特性，通过弹道仿真模拟制导武器在各种投放条件、气动、结构和动力拉偏、各种环境干扰等条件下的工作情况，全面考核控制系统方案、结构、参数和时序，并对控制系统进行定性或定量的分析，以验证控制系统的性能以及鲁棒性。

控制系统仿真技术按实现的方式不同，可分为数学仿真、半实物仿真以及物理仿真。数学仿真完全依靠计算机进行，又称计算机仿真。而半实物仿真将部分弹上硬件设备接入仿真试验，相对于数学仿真，仿真试验更接近于真实情况。物理仿真按照实际系统的物理性质构造系统的物理模型，并在物理模型上进行试验研究，试验直观形象，逼真度高，但代价高，周期长（在没有计算机以前，仿真都是利用实物或者它的模型来进行研究的）；按系统特性不同，仿真试验分为连续系统仿真和离散系统仿真，对于制导武器的仿真试验，连续系统仿真也通常指控制系统模拟控制，而离散系统仿真试验常指控制系统数字控制，随着科技的发展，现在仿真大多为离散仿真；按仿真时间尺度的不同，可分为实时仿真和非实时仿真，实时仿真的仿真时钟与实际时钟完全一致，非实时仿真进一步可分为亚实时仿真和超实时仿真，亚实时仿真的仿真时钟慢于实际时钟，而超实时仿真的仿真时钟快于实际时钟，半实物仿真属于实时仿真，而数学仿真绝大多数属于超实时仿真。

飞行控制仿真技术（包括数学仿真和半实物仿真）在飞行控制系统研制过程中已发挥极为重要的作用，它同理论设计和投弹试验一起，为制导控制系统研制中不可缺少的一部分。理论设计是整个制导控制系统设计的理论基础，设计目标为总体战术指标及控制系统设计指标，输入为气动和结构参数、动力系统、环境风场以及各种弹上硬件模型（包括导引头模型）等，运用相关的知识对控制系统进行方案论证以及方案详细设计及优化，当理论设计结果满足控制系统设计指标时，转入数学仿真阶段，如图 13-1 所示。数学仿真主要对整个制导控制系统进行全面考核，包括制导时序、制导模块和姿态模块等，制导模块主要对制导品质和战术指标进行考核，战术指标包括射程考核和精度分析；姿控模块则在考虑各种拉偏情况下，分时域和频域对姿控系统的性能和鲁棒性进行考核。在数学仿真阶段，可以边仿真，边优化制导时序、制导和姿控参数，当数学仿真结果满足战术指标时，则转入半实物仿真试验阶段。半实物仿真主要进一步对制导控制系统进行深入的考核，由于真实实物的加入，半实物仿真试验结果的置信度大幅提高，能更加真实地反映控制系统在空中飞行时的工作情况，相比于数学仿真，半实物仿真更真实考核某一些关键弹上设备性能对控制系统的影响。由于部分弹上实物的加入和转台等地面辅助设备加入，控制系统相对于数学仿真，其姿态控制裕度有所降低，这时如果在极限弹道条件下，即存在气动、弹体结构极限拉偏，存在大量级大气干扰等情况下，如果弹道平滑、姿态控制品质较好，则说明控制系统设计较为合理，即半实物仿真为控制系统的设计和性能评估提供重要依据。当通过半实物试验后，则等待飞行试验对控制系统进行真实验证。

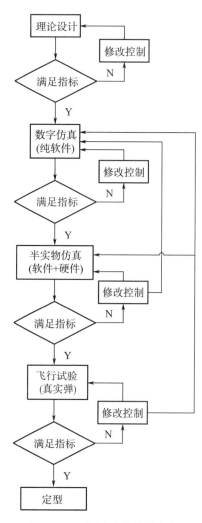

图 13-1　控制系统研制流程

由以上分析可知，控制系统仿真技术在制导控制系统设计中占有极为重要的地位，由于控制系统也不断发展以及越来越复杂化，为了提高控制系统的可靠性及性能，必须建立先进的数学仿真平台和半实物仿真平台，对控制系统进行充分的试验验证，可以说，没有先进的仿真技术，很难在短时间内设计出具有先进性能指标的控制系统。另外，采用先进的控制系统仿真技术，不仅在很大程度上可优化控制系统的性能和鲁棒性，而且可以在很大程度上加快型号的研制速度，同时大幅减少型号的实际投弹次数，节省研制费用，据国外较为早期的统计资料，采用仿真技术可以使导弹飞行试验的次数减少 30%～60%，研制经费节省 10%～40%，研制周期缩短 30%～40%，表 13 - 1 为美国早期三种经典的制导武器采用仿真技术前后对比情况，由表 13 - 1 可知，制导武器采用仿真技术后投弹次数大幅减少、试验费用节省明显。

表 13 - 1　制导武器采用仿真技术后节省费用

	原计划投弹/次数	仿真后投弹/次数	节省投弹/次数	节省费用/万美元
爱国者	141	101	40	8 000
罗兰特	224	95	129	4 200
尾刺	185	114	71	2 500

随着仿真技术的发展，控制系统仿真技术和理论设计之间的交联关系日趋严密。控制系统理论设计的作用：1) 给仿真技术提供理论依据；2) 解释仿真试验遇见的问题，进而改进仿真试验。控制系统仿真技术的作用：1) 对理论设计进行充分的验证；2) 在某一些情况下，仿真技术也可发现理论设计的缺陷或设计疏忽，完善理论设计；3) 在飞行控制系统设计中常碰见一些非线性问题，而目前所采用的控制系统理论是基于线性系统，故在理论上较难用经典的线性控制去定量说明非线性带来的影响，这时可进行仿真试验，较真实地说明非线性带来的问题，改进理论设计。

随着控制系统仿真技术的发展、理论设计水平的提高、两者之间的交联关系日趋严密，控制系统的性能和可靠性日趋依赖仿真技术，在控制工程上，甚至规定型号在没有进行充分仿真试验之前不得进场进行投弹试验。基于现有的仿真技术，可以在很大程度上降低飞行试验的次数，加快型号的研制进度，例如某一型号采用大量的仿真之后，其投弹次数甚至降至 5 次以下，即可完成定型。

13.2　数学仿真

数学仿真已成为系统仿真中一个重要的分支，其用途已经渗透至工程和科学的各个领域。平常所说的系统仿真在很大程度上是指数学仿真，其是以数学理论、相似原理、信息技术、系统技术及其应用领域有关的专业技术为基础，以计算机为工具，利用系统模型对实际的或设想的系统进行试验研究的一门综合性技术。它集成了计算机技术、网络技术、图形图像技术、面向对象技术、多媒体、软件工程、信息处理、自动控制等多个高新技术领域的知识。在工程上通过数学仿真来模拟原系统的运行。

制导控制系统数学仿真也是数学仿真一个重要分支和具体应用，是以控制系统的数学模型和仿真计算机为基础，在仿真计算机上搭建制导武器的制导时序、制导模型、姿控模型，编制弹体的动力学模型、运动学模型、导引头模型和导航模型，模拟制导武器在空中六自由度的运动情况。以此为基础以弹道仿真的方式对制导控制系统进行数学仿真，验证制导和姿态控制的品质。

数学仿真是控制系统设计中极为重要的一步，利用建立的数学模型，通过弹道仿真初步验证基于理论设计的制导控制系统的性能，检验制导武器控制系统在全投弹包络、各种环境下的性能，结合控制系统任务书，从时域和频域指标验证控制系统指标，包括制导控制系统的稳定性、快速性、精确性、抗干扰特性和机动能力等。

数学仿真贯穿整个控制系统设计过程，包括制导控制系统指标的提出、控制系统方案论证、制导回路和姿态回路设计、制导回路和姿态回路的参数优化、重要单机性能或误差对制导控制系统的影响、气动和结构特性及拉偏对制导控制系统的影响、发动机推力偏心与偏角误差对制导控制系统的影响、制导控制时序对姿态控制和战术指标的影响等。甚至在投弹后，利用数学仿真：1）复现制导武器在空中的运动情况，对某一些投弹试验出现的问题进行验证；2）对某一些重要的气动参数进行离线识别，提高气动参数的正确性，进而对控制系统进行优化设计。

综上所述，数学仿真伴随着整个控制系统或武器系统的研制，通过数学仿真可发现理论设计忽略的问题或理论不能解决的问题，通过数学仿真试验可以对制导武器的总体性能指标做出综合的评估。

需要说明的是，数学仿真试验中对各个分系统建立的模型不能完全模拟真实系统，因此数学仿真试验的置信度受到一定的约束。随着数学仿真技术的发展，目前开发出来的数学仿真平台不仅可以仿真制导控制系统的弹道，而且可以在整个投弹包络中，基于控制理论，从时域和频域两方面对制导武器的控制系统进行详细的分析及优化，在很大程度上提高了控制系统的性能并能保证控制系统具有较强的鲁棒性。

13.2.1　特点和功能

13.2.1.1　特点

数学仿真试验与半实物仿真试验以及飞行试验相比，具体如下优势：

1）成本低：由于数学仿真只需要计算机和相应的软件，并可重复进行，成本极低；

2）条件低：相比于半实物仿真试验和投弹试验，其仿真条件极低，硬件只需一台台式计算机或便携式计算机，然后利用计算机编写制导控制数学仿真程序以及相应的分析软件即可完成；

3）速度快：仿真可以是实时的，也可以是非实时的，通常情况下，选择非实时仿真，由于只需根据实际情况设置不同仿真条件，便可进行弹道数学仿真，只需几秒量级的时间；

4）覆盖范围广：数学仿真可以模拟导弹在各种环境、各种拉偏、各种干扰、不同目标运动等情况下的制导品质和姿控品质，而飞行试验由于各种因素（如受飞行试验次数的限制、真实环境影响等）的限制则很难做到；

5）功能多：数学仿真功能越来越强，参考 13.2.1.2 节内容；

6）模块化：可用数学表达式描述的单机、子系统和系统都可以建立起相应数学模型，进行模块化编程实现，根据仿真需求，可以有选择性地加入；

7）易修改：可以对仿真环境、气动和结构拉偏、动力系统拉偏、弹上重要单机拉偏等进行很容易的修改；

8）安全无破坏性：数学仿真安全，无任何破坏性；

9）拓展性好：采用模块化搭建的数学仿真平台，可以很容易在数学仿真平台中加入新的模块、子系统及功能。

13.2.1.2　功能

随着数学仿真技术的发展，数学仿真的功能越来越强，具体如下：

1）验证所采用的制导方案和姿态控制方案是否合理，从而确定制导控制系统的总体方案；

2）对仿真弹道的特性进行分析，进而对制导回路进行优化；

3）对控制时序和姿控回路参数进行设计及优化；

4）对制导武器的总体性能指标做出综合的评估；

5）考核制导控制系统在各种干扰作用下的性能指标；

6）考核制导系统和姿控系统之间的协调性；

7）考核弹体结构质量特性、弹体气动（包括静气动和动气动）、动力系统对制导控制系统的影响；

8）考核重要单机对制导控制系统的影响，以此仿真结果结合理论分析提出单机的性能指标；

9）实现模拟打靶功能，可以综合考核结构、气动、单机等偏差量对落点精度的影响，计算制导武器的攻击精度；

10）作为辅助手段，结合理论分析，验证某一些重要气动参数和结构参数对控制的影响，以此提出满足总体设计和控制系统性能指标的气动参数和结构参数；

11）结合理论分析，通过仿真，优化制导控制系统的时序，比如制导指令何时接入姿控回路，何时启控，何时给发动机点火等；

12）复核复算：结合投弹试验弹道数据，利用数学仿真，对投弹试验出现的问题进行离线复现和分析，借此加以改进；对某一些重要的气动参数进行离线识别，提高气动参数的正确性，进而对控制系统进行优化设计；

13）作为制导控制系统验收的重要凭证。

13.2.2　仿真建模

建立各分系统的数学模型以及制导控制系统算法，主要包括以下模型和算法：

1）标准大气模型（温度、密度）；

2）风场模型，包括常值风和切变风，也包括大气紊流；

3）气动模型；

4）结构特性模型；

5）动力系统模型；

6）弹体动力学和运动学模型；

7）舵机系统数学模型；

8）惯组模型；

9）导引头模型；

10）导航系统算法；

11）制导和姿控算法；

12）目标运动特性模型及环境模型；

13）气动和结构拉偏模型；

14）动力系统拉偏模型。

其中导航系统算法、制导和姿控算法需依据惯性器件、被控对象的特性以及控制系统设计指标开发，在仿真系统中可用弹上导航、制导与控制系统的源代码。

（1）标准大气模型

主要建立大气密度、压强、温度等状态量随海拔高度变化的模型，具体参见第 2 章相关内容。

（2）风场模型

由于空地导弹飞行在地球大气中，必然受到常值风和切变风的干扰。

①常值风

常值风可用大气风场模型来表示，下面简述风场模型。

通常情况下，每个地方的风场都不同，例如某三个地方风场的情况如图 13 - 2 所示，其风速随海拔高度变化，通常分 95% 和 99% 概率两种。某地二月份海拔高度 30 000 ft 和 35 000 ft 处风速如图 13 - 3 所示，其概率分布如图 13 - 4 所示。

控制系统中风场模型以风场大小和风场方向表示，风场大小随高度的变化如表 13 - 2 所示。

在数学仿真中，通常设置风场大小的倍数及方向来模拟制导武器在空中飞行时碰见的风场大小及方向，可模拟逆风、顺风、侧风等条件下的弹道特性和控制品质。

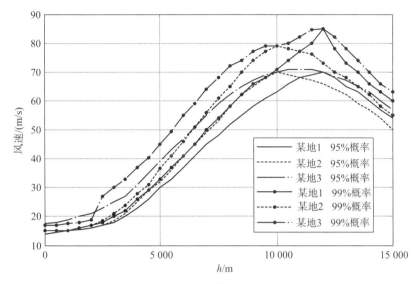

图 13-2 风场大小

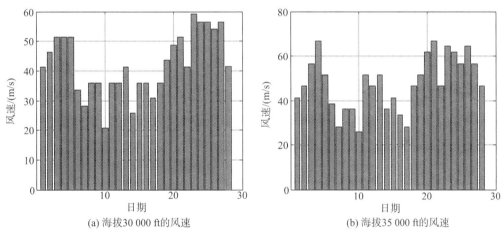

(a) 海拔30 000 ft的风速　　　　　　　　(b) 海拔35 000 ft的风速

图 13-3 某地二月份每天风场大小

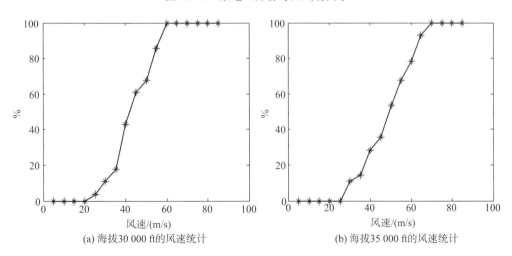

(a) 海拔30 000 ft的风速统计　　　　　　(b) 海拔35 000 ft的风速统计

图 13-4 某地二月份风场大小统计

表 13 - 2　风场大小

海拔高度/km	0	1.0	2.0	3.0	4.0	5.0	6.0	7.0
风场大小/(m/s)	22.5	24.0	26.0	27.5	32.5	49.0	50.0	59.0
海拔高度/km	8.0	9.0	10.0	11.0	12.0	13.0	14.0	15.0
风场大小/(m/s)	60.0	71.0	80.0	80.0	80.0	70.0	65.0	60.0

②切变风

风切变是一种大气现象，定义为空间任意两点之间风向和风速的突然变化，是风速在水平和垂直方向的突然变化。风切变是比较严重的风干扰（风切变对控制回路来说是一个强干扰），会造成弹体姿态剧烈变化，可根据弹体在受扰后的姿态变化判断控制回路的裕度及鲁棒性。

风切变模型可以根据需要，在不同高度段设置水平风切变和垂直风切变，水平风切变可用风切变大小和方向表示，垂直风切变可由风切变大小和向上或向下方向表示。通常情况下可在仿真弹道的高空和低空各设置一个水平风切变和垂直风切变，这样一次仿真即可考核不同飞行状态下控制回路受干扰之后的控制品质以及抗干扰特性。

下面以某小型空地导弹在飞行过程中受到高空和低空风切变干扰后的控制响应为例说明切变风在仿真中的应用，具体见例 13 - 1。

例 13 - 1　测试某小型空地导弹在高空和低空受到切变风之后的控制响应。

例如某小型导弹，在 4 000 m 高度投放，射程为 4 000 m，在高度区间 [1 500 m，1 750 m] 和 [3 500 m，3 750 m] 作用 10 m/s 侧风，在高度区间 [1 000 m，1 250 m] 和 [3 000 m，3 250 m] 作用 10 m/s 垂直风。其飞行弹道如图 13 - 5～图 13 - 8 所示，其中图 13 - 5 为导弹位置变化曲线，图 13 - 6 为导弹飞行攻角、侧滑角和 Ma 变化曲线，图 13 - 7 为导弹姿态变化曲线，图 13 - 8 为弹体角速度变化曲线。

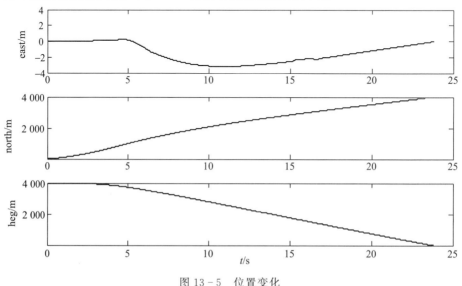

图 13 - 5　位置变化

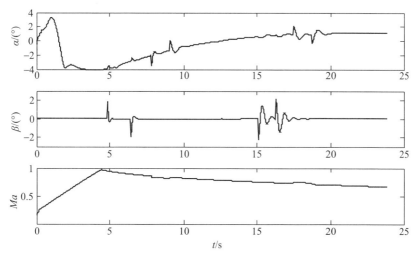

图 13 - 6　攻角、侧滑角及 Ma 变化

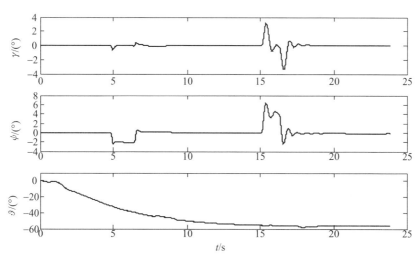

图 13 - 7　姿态变化

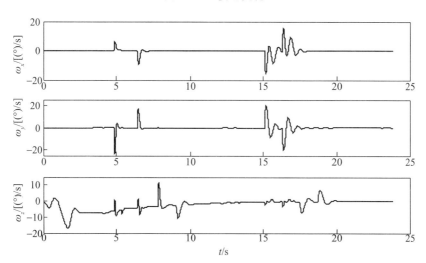

图 13 - 8　角速度变化

由仿真结果可知：

1）控制回路在前一个侧向和垂直切变风作用下，弹体受扰动后很快收敛，显示较好的控制品质和鲁棒性；

2）在后一个侧向切变风作用下，弹体横侧向存在耦合作用，滚动和偏航控制品质稍差；

3）工程上可以通过设置切变风和不同执行机构延迟等条件下的仿真，进一步考核姿控系统的控制品质，如果姿控系统在切变风和较大执行机构延迟下保持较好的控制品质，则可以间接证明姿控系统具有足够的控制裕度和鲁棒性，如果控制品质较差，则说明姿控回路不具备足够的控制裕度，即需要进一步调整控制回路的结构或控制参数。

（3）气动模型

气动模型主要根据风洞试验数据或 CFD 计算数据建立，具体见 2.4 节相关内容，输入为弹体飞行状态（例如 Ma、侧滑角、攻角、弹体角速度）和舵偏角；输出为气动力以及气动力矩系数。

（4）结构特性模型

弹体的结构特性模型包含质量特性、质心特性以及转动惯量特性随发动机工作的变化规律，具体见式（2-72）。

结构特性模型和气动模型结合，可进一步计算得到在飞行过程中由于弹体质量、质心以及转动惯量变化引起的线加速度和角加速度变化。

（5）动力系统模型

动力系统产生推力，为弹体提供飞行动力。不同类型的发动机对应着不同的动力模型，其输入条件和输出有所不同。对于固体火箭发动机，其推力大致为秒流量的线性函数，对于特定的固体火箭发动机，其推力和秒流量为已知函数；对于喷气发动机，推力为秒流量（由发动机油门控制）、飞行高度以及飞行速度的函数，一般通过三维插值或数学拟合的方法解算得到推力大小。

除此之外，还可能由于：1）推力偏心；2）推力线偏角；3）动力系统安装偏心；4）动力系统安装偏角等因素产生绕弹体轴的干扰力矩。

（6）弹体动力学和运动学模型

基于弹体气动模型、结构特性模型、动力系统模型、舵机系统数学模型、标准大气模型以及风场模型即可建立弹体的弹体动力学和运动学模型，具体见方程组（13-1）～（13-4），方程组（13-1）和（13-2）为弹体质心动力学和姿态动力学，方程组（13-3）和（13-4）为弹体质心运动学和姿态运动学。

弹体动力学和运动学模型是仿真模型的核心，代表着导弹在空中的线运动和角运动特性。对于射程较短的弹道仿真，可以基于方程组（13-1）～（13-4）在地理坐标系下求解弹道；对于射程较远的弹道仿真，为了提高求解精度（主要考虑地球自转引起的哥式加速度和弹体平动引起的牵引加速度），则需要在地球惯性坐标系下求解。

$$\begin{cases} m\,\dfrac{\mathrm{d}V}{\mathrm{d}t}=P\cos\alpha\cos\beta-X-G\sin\theta \\[2mm] mV\,\dfrac{\mathrm{d}\theta}{\mathrm{d}t}=P\,(\sin\alpha\cos\gamma_v+\cos\alpha\sin\beta\sin\gamma_v)+Y\cos\gamma_v-Z\sin\gamma_v-G\cos\theta \\[2mm] -mV\cos\theta\,\dfrac{\mathrm{d}\psi_v}{\mathrm{d}t}=P\,(\sin\alpha\sin\gamma_v-\cos\alpha\sin\beta\cos\gamma_v)+Y\cos\gamma_v+Z\cos\gamma_v \end{cases} \quad(13-1)$$

$$\begin{cases} J_x\,\dfrac{\mathrm{d}\omega_x}{\mathrm{d}t}=M_x-(J_z-J_y)\,\omega_y\omega_z \\[2mm] J_y\,\dfrac{\mathrm{d}\omega_y}{\mathrm{d}t}=M_y-(J_x-J_z)\,\omega_x\omega_z \\[2mm] J_z\,\dfrac{\mathrm{d}\omega_z}{\mathrm{d}t}=M_z-(J_y-J_x)\,\omega_x\omega_y \end{cases} \quad(13-2)$$

$$\begin{cases} \dfrac{\mathrm{d}x}{\mathrm{d}t}=V_x=V\cos\theta\cos\psi_v \\[2mm] \dfrac{\mathrm{d}y}{\mathrm{d}t}=V_y=V\sin\theta \\[2mm] \dfrac{\mathrm{d}z}{\mathrm{d}t}=V_z=-V\sin\theta\sin\psi_v \end{cases} \quad(13-3)$$

$$\begin{cases} \dot{\gamma}=\omega_x-\tan\vartheta\,(\omega_y\cos\gamma-\omega_z\sin\gamma) \\[2mm] \dot{\psi}=\dfrac{1}{\cos\vartheta}(\omega_y\cos\gamma-\omega_z\sin\gamma) \\[2mm] \dot{\vartheta}=\omega_y\sin\gamma+\omega_z\cos\gamma \end{cases} \quad(13-4)$$

（7）舵机系统数学模型

可以根据需要建立各种简化程度不同的舵机模型，下面分一阶模型和带延迟环节的二阶模型来描述舵机模型。

①一阶模型

在数学仿真时常将舵机系统简化为带位置饱和与速度饱和的一阶模型。舵机系统位置饱和 $\pm 30°$，截止频率为 10 Hz，最大角速度为 120.0（°）/s，则其微分方程为

$$\dot{\delta}=-10\times2\pi\times(\delta-\delta_c)$$

式中　δ_c ——舵偏指令；

　　　δ ——真实舵偏。

②带延迟环节的二阶模型

带延迟环节的二阶模型能较真实地描述真实舵机，其传递函数为

$$servo(s)=\mathrm{e}^{\tau s}\,\frac{a_1 s+1}{b_1 s^2+b_2 s+1}$$

式中　$\mathrm{e}^{\tau s}$ ——舵机的延迟环节；

　　　$\dfrac{a_1 s+1}{b_1 s^2+b_2 s+1}$ ——舵机的二阶环节。

通常情况下，常将延迟环节的延迟时间 τ 设置为采样时间 T_s 的整数倍，即 $\tau = nT_s$（n 为某正整数），$\dfrac{a_1 s + 1}{b_1 s^2 + b_2 s + 1}$ 为舵机连续模型，采用 tustin 离散化方法得到离散化模型，例如

$$servo(s) = \frac{5\,685}{s^2 + 106.6s + 5\,685}$$

采用 MATLAB 离散化指令：$servo(z) = \text{c2d}(servo, T_s, \text{'tustin'})$，离散化采样周期 $T_s = 0.005\ \text{s}$，即可得

$$servo(z) = \frac{c(z)}{r(z)} = \frac{0.027\,29z^2 + 0.054\,58z + 0.027\,29}{z^2 - 1.481z + 0.590\,6}$$

即可写成如下形式

$$c(k) = 1.481c(k-1) - 0.590\,6c(k-2) +$$
$$0.027\,29r(k) + 0.054\,58r(k-1) + 0.027\,29r(k-2)$$

其中，$r(k)$ 和 $c(k)$ 分别代表舵机系统的第 k 时刻的输入和输出，$r(k-1)$、$r(k-2)$、$c(k-1)$ 和 $c(k-2)$ 等以此类推。

在数学仿真中，常常采用带延迟环节的二阶模型。

（8）惯组模型

根据第 4 章介绍的惯组特性，可以建立各种详细程度不一样的惯组模型，如：

1）理想模型，即惯组传递函数为 1；

2）根据惯组的特性，将惯组视为带延迟环节的二阶模型；

3）依据惯组的误差模型建立模型，如考虑惯组零偏稳定性、日重复性、线性度、耦合因子等建立惯组模型。

（9）导引头模型

由于不同导引头的制导体制、工作原理等不同，故导引头数学模型也相差很大，需根据导引头的制导体制和设计指标建立导引头的数学模型。以某框架红外导引头为例说明导引头数学模型。

输入条件为：1）天气能见度；2）目标大小及特性；3）背景特性。

影响制导控制系统的技术指标为：1）帧频；2）目标探测距离；3）目标识别距离；4）目标识别概率；5）截获概率；6）盲区；7）瞬时视场；8）伺服框架角；9）伺服跟踪角速度；10）输出视线角速度误差；11）延迟时间等。

输出为：导引头工作状态和视线角速度等。

13.2.3　仿真模型拉偏

导弹气动偏差（包括静气动偏差和动气动偏差）、结构偏差、动力偏差、大气模型与风场模型偏差、惯组偏差、舵机偏差、导引头偏差等都会影响制导控制系统的性能及品质。进行数学仿真前需要根据导弹结构偏差特性、气动特性（包括 CFD 计算数据和风洞试验数据）、动力系统偏差量及安装精度、大气模型与风场模型偏差以及各实际单机的误

差情况确定数学仿真的拉偏量。

（1）气动偏差

气动偏差包括静气动偏差和动气动偏差，静气动偏差主要包括沿体轴的气动力常值偏差、沿体轴的气动力比例偏差，绕体轴的气动力矩常值偏差、纵向气动力矩偏差、横向气动力矩偏差和航向气动力矩偏差，三通道舵效等。动气动偏差主要包括三通道的阻尼力矩偏差。某一具体型号的气动偏差见表 13 - 3，不同型号的气动偏差有所差别，对于气动外形比较简单并且气动参数变化规律性较好的型号，各种拉偏量可适当取小；对于气动外形比较复杂或气动参数变化规律性较差的型号，各种拉偏量可适当取大值。另外拉偏量的确定还应充分参考历史类似型号数据以及结构件加工精度、组装精度以及风洞试验误差等因素。

表 13 - 3　气动偏差项及其偏差大小

序号	偏差项	偏差	备注
1	阻力系数常值偏差	±0.05	
2	升力系数常值偏差	±0.5	
3	侧向力系数常值偏差	±0.05	
4	俯仰力矩系数常值偏差	±0.08	$m_{z0} = m_z(\delta_z = 1°)$
5	偏航力矩系数常值偏差	±0.08	$m_{y0} = m_y(\delta_y = 1°)$
6	滚动力矩系数常值偏差	±0.08	轴对称：取 $m_{x0} = m_x(\delta_x = 1°)$ 面对称：取 $m_{x0} = m_x(\delta_x = 2°)$
7	阻力系数比例偏差	±10%	
8	升力系数比例偏差	±5%	
9	侧向力系数比例偏差	±5%	
10	俯仰稳定系数 m_z^α	±30%	对于某一些面对称型号，Δm_z^α 偏差可达±50%
11	横向稳定系数 m_x^β	±30%	
12	航向稳定系数 m_y^β	±30%	
13	滚动舵效系数 $m_x^{\delta_x}$	±20%	
14	偏航舵效系数 $m_y^{\delta_y}$	±20%	
15	俯仰舵效系数 $m_z^{\delta_z}$	±20%	
16	滚动阻尼系数 $m_x^{\omega_x}$	−50%～100%	
17	偏航阻尼系数 $m_y^{\omega_y}$	−50%～100%	
18	俯仰阻尼系数 $m_z^{\omega_z}$	−50%～100%	

值得说明的是，在工程上，针对俯仰稳定系数 m_z^α 和航向稳定系数 m_y^β 拉偏常采用两种方法：1）直接对 m_z^α 和 m_y^β 进行拉偏；2）间接对 m_z^α 和 m_y^β 进行拉偏，即 m_z^α 和 m_y^β 保持不变，对轴向质心进行拉偏，此方法可理解为对气动稳定度进行拉偏。

（2）结构偏差

结构偏差主要包括全弹质量偏差、绕体轴转动惯量偏差、沿体轴的质心偏差，具体见表 13 - 4，不同型号的结构偏差有所差别，应根据实际情况确定。

表 13 - 4　结构偏差项及其偏差大小

序号	误差项	偏差	备注
1	全弹质量偏差	$\pm 2\%$	
2	绕 Ox_1 轴转动惯量偏差	$\pm 10\%$	
3	绕 Oy_1 轴转动惯量偏差	$\pm 10\%$	
4	绕 Oz_1 轴转动惯量偏差	$\pm 10\%$	
5	体轴 Ox_1 方向的质心位移	$\pm 0.5\% L_{ref}$	
6	体轴 Oy_1 方向的质心位移	$\pm 0.5\% D$	
7	体轴 Oz_1 方向的质心位移	$\pm 0.5\% D$	

注：L_{ref} 为弹体参考长度，D 为弹体直径。

（3）动力偏差

根据不同类型动力系统，可建立相应的动力模型，相应地，其动力偏差也有所不同，下面以固体火箭发动机为例说明动力系统的偏差量。

动力系统偏差包括推力偏心、推力矢量偏角、推力大小偏差和总冲偏差等，具体见表13-5，不同型号的动力系统偏差有所差别。

表 13 - 5　动力系统偏差项及其偏差大小

序号	偏差项	偏差	备注
1	侧向推力偏心	$\pm 0.5\% D$	一般情况可取为 0
2	法向推力偏心	$\pm 0.5\% D$	一般情况可取为 0
3	侧向推力矢量偏角	$6'$	考虑发动机安装精度可取此偏差项为 $9'$
4	法向推力矢量偏角	$6'$	考虑发动机安装精度可取此偏差项为 $9'$
5	推力大小偏差	$\pm 10\%$	
6	总冲偏差	$\pm 10\%$	

注：D 为发动机直径。

（4）大气模型和风场模型偏差

大气模型和风场模型包括大气密度拉偏、大气紊流、常值风和切变风，切变风包括水平风切变和垂直风切变，具体见表13-6。

表 13 - 6　大气偏差项及其偏差大小

序号	偏差项	偏差	备注
1	大气密度偏差	5%	
2	常值风场	99%概率风场	
3	水平风切变	10 m/s	
4	垂直风切变	10 m/s	
5	大气紊流		

（5）惯组偏差

惯组模型偏差包括加速度计和陀螺的偏差，具体视加速度计和陀螺的类型以及仿真的需求建立不同详细程度的模型。

三轴的加速度测量误差 Δf_x，Δf_y 和 Δf_z，表示如下

$$\begin{cases} \Delta f_x = a_{x0} + a_{x1}f_x + a_{x2}f_y + a_{x3}f_z \\ \Delta f_y = a_{y0} + a_{y1}f_x + a_{y2}f_y + a_{y3}f_z \\ \Delta f_z = a_{z0} + a_{z1}f_x + a_{z2}f_y + a_{z3}f_z \end{cases}$$

式中　a_{x0}，a_{y0}，a_{z0}——三个加速度计的零偏；

　　　a_{x1}，a_{y1}，a_{z1}——三个加速度计的线性度；

　　　a_{x2}，a_{y2}，a_{z2}，a_{x3}，a_{y3}，a_{z3}——三个加速度计之间的耦合系数。

三轴的陀螺测量误差 $\Delta\omega_x$，$\Delta\omega_y$ 和 $\Delta\omega_z$，表示如下

$$\begin{cases} \Delta\omega_x = g_{x0} + g_{x1}\omega_x + g_{x2}\omega_y + g_{x3}\omega_z \\ \Delta\omega_y = g_{y0} + g_{y1}\omega_x + g_{y2}\omega_y + g_{y3}\omega_z \\ \Delta\omega_z = g_{z0} + g_{z1}\omega_x + g_{z2}\omega_y + g_{z3}\omega_z \end{cases}$$

式中　g_{x0}，g_{y0}，g_{z0}——三个陀螺的零偏；

　　　g_{x1}，g_{y1}，g_{z1}——三个陀螺的线性度；

　　　g_{x2}，g_{y2}，g_{z2}，g_{x3}，g_{y3}，g_{z3}——三个陀螺之间的耦合系数。

（6）舵机偏差

舵机偏差主要包括死区、零位偏差和比例误差等，见表 13 - 7，不同型号的偏差有所差别。

表 13 - 7　舵机偏差项及其偏差大小

序号	偏差项	偏差		备注
1	比例误差	$\lvert\delta\rvert<15°$	0.3°	
		$15°\leqslant\lvert\delta\rvert\leqslant30°$	≤3.5%	
2	死区	0.2°		
3	零位偏差	0.25°		包含两部分：1）舵机舱安装偏差；2）舵机电气零位和机械零位之间的偏差

（7）导引头偏差

由于不同导引头的制导体制、工作原理等不同，故导引头的模型及偏差也相差较大，需根据导引头设计指标以及实际的导引头测试结果确定偏差项以及相应的大小。以某型号框架式红外成像导引头为例说明导引头的偏差模型。

框架式红外成像导引头对制导有影响的偏差主要包括：1）目标识别距离；2）目标识别概率；3）视线角速度精度；4）视线角速度噪声；5）导引头输出延迟时间；6）隔离度等。某一具体型号的导引头偏差项及其偏差大小见表 13 - 8，不同型号的偏差有所差别。

表 13 - 8　导引头偏差项及其偏差大小

序号	偏差项	偏差	备注
1	目标识别距离	±1 km	
2	目标识别概率	±3%	
3	视线角速度精度	±0.05(°)/s	
4	视线角速度噪声	均值:0.02(°)/s 均方差:0.05(°)/s	可根据信号的信噪比确定
5	输出延迟时间	50~200 ms	
6	隔离度	0.03	

13.2.4　仿真结构及步骤

数学仿真结构如图 13 - 9 所示，主要由导弹初始条件、目标运动、弹体动力学及运动学、导引头模型、卫星模型、惯组模型、导引头数据解析及处理模块、惯性导航/复合导航、导引律算法、姿控律算法、舵机控制算法等组成完整的一个闭环仿真系统，模拟导弹在投放包络内（不同投放速度、投放高度以及射向角）考虑各种气动、结构、动力拉偏、各种弹上硬件设备偏差、各种不同目标特性情况下其导航、制导回路和控制回路的工作情况及品质。

目标运动模块模拟典型的目标运动，弹体动力学和运动学模拟弹体在空间的角运动和线运动，惯性导航/复合导航进行组合导航计算，导引律算法进行三个制导回路的制导律计算，姿控律进行三个姿控回路的姿控律计算，舵机模型模拟真实的舵机系统。数学仿真是一个闭环仿真系统，仿真步骤如下所示。

1）设置仿真条件：

a）设置导弹的初始条件（包括位置、速度、姿态、角速度）；

b）设置目标运动状态；

c）设置仿真环境——风场；

d）设置导弹的气动与结构偏差量等；

e）设置导弹的舵机、惯组与导引头偏差量等。

2）将弹体运动状态量［包括位置、速度、姿态（用四元数表示）、角速度］由地理系转换至地心惯性坐标系；

3）进行弹体动力学和运动学解算，弹体动力学和运动学模拟弹体在空间的角运动和线运动，弹体动力学和运动学解算得到弹体的位置、速度、姿态以及弹体加速度和角速度信息；

4）利用弹体动力学和运动学解算结果，基于惯组偏差量建立惯组模型和卫星导航模型；

5）根据惯组模型和卫星导航模型，进行惯性导航和组合导航解算，输出弹体的导航信息；

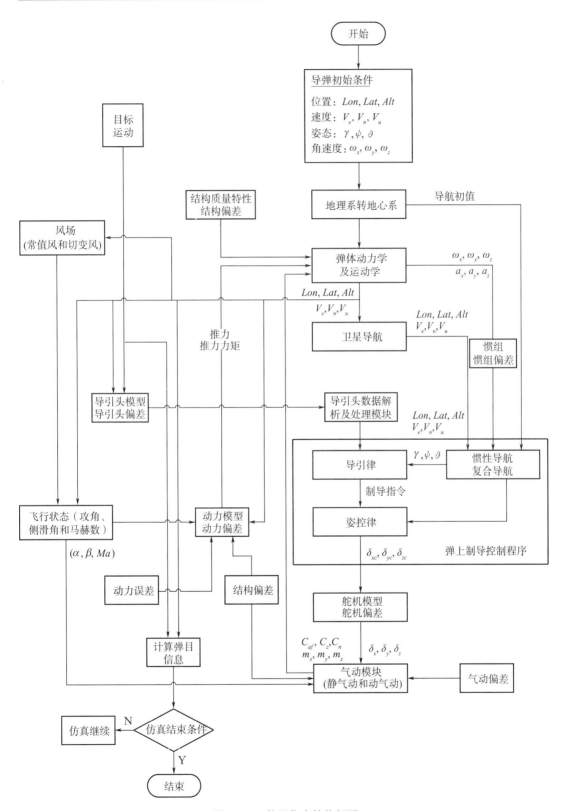

图 13 - 9　数学仿真结构框图

6）根据弹体动力学解算结果和风场（常值风和切变风），在地心惯性坐标系下解算得到弹体的飞行状态（攻角、侧滑角和马赫数）；

7）根据目标运动、弹体动力学和运动学的解算，以及导引头的偏差量建立导引头的数学模型；

8）根据导引头输出，进行导引头数据解析及处理；

9）根据导引头数据解析及处理结果和弹体的导航输出，进行弹上导引律解算，得到制导律指令；

10）根据制导律指令和弹体的导航输出、惯组输出进行姿控律计算，得到姿控律指令 δ_{xc}，δ_{yc}，δ_{zc}；

11）根据姿控律指令，经执行机构模型，输出实际舵偏量；

12）根据弹体飞行状态、气动和结构偏差、实际舵偏量解算得到弹体所受的气动力和力矩，即 C_{af}，C_z，C_n 和 m_x，m_y，m_z；

13）根据飞行状态、动力误差、结构偏差和动力学结果，解算得到动力系统输出推力和推力力矩；

14）根据弹体结构质量特性及结构偏差、弹体气动力与力矩、推力与推力力矩等，在地心惯性坐标系下进行弹体动力学和运动学解算；

15）进行弹目信息解算，实时判断是否仿真结束。

上述步骤 3）至步骤 15）构成了一个闭环的计算回路，迭代计算，直到满足仿真结束条件，则仿真结束。

数学仿真结构说明：

1）以上是绝大多数空地导弹制导控制系统数学仿真所涉及的模块，具体型号可能会有所不同，例如有的型号装备大气测量系统和高度表，则需要增加大气测量系统和高度表的数学模型；有的型号无卫星导航系统，则可删除卫星导航的数学模型。

2）数学仿真是以弹体动力学和运动学解算模块为核心而建立的一个闭环仿真系统，循环迭代模拟导弹的制导控制系统工作，开始条件为设置仿真条件，结束条件为纵向弹目距离变号或导弹高度低于目标高度。

3）弹体动力学和运动学可在平面坐标系和地心惯性坐标系下求解，对于射程较近的制导武器，可在平面坐标系下求解飞行弹道，对于射程较远弹道，需要在地心惯性坐标系下求解飞行弹道。

4）数学仿真中惯性导航/复合导航算法、导引头数据解析及处理模块、导引律算法、姿控律算法为弹上控制系统软件代码。

5）数学仿真需要根据实际情况设置大气、风场、气动和结构的偏差量、重要单机的偏差量等，这样通过仿真理想条件和各种真实条件下的制导控制系统的工作情况来分析制导控制系统的性能和鲁棒性。

下面简单介绍弹体动力学和运动学解算模块、弹体飞行状态解算模块、气动力和力矩计算等。

13.2.5　弹体动力学和运动学解算模型

（1）弹体动力学和运动学解算

弹体动力学和运动学解算流程如图 13-10 所示，弹体动力学和运动学包括质心动力学、姿态动力学、质心运动学和姿态运动学等，考虑到解算精度要求，采用四阶龙格-库塔方法（longe-kutta 法），如式（13-5）所示

$$\begin{cases} y_{n+1}=y_n+\dfrac{h}{6}(K_1+2K_2+2K_3+K_4) \\[2mm] K_1=f(x_n,y_n) \\[2mm] K_2=f\left(x_n+\dfrac{h}{2},y_n+\dfrac{h}{2}K_1\right) \\[2mm] K_3=f\left(x_n+\dfrac{h}{2},y_n+\dfrac{h}{2}K_2\right) \\[2mm] K_4=f(x_n+h,y_n+hK_3) \end{cases} \qquad (13-5)$$

longe-kutta 法的每一步需要计算四次函数值，可以证明其截断误差为 $O(h^5)$。在每个迭代周期内进行如下运算：

1）根据地心惯性坐标系下的状态量，计算地理系下的弹体运动状态，即位置、速度和姿态；

2）在地心惯性坐标系下计算风场；

3）计算发动机工作状态，输出发动机推力矢量和力矩；

4）计算弹体结构质量特性变化（弹体质量、质心和转动惯量）；

5）计算弹体的飞行状态，即计算 Ma、攻角和侧滑角；

6）计算执行机构状态，得到实际的舵偏量；

7）根据舵偏量、弹体飞行状态以及角速度信息，计算作用在弹体上的气动力和气动力矩；

8）计算弹体所受的重力；

9）计算地心惯性坐标系下的弹体状态量增量；

10）根据 longe-kutta 法更新地心惯性坐标系下的弹体状态量以及加速度和角速度。

（2）弹体飞行状态解算

为了提高解算精度，特别是对于中远程空地导弹，导弹飞行状态求解需在地心惯性坐标系下确定飞行时的攻角、侧滑角和马赫数，其计算步骤如下：

①在地心惯性坐标系下计算导弹速度

假设导弹在地理坐标下的速度为 $\boldsymbol{v}_g=[v_e,\ v_n,\ v_u]'$，地理坐标系至地球坐标系的转换矩阵为 $\boldsymbol{C}_n^e$，地球坐标系至地心惯性坐标系的转换矩阵为 $\boldsymbol{C}_e^i$，则导弹在地心惯性坐标系下的速度可表示为

$$\boldsymbol{v}_b^i=[v_{bx}^i,v_{bz}^i,v_{bz}^i]'=\boldsymbol{C}_e^i\boldsymbol{C}_n^e\boldsymbol{v}_g$$

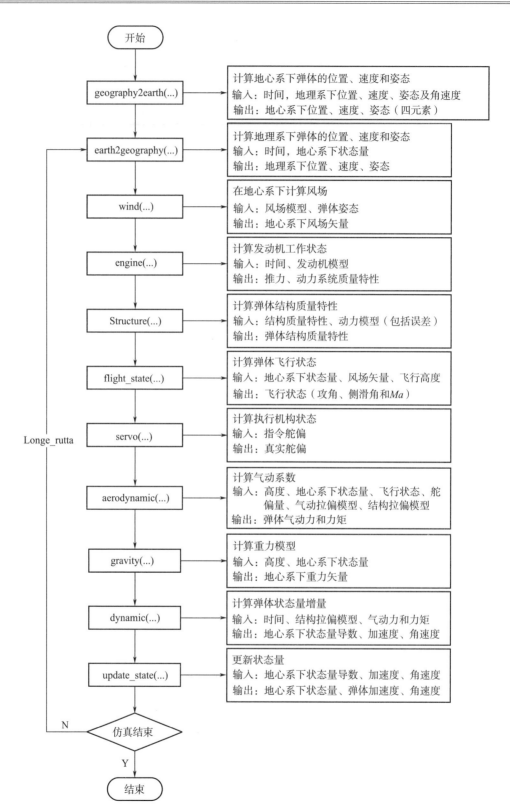

图 13 - 10　弹体动力学和运动学解算流程

②在地心惯性坐标系下计算风场速度

假设风场在地理坐标下的速度为 $\boldsymbol{v}_w^n = [v_{we}, \ v_{wn}, \ v_{wu}]'$，同理可得风场在地心惯性坐标系下的速度可表示为

$$\boldsymbol{v}_w^i = [v_{wx}^i, v_{wz}^i, v_{wz}^i]' = \boldsymbol{C}_e^i \boldsymbol{C}_n^e \boldsymbol{v}_w^n$$

③在地心惯性坐标系下计算导弹相对于大气的速度

$$\boldsymbol{v}_{bw}^i = \boldsymbol{v}_b^i - \boldsymbol{v}_w^i = [v_{bwx}^i, v_{bwy}^i, v_{bwz}^i]'$$

④计算地心惯性坐标系至体系坐标系的转换矩阵

参考 4.3 节坐标系及转换矩阵相关内容，地心惯性坐标系至体系坐标系的坐标转换需依次经过三次转换：1）地心惯性坐标系至地球坐标系［假设转换矩阵为 $\boldsymbol{C}_i^e$，见式（4 - 2）所示］；2）地球坐标系至地理坐标系［假设转换矩阵为 $\boldsymbol{C}_e^n$，见式（4 - 3）所示］；3）地理坐标系至载体坐标系［假设转换矩阵为 $\boldsymbol{C}_n^b$，见式（4 - 4）所示］。地心惯性坐标系至体系坐标系的坐标转换为

$$\boldsymbol{C} = \boldsymbol{C}_n^b \boldsymbol{C}_e^n \boldsymbol{C}_i^e$$

⑤计算载体系坐标系下导弹相对气流的速度为

$$\boldsymbol{v}_{bw}^b = \boldsymbol{C} \boldsymbol{v}_{bw}^i = [v_{bwx}^b, v_{bwy}^b, v_{bwz}^b]'$$

⑥计算飞行状态

导弹飞行攻角 α、侧滑角 β 和马赫数可按下式计算得到

$$\begin{cases} \alpha = \mathrm{asin}\left(-\dfrac{v_{bwy}^b}{\sqrt{v_{bwx}^b \times v_{bwx}^b + v_{bwz}^b \times v_{bwz}^b}}\right) \\[3mm] \beta = \mathrm{asin}\left(\dfrac{v_{bwz}^b}{\sqrt{v_{bwx}^b \times v_{bwx}^b + v_{bwy}^b \times v_{bwy}^b + v_{bwz}^b \times v_{bwz}^b}}\right) \\[3mm] Ma = \dfrac{\sqrt{v_{bw}^b \cdot v_{bw}^b}}{20.046\,8\sqrt{(288.15 - 0.006\,5H)}} \end{cases}$$

式中　　H ——导弹飞行海拔高度。

（3）气动力和力矩计算

弹体在大气中运动受到气动力和气动力矩为

$$\begin{pmatrix} X \\ Y \\ Z \end{pmatrix} = \begin{pmatrix} c_x \\ c_y \\ c_z \end{pmatrix} qS_{ref} \qquad \begin{pmatrix} M_x \\ M_y \\ M_z \end{pmatrix} = \begin{pmatrix} m_x \\ m_y \\ m_z \end{pmatrix} qS_{ref}L_{ref}$$

式中　　q，S_{ref}，L_{ref} ——飞行动压、弹体参考面积和弹体参考长度；

$\quad\quad$ X，Y，Z ——弹体系下轴向力、法向力和侧向力；

$\quad\quad$ M_x，M_y，M_z ——弹体系下滚动力矩、偏航力矩和俯仰力矩；

$\quad\quad$ c_x，c_y，c_z ——弹体系下轴向力系数、法向力系数和侧向力系数；

$\quad\quad$ m_x，m_y，m_z ——弹体系下滚动力矩系数、偏航力矩系数和俯仰力矩系数。

其中气动力系数可由风洞试验数据或 CFD 计算数据插值得到，表示如下

$$c = f(\alpha, \beta, Ma, \delta_x, \delta_y, \delta_z)$$

气动力矩系数由静气动力矩和动气动力矩两部分组成，可由风洞试验数据或 CFD 计算数据插值得到，表示如下

$$m = f_1(\alpha, \beta, Ma, \delta_x, \delta_y, \delta_z) + f_2(\alpha, \beta, Ma, \omega_x, \omega_y, \omega_z)$$

式 $f_1(\alpha, \beta, Ma, \delta_x, \delta_y, \delta_z)$ 为静气动力矩系数，即代表此状态 $(\alpha, \beta, Ma, \delta_x, \delta_y, \delta_z)$ 下的力矩系数，$f_2(\alpha, \beta, Ma, \omega_x, \omega_y, \omega_z)$ 为动气动力矩系数，即代表此状态 $(\alpha, \beta, Ma, \omega_x, \omega_y, \omega_z)$ 下的力矩系数。

（4）发动机推力和力矩计算

定义发动机在 Oy_1z_1 的偏心为 $[\Delta x, \Delta y]$，推力偏角的方位角偏差为 $\Delta \psi$，高低角偏差为 $\Delta \vartheta$，则推力大小和推力在弹体坐标系下可表示为

$$\begin{cases} P = \mu I_{sp} g \\ \boldsymbol{P} = P\cos\Delta J \cos\Delta\psi \boldsymbol{i} + P\sin\Delta J \boldsymbol{j} + P\cos\Delta J \sin\Delta\psi \boldsymbol{k} \end{cases}$$

推力作用点在弹体坐标系中可表示为

$$\boldsymbol{R} = \Delta x \boldsymbol{i} + \Delta y \boldsymbol{j} + \Delta z \boldsymbol{k}$$

则由于推力偏心和推力线偏角引起绕弹体轴的干扰力矩为

$$\boldsymbol{M} = \boldsymbol{R} \times \boldsymbol{P}$$
$$= (\Delta y P \cos\Delta\vartheta\sin\Delta\psi - \Delta z P \sin\Delta\vartheta)\boldsymbol{i} - (\Delta x P \cos\Delta\vartheta\sin\Delta\psi - \Delta z P \cos\Delta\vartheta\cos\Delta\psi)\boldsymbol{j} +$$
$$(\Delta x P \sin\Delta\vartheta - \Delta y P \cos\Delta\vartheta\cos\Delta\psi)\boldsymbol{k}$$

上式中没有考虑发动机安装偏心以及偏角对干扰力矩的影响，需进行修正，可令

$$\begin{cases} \Delta x = \Delta x_{\text{engine}} + \Delta x_{\text{stall}} \\ \Delta y = \Delta y_{\text{engine}} + \Delta y_{\text{stall}} \\ \Delta z = \Delta z_{\text{engine}} + \Delta z_{\text{stall}} \\ \Delta \psi = \Delta \psi_{\text{engine}} + \Delta \psi_{\text{stall}} \\ \Delta \vartheta = \Delta \vartheta_{\text{engine}} + \Delta \vartheta_{\text{stall}} \end{cases}$$

即可。

式中　　Δx_{engine}，Δy_{engine}，Δz_{engine}，$\Delta \psi_{\text{engine}}$，$\Delta \vartheta_{\text{engine}}$ ——发动机推力偏心和推力偏角；

　　　　Δx_{stall}，Δy_{stall}，Δz_{stall}，$\Delta \psi_{\text{stall}}$，$\Delta \vartheta_{\text{stall}}$ ——发动机在弹体上的安装偏心和安装偏角。

13.2.6　弹道仿真测试

如前所述，数学仿真主要用于在制导控制系统理论设计完成之后，以弹道仿真的方式测试制导控制系统的性能及鲁棒性等，弹道仿真测试内容主要分为两块：制导回路性能测试和姿控回路性能测试。制导回路性能测试主要测试制导品质、弹道特性、射程以及制导精度等指标；姿控回路性能测试主要测试姿控回路的时域指标和频域指标。另外，在工程上，弹道仿真可以用于测试姿控回路和制导回路之间的匹配性，其原则为姿控回路带宽应该满足不明显改变制导回路的弹道特性。其测试方法为逐渐提高姿控回路的带宽，直到下一步姿控回路带宽再提高时，其制导弹道几乎保持不变，这时的姿控回路即满足制导回路的快速性要求。

弹道仿真测试根据需要进行各种项目的测试，常依次采用正弦指令测试、方波指令测试、典型弹道测试和极限弹道测试等方式测试制导回路和姿控回路的性能。

13.2.6.1 正弦指令测试

单独测试滚动控制回路、偏航控制回路以及俯仰控制回路的正弦响应特性，即将制导指令强置为正弦指令。正弦指令可以测试：

1）控制回路的频率特性，如带宽特性、相位响应延迟等；

2）在各种气动和结构拉偏情况下测试控制回路的响应特性，即测试控制回路对被控对象参数不确定性的适应性；

3）三个通道之间的耦合特性；

4）根据经典控制理论，在正弦指令幅值比较小的情况下，可近似认为导弹飞行状态量波动不大，即可确定被控对象近似为线性系统，如果控制回路的参数为线性，则可以得到如下结论：控制回路为线性，其响应也为规则的正弦波，即可从响应的"波形"中判断控制回路的性能。

13.2.6.2 方波指令测试

单独测试滚动控制回路、偏航控制回路以及俯仰控制回路的方波响应特性，即将制导指令强置为方波指令。方波指令具有以下特点：

1）测试各控制回路在阶跃指令信号下的响应特性，考核控制回路的响应快速性、超调量、调节时间与半振荡次数等；

2）根据响应特性，可以间接考核控制回路的裕度；

3）测试三个通道之间的耦合特性。

13.2.6.3 典型弹道测试和极限弹道测试

众所周知，根据空地导弹投弹包络，严格意义上应该测试每一条弹道下的制导控制系统性能，但这是不可能的并且没必要。在工程上，一般选取典型弹道和极限弹道来测试制导控制系统的性能。

（1）典型弹道测试

典型弹道定义为理想仿真条件下，即无结构、气动、动力、风场、单机等拉偏的弹道。一般根据空地导弹的战术指标（投放高度、投放速度以及射程）确定典型弹道，如表13-9弹道1所示，其典型弹道的数量依据空地导弹的投弹包络以及控制系统品质的评估而定（典型弹道通常包括高、中、低三种投放高度、投放速度以及远、中、近三种射程的组合）。仿真此弹道主要测试理想仿真条件下，制导回路的弹道特性及制导精度和姿控回路的控制品质，要求在此条件下，制导回路具有较好的弹道特性，并且制导精度满足设计指标；姿控回路的时域和频域性能严格满足《控制系统任务书》所提的设计指标。

（2）极限弹道测试

极限弹道定义为同时存在各种结构、气动、动力、风场、单机等大量级拉偏条件下的弹道。一般根据空地导弹的战术指标（投放高度、投放速度以及射程）确定极限弹道，如

表 13 - 9 弹道 2 所示，其极限弹道的数量依据空地导弹的投弹包络、最恶劣风场、最大气动、结构及动力拉偏等情况，以及控制系统品质的评估而定。仿真此弹道主要测试极限仿真条件下制导和姿控回路的特性，要求此条件下，制导和姿控品质严格满足《控制系统任务书》所提的设计指标，姿控回路不发散。

表 13 - 9 典型弹道和极限弹道仿真条件

| 弹道 | 投放条件
位置/(°,°,km)
速度/(m/s)
姿态/(°)
角速度/[(°)/s] | 射程/km
射向角/(°) | 风干扰 | | | 气动 | | 结构 | | 动力 | 导引头 |
			常值	水平切变	垂直切变	静气动	动气动	质心偏差	转动惯量偏差	偏心偏角	噪声偏差
1	位置(100,40,10) 速度(0,240,0) 姿态(170,10,2) 角速度(5,10,15)	300/ 5°	0	0	0	0	0	0	0	0	0
2	位置(100,40,10) 速度(0,240,0) 姿态(170,10,2) 角速度(5,10,15)	60/ 60°	表 13 - 6			表 13 - 3		表 13 - 4		表 13 - 5	表 13 - 8

13.2.7 延迟裕度测试

根据经典控制理论，在某种意义上，延迟裕度为姿控回路中的绝对裕度，比幅值裕度和相位裕度更能直观地反映姿控回路的裕度，其具体理论见第 7 章内容。本节分单点延迟裕度和全弹道延迟裕度等两个方面说明延迟裕度测试在控制系统数学仿真中的应用。

13.2.7.1 单点延迟裕度

根据控制系统理论，如果延迟裕度达到某一指标，则说明该控制回路具有较强的抗模型不确定性，包括模型结构不确定性以及参数不确定性，故在设计控制回路时，也常常以延迟裕度来考核控制回路的性能。

下面以某小型空地导弹的滚动控制回路为例说明单点延迟裕度测试情况，具体见例 13 - 2。

例 13 - 2 测试某小型空地导弹滚动控制回路的单点延迟裕度。

仿真条件：高度为 2 081 m，速度 $Ma = 0.58$，侧滑角 $-0.52°$，攻角 $-2.85°$，动压 18 540 Pa，弹体转动惯量 $J_x = 0.08 \text{ kg/m}^2$，滚动阻尼力矩系数 $m_x^{\omega_x} = -0.031 8$，滚动舵效系数 $m_x^{\delta} = -0.005 118$，弹体参考面积 $S_{ref} = 0.018 146 \text{ m}^2$，参考长度 $L_{ref} = 1.52 \text{ m}$，试对此点的滚动控制回路的延迟裕度进行测试。

解：经计算，弹体动力系数为 $b_{11} = -1.567 8$，$b_{17} = -1 851.76$，则被控对象传递函数为

$$G_{\delta_x}^{\omega_x}(s) = \frac{-1\,180}{0.637s + 1}$$

按第 9 章介绍的控制回路设计方法，可得控制回路的参数为

$$K_p = -1.5 \quad K_i = 0 \quad K_\omega = 0.25$$

将控制回路参数代入控制回路，设计结果如图 13 - 11 所示。其时域指标：调节时间为 0.87 s，超调量为 4%，稳态误差为 0，半振荡次数为 1 次。其频域指标：开环幅值裕度为 28 dB，相位裕度为 64.4°，截止频率为 4.59 rad/s，延迟裕度为 115 ms。

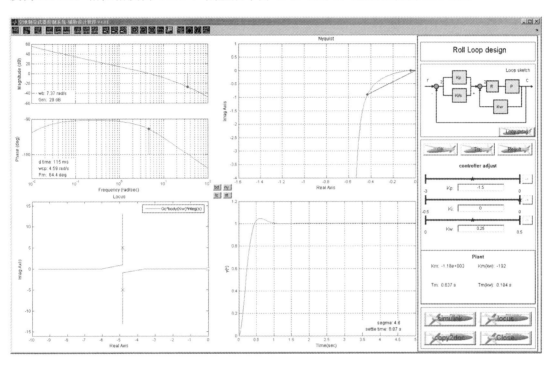

图 13 - 11　滚动通道控制回路设计

由仿真结果可知，单点的滚动控制回路具有很好的控制品质。下面以 Simulink 仿真为例（如图 13 - 12 所示），在执行机构处加入执行机构的延迟，分无延迟、延迟 57.5 ms 和延迟 115.0 ms，仿真控制回路的阶跃响应，如图 13 - 13 所示，由图可知，控制回路在时域上控制动态响应品质很好，具有很充裕的控制系统裕度。

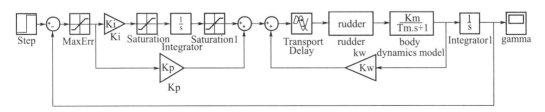

图 13 - 12　滚动通道控制回路 Simulink 仿真

在工程上，常选典型点和特征点进行单点延迟裕度测试，从中可知在特征点处的单点

延迟裕度情况，进而判断控制回路的品质和性能。

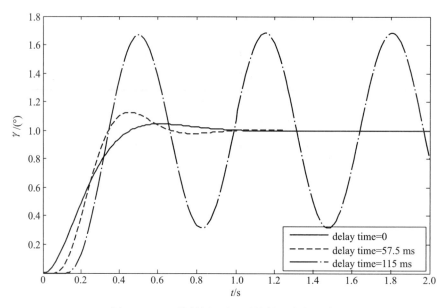

图 13 - 13　不同舵机延迟对控制回路的影响

13.2.7.2　全弹道延迟裕度

全弹道延迟裕度测试是对整个飞行弹道控制回路的延迟裕度进行测试，旨在考核控制参数在不同飞行状态下的适应性。

下面以某小型空地导弹的滚动控制回路为例，对全弹道状态下控制回路的延迟裕度进行测试，具体见例 13 - 3。

例 13 - 3　测试某小型空地导弹滚动控制回路的全弹道延迟裕度。

仿真条件：仿真三个典型弹道：1）高远弹道（投放高度 3 km，射程 6 km），滚动舵效增加 20%；2）中高度中射程弹道（投放高度 2 km，射程 4 km），气动不拉偏；3）低近弹道（投放高度 1 km，射程 2 km），滚动舵效减小 20%，试对此三条弹道的滚动控制回路的全弹道延迟裕度进行测试。

仿真结果：三个弹道的延迟裕度如图 13 - 14 所示。

由仿真结果可知，对于滚动控制回路，不同弹道在不同气动拉偏条件下，弹道的延迟裕度变化不大，则说明滚动控制回路设计合理，具有很强的鲁棒性，对气动参数和飞行状态的变化不敏感。

13.2.8　投弹试验复现

投弹试验是一个验证导弹总体和制导控制系统性能必要的试验，但其需要花费大量的时间、人力以及物力。在工程上为了缩短研制周期、降低研发费用、提高研发效率，在进行少量投弹试验的条件下，依靠数字仿真对投弹试验进行复现，对导弹的总体性能、动力系统、气动、结构、导引头等重要单机进行离线仿真，进而对其进行修正，对制导和姿控

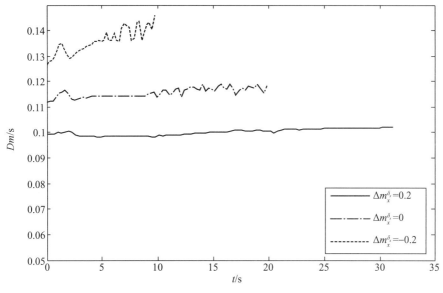

图 13 - 14　不同舵效拉偏对控制回路的影响

系统进行复现，在此基础上进行优化，可以在很少的时间内以更小的人力和物力达到制导控制系统优化的目的。

13.2.8.1　目的

结合投弹试验数据，利用数学仿真：

1）离线对投弹试验出现的问题进行复现和分析，借此加以改进；

2）对某一些重要的气动参数进行离线识别，提高弹体气动参数的正确性，进而对控制系统进行优化；

3）动力系统：精确计算得到发动机总冲和推力曲线，进而修正动力系统模型，另外，可以离线计算发动机推力偏心和推力线偏角以及燃烧脉动对姿态的影响；

4）初始姿态干扰：基于现有的弹机分离计算，较难精确模拟投弹后，由载机机翼—挂弹架—导弹之间形成的扰动气流对导弹姿态的影响，可通过离线数学仿真较精确得到扰动气流对导弹姿态的影响。

13.2.8.2　复现例子

某微型导弹投弹试验的结果如图 13 - 15～图 13 - 23 所示。

数学仿真复现首先要输入已知的条件，例如：1）弹体真实质心、质量和转动惯量；2）气动偏差量，可根据气动面的安装偏差量计算得到；3）舵机电气零位和结构零位之间的偏差量；4）执行结构带宽和延迟特性；5）风场（取自投弹时刻的测试数据或预报数据）。输出为数学仿真弹道数据，根据数学仿真弹道数据和投弹试验数据之间的差别，计算得到其拉偏量，使得数学仿真弹道趋于与投弹试验数据一致。数学仿真复现的弹道如图 13 - 15～图 13 - 23 所示，其中图 13 - 15 为实际投弹和数学仿真飞行弹道，图 13 - 16 为飞行速度，图 13 - 17 为弹体加速度，图 13 - 18 为弹体姿态角，图 13 - 19 为弹体角速度，图

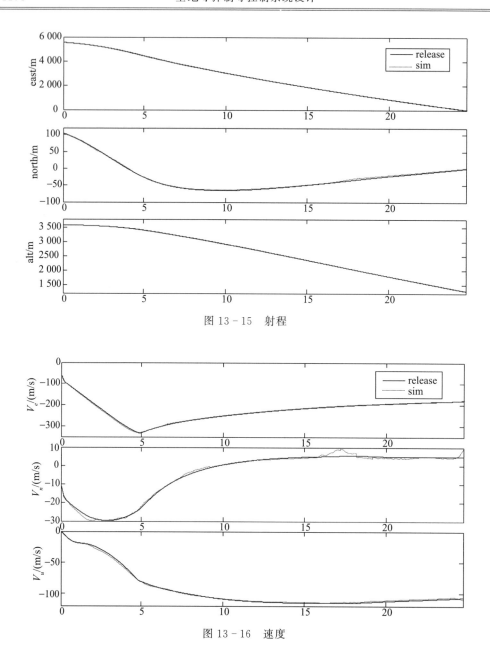

图 13 - 15　射程

图 13 - 16　速度

13 - 20 为飞行攻角、侧滑角及 Ma ，图 13 - 21 为制导指令和响应，图 13 - 22 为舵偏指令和响应，图 13 - 23 为导引头高低角和方位角。

由数学仿真复现结果，可知：

1）弹体气动偏差：a）气动静稳定度不变；b）阻力增加 26%，升力减小 4%；c）滚动常值干扰力矩系数为 0.001，偏航常值干扰力矩系数为 -0.014；俯仰常值力矩系数增加为 0.007；

2）弹体结构偏差：弹体轴向质心偏差 5 mm；侧向质心偏差 0.2 mm；法向质心偏差 0.3 mm；

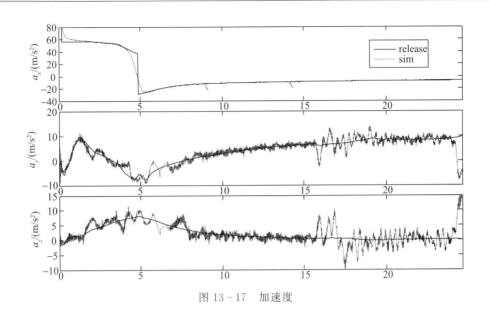

图 13 - 17　加速度

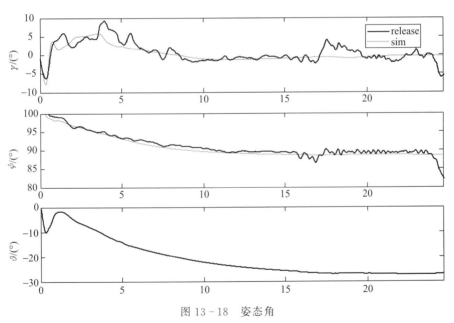

图 13 - 18　姿态角

3）动力系统：发动机总冲与设计值一致，推力偏心与推力线偏角可忽略，发动机燃烧时产生较大的推力线脉动；

4）执行机构：执行机构工作正常，其带宽与设计值一致，响应延迟大约为 10～15 ms；

5）导引头：导引头工作正常，测角精度满足要求，无明显的系统输出延迟。

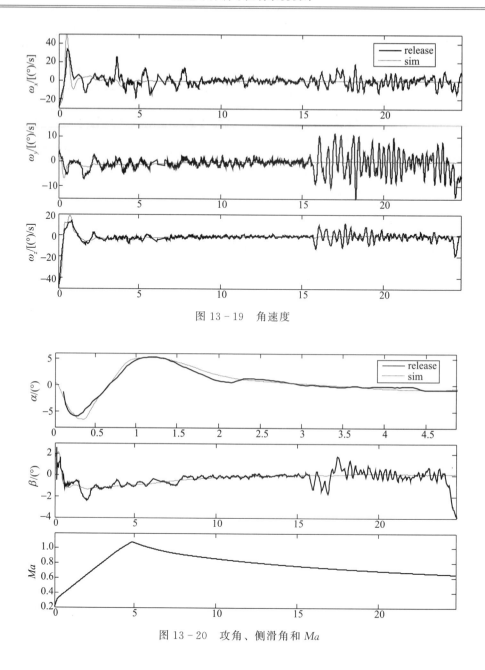

图 13 - 19　角速度

图 13 - 20　攻角、侧滑角和 Ma

13. 2. 9　仿真结果评定

　　虽然数学仿真很便利，几乎无费用，可以进行大量的仿真，且在控制系统设计中起到非常重要的作用，但是投弹包络中包含了无数条弹道，且仿真条件多种多样，不同仿真条件下对应的仿真结果也相差较大，所以在严格意义上应该测试每一条弹道的控制系统性能，才能全面对控制系统的性能进行评定。

　　在工程上，由于受限于各种因素，只能选取典型弹道来测试，并且不同设计师对典型弹道的理解不同，其测试结果也相应不同，很难从量化上准确反映控制系统的性能。

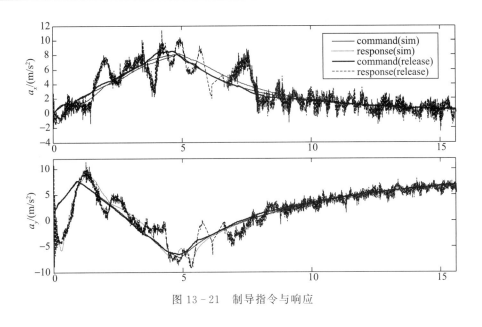

图 13 - 21　制导指令与响应

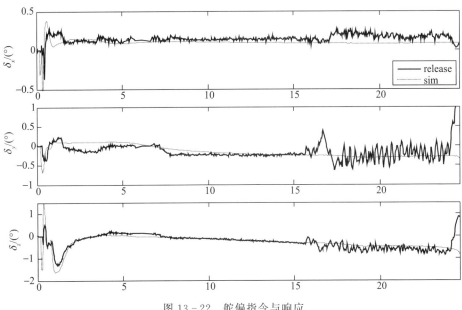

图 13 - 22　舵偏指令与响应

因此需要一套规范，既能测试较少的弹道，又能从量化上准确地反映控制系统的性能。考虑到弹道仿真的实际情况，需要选取典型弹道，对仿真条件进行归类，对仿真结果进行评定。

为了便于对仿真结果进行分析，常将仿真条件分为如下四类：1）理想仿真条件；2）小量级拉偏仿真条件；3）大量级拉偏仿真条件；4）极限拉偏仿真条件。在确定仿真条件后再进行弹道仿真，主要测试制导控制系统在各类仿真条件下的制导和姿控品质。

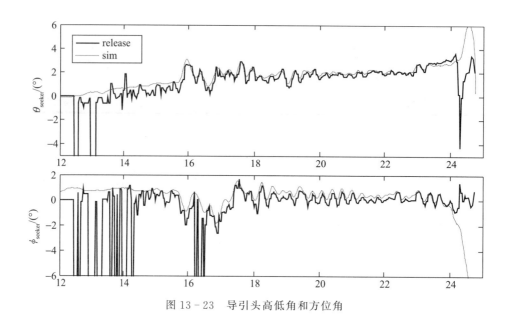

图 13-23 导引头高低角和方位角

（1）理想仿真条件下弹道仿真结果评定

理想仿真条件定义为：1）结构无偏差；2）气动无偏差；3）动力无偏差；4）无常值风场；5）惯组工作理想；6）舵机工作理想；7）导引头工作理想。

在此条件下进行弹道仿真测试和分析，仿真结果应满足：

①姿控回路

1）过渡过程：$\leqslant 2 \text{ s}$；

2）超调量：$\sigma \leqslant 10\%$；

3）稳态误差：$e_s \leqslant 5\%$；

4）半振荡次数：$N_{0.5} \leqslant 3$；

5）相位裕度、幅值裕度和延迟裕度满足任务书所提指标，相位裕度满足 $45° \leqslant Pm \leqslant 80°$，幅值裕度满足 $Gm \geqslant 8 \text{ dB}$，延迟裕度满足：$Dm \geqslant 70 \text{ ms}$；

6）截止频率满足：$0.75\omega_{cdeg} \leqslant \omega_c \leqslant 1.5\omega_{cdeg}$（$\omega_{cdeg}$ 为任务书所提的设计指标）。

姿控回路：控制品质优良，在受到扰动后，响应会在小于 3 个半振荡次数的时间内稳定于指令。

②制导回路

1）方法误差：$\leqslant 0.05 \text{ m}$；

2）工具误差：$\leqslant 0.3 \text{ m}$；

3）对于打击静止目标，在弹道末段，其弹道角趋于弹目视线角，其之间的偏差量小于 $0.1°$；

4）制导精度满足设计指标；

5）在投弹包络里满足射程最远和射程最近等设计指标。

在理想仿真条件下，制导精度和射程满足设计指标，其中制导方法误差低于 0.05 m，制导品质优良。

注：此处的方法误差纯指由制导和姿控回路引起的方法误差，不包括工具误差，工具误差主要指由制导和姿控回路量测设备测量存在偏差和噪声所引起的误差。

③姿控回路和制导回路之间的匹配情况

姿控回路和制导回路之间的匹配良好，姿控回路的带宽远大于制导回路的带宽，其响应滞后性对制导回路的影响可忽略，即相对于姿控工作理想条件（即忽略姿控响应的滞后性），其未影响制导回路末段的弹道。

（2）小量级拉偏仿真条件下弹道仿真结果评定

小量级拉偏仿真条件对应着制导控制系统大概率碰见的各种情况，视具体情况设置气动、结构、动力、风场等拉偏大小，设置惯组、舵机和导引头的拉偏偏差等。一般情况下，可根据 13.2.3 节列举的拉偏表设置各种偏差量的 25% ~ 50%。

在此条件下进行弹道仿真测试和分析，仿真结果应满足：

①姿控回路

1）过渡过程：$\leqslant 3$ s；

2）超调量：$\sigma \leqslant 15\%$；

3）稳态误差：$e_s \leqslant 5\%$；

4）半振荡次数：$N_{0.5} \leqslant 5$；

5）相位裕度、幅值裕度和延迟裕度满足任务书所提的指标，相位裕度满足 $45° \leqslant Pm \leqslant 85°$，幅值裕度满足 $Gm \geqslant 6$dB，延迟裕度满足 $Dm \geqslant 60$ ms；

6）截止频率满足：$0.75\omega_{cdeg} \leqslant \omega_c \leqslant 1.5\omega_{cdeg}$。

姿控回路：控制品质较好，满足时域和频域指标，并留有一定的余量，在受到扰动后，响应会在小于 5 个半振荡次数的时间内稳定于指令。

②制导回路

1）方法误差：<0.1 m；

2）工具误差：<0.4 m；

3）对于打击静止目标，在弹道末段，其弹道角趋于弹目视线角，其之间的偏差量小于 $0.15°$；

4）制导精度满足设计指标；

5）在投弹包络里满足射程最远和射程最近等设计指标。

在小量级拉偏仿真条件下制导品质受拉偏的影响较小，制导精度和射程满足设计指标，其中方法误差低于 0.1 m。

③姿控回路和制导回路之间的匹配情况

姿控回路和制导回路之间的匹配良好，姿控回路的带宽在很大程度上大于制导回路的带宽，其响应滞后性不会明显改变末段制导弹道的走势。

（3）大量级拉偏仿真条件下弹道仿真结果评定

大量级拉偏仿真条件对应着制导控制系统小概率碰见的各种情况，视具体情况设置气动、结构、动力、风场等拉偏大小，设置惯组、舵机和导引头的拉偏偏差等。一般情况下，可根据 13.2.3 节列举的拉偏表设置各种偏差量（取表中偏差量的 50%～100%）。

在此条件下进行弹道仿真测试和分析，仿真结果应满足：

①姿控回路

1）过渡过程：≤5 s；

2）超调量：$\sigma \leqslant 30\%$；

3）稳态误差：$e_s \leqslant 10\%$；

4）半振荡次数：$N_{0.5} \leqslant 9$；

5）相位裕度、幅值裕度和延迟裕度低于任务书所提的指标，相位裕度满足 $30° \leqslant Pm \leqslant 90°$，幅值裕度满足 $Gm \geqslant 5dB$，延迟裕度满足 $Dm \geqslant 40$ ms；

6）截止频率满足：$0.5\omega_{cdeg} \leqslant \omega_c \leqslant 2\omega_{cdeg}$。

姿控回路：控制品质一般，响应时间较长，在受到扰动后，响应会较长时间围绕指令来回振荡。相位裕度、幅值裕度和延迟裕度在较大程度上恶化，截止频率在较大程度上偏离设计值。

②制导回路

1）方法误差：≤0.3 m；

2）工具误差：≤0.5 m；

3）对于打击静止目标，在弹道末段，其弹道角趋于弹目视线角，其之间的偏差量 ≤0.4°；

4）制导精度满足设计指标；

5）在投弹包络里勉强满足射程最远和射程最近等设计指标。

在大量级拉偏仿真条件下制导品质受拉偏的影响较大，其弹道在较大程度上偏离标准弹道，制导精度和射程勉强满足设计指标，其中方法误差较大，低于 0.3 m。

③姿控回路和制导回路之间的匹配情况

制导回路和姿控回路之间的匹配一般，姿控回路的响应滞后性对制导回路的影响较大，由于姿控回路控制品质下降导致响应在较大时间内脱离制导指令，故较明显改变末段制导弹道的走势。

（4）极限拉偏仿真条件下弹道仿真结果评定

极限拉偏仿真条件对应着制导控制系统极小概率碰见的情况或出现某种故障，视具体情况设置结构、气动、动力、风场等拉偏，可根据 13.2.3 节列举的拉偏表设置各种偏差量（取表中偏差量的 50%～100%），并组合取极限。在此条件下进行弹道仿真测试，此弹道在受到扰动时，其响应会长时间来回振荡，甚至发散，故此情况可对制导控制系统性能的极限进行考核，并不对姿控品质和制导精度进行严格考核。

13.2.10　数学仿真实例

为了方便读者加深对数学仿真试验的理解，下面通过仿真举例的方式进一步说明数学仿真试验。

例 11 - 4　仿真某空地导弹垂直打击目标时制导控制系统性能。

仿真条件：

1）投弹条件：投弹高度为 8 000 m，速度 $Ma = 0.7$，射向角为 0°，射程为 88 km，目标静止；

2）结构拉偏：绕弹体 Ox_1、Oy_1 和 Oz_1 轴的转动惯量拉偏均为 -10.0%，轴向质心前移 $0.02 \times L_{ref}$（L_{ref} 为参考长度），法向质心上移 2.5 mm，侧向质心右移 2.5 mm；

3）气动拉偏：阻力拉偏 3%，升力拉偏 -3%，气动滚动、偏航、俯仰阻尼均拉偏 -50%；

4）风场：高度区间 [8 500 m，8 750 m] 作用 10 m/s 的西风，高度区间 [6 750 m，7 000 m] 作用 10 m/s 向上的垂直风。

试在以上仿真条件下，仿真制导控制系统的工作情况，要求导弹垂直打击目标，并保证制导脱靶量小于 0.25 m，并从时域和频域两方面分析制导控制系统的性能。

解：

仿真结果：见表 13 - 10 和图 13 - 24～图 13 - 32 所示，表 13 - 10 为弹道仿真的终端情况，包括弹道倾角、速度和脱靶量等；图 13 - 24 为导弹飞行弹道，图 13 - 25 为飞行速度，图 13 - 26 为弹体姿态角，图 13 - 27 为弹体角速度，图 13 - 28 为飞行攻角、侧滑角和马赫数，图 13 - 29 为三通道制导指令与响应，图 13 - 30 为三通道舵偏指令与响应，图 13 - 31 为弹道倾角和视线高低角，图 13 - 32 为弹道偏角和视线方位角。

表 13 - 10　终端高低角约束弹道仿真结果

弹道	射程/km	高低角约束/(°)	终端情况				
			弹道倾角/(°)	速度/(m/s)	侧向偏差/m	纵向偏差/m	脱靶量/m
1	88	−90.0	−89.98	300.43	−0.001	0.014	0.014

仿真结果分析：

（1）终端约束情况

在弹道末段，视线高低角和弹道倾角均趋于 $-90°$，并且变化平滑，说明所设计的制导律可以很好地满足垂直打击目标的要求。末端脱靶量为 0.014 m，即设计的制导控制系统同时满足落点精度以及终端视线高低角约束的要求，满足设计指标。

（2）制导品质

由表 13 - 10、图 13 - 31 和图 13 - 32 可知：1）在水平攻击平面内，速度矢量紧跟弹目视线，即可保证侧向较好的弹道特性以及侧向制导精度；2）在纵向攻击平面内，弹道倾角和弹目高低角变化平滑，在初制导和中制导段，考虑导弹射程远的要求，使得弹道倾角偏离弹目高低角，在末制导段，考虑到制导精度和末段视线高低角约束等因素，使弹道倾角在接近目标点前跟上视线高低角，满足纵向制导精度。纵向制导既满足导弹远射程指标，又满足制导精度，具有很好的制导品质。

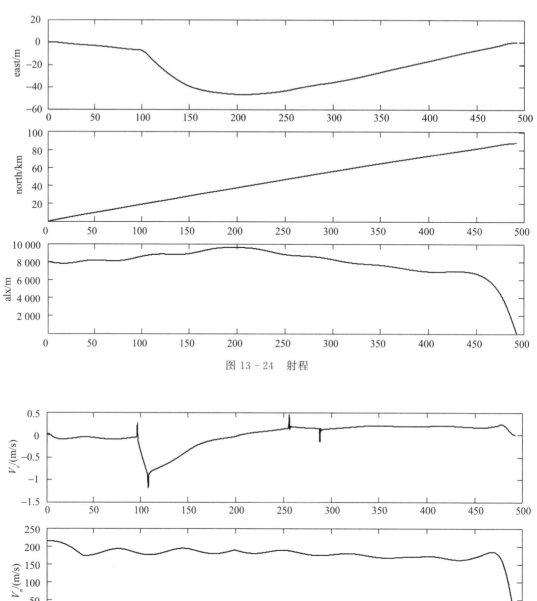

图 13 - 24　射程

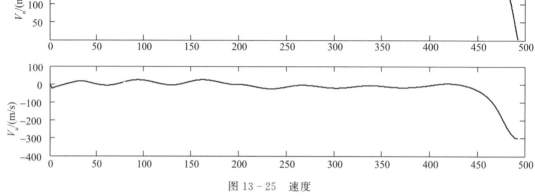

图 13 - 25　速度

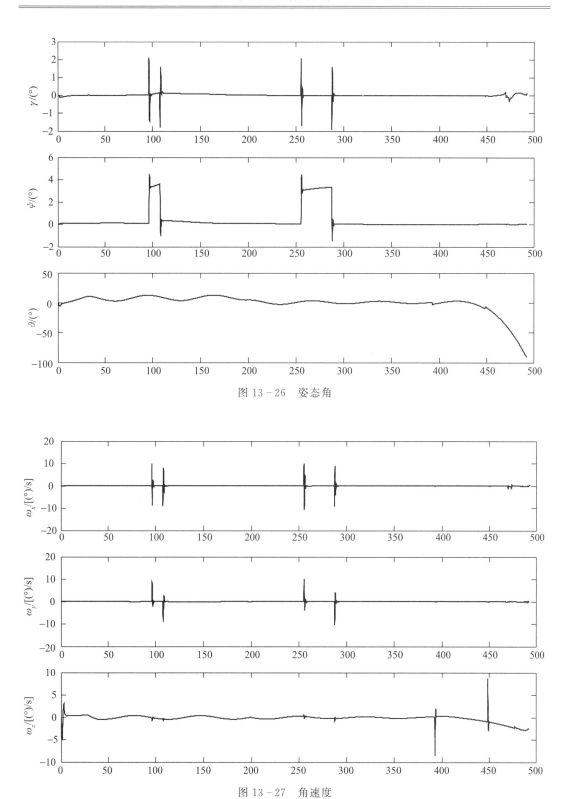

图 13 - 26 姿态角

图 13 - 27 角速度

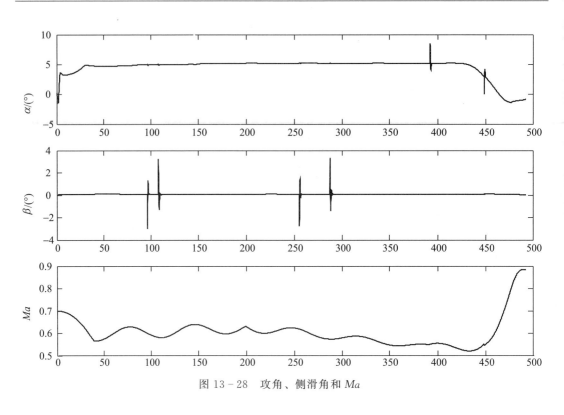

图 13 - 28　攻角、侧滑角和 Ma

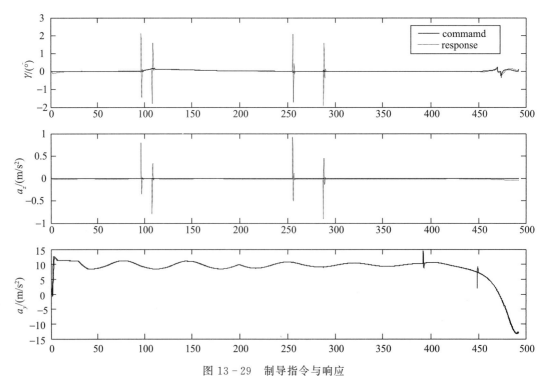

图 13 - 29　制导指令与响应

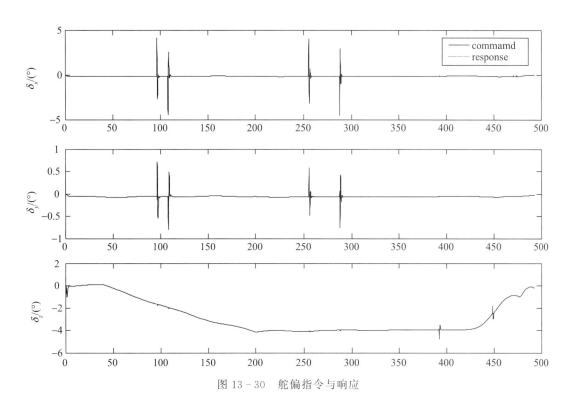

图 13 - 30 舵偏指令与响应

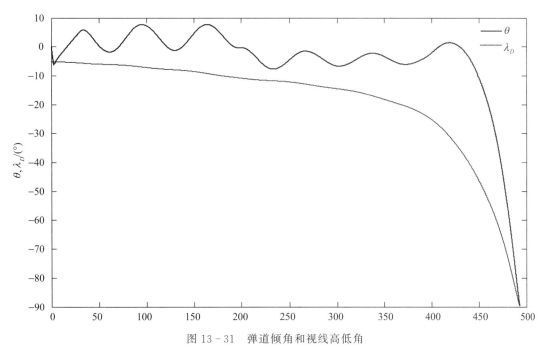

图 13 - 31 弹道倾角和视线高低角

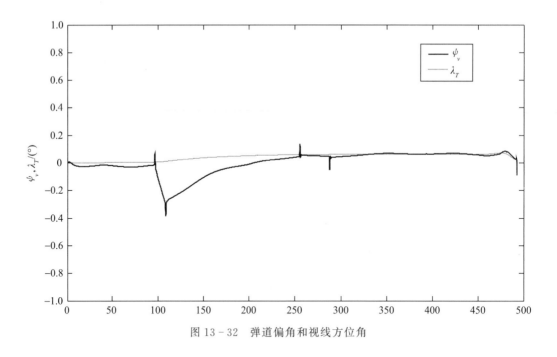

图 13 - 32　弹道偏角和视线方位角

（3）控制品质

从时域上定性分析，在受外部扰动的情况下，姿态在一个振荡周期之内恢复至平衡状态。由此可知，控制回路在不同飞行状态下均具有很快的响应速度（即可间接说明控制回路具有足够的带宽），鲁棒性较强，控制品质良好。

（4）全弹道控制品质

下面从频域上定量对仿真弹道进行分析，即对整个仿真弹道的每一点求取控制裕度。仿真弹道的动力系数如图 13 - 33 所示，弹体传递函数的重要参数如图 13 - 34 所示，自适应系数、飞行动压、飞行速度、姿控回路参数比例系数、积分系数和阻尼系数如图 13 - 35 所示，开环控制特性与闭环响应如图 13 - 36 所示。

由图可知：1）被控对象静稳定大幅变化（弹道前段表现为静不稳定），飞行状态也大幅变化（其动压相差 6 倍）；2）全弹道控制裕度变化较为平缓，具有充足的幅值裕度以及相位裕度，控制系统带宽合理；3）在弹道末端，受动压变化大幅变化以及气动特性变化剧烈等因素综合作用下，其相位裕度、幅值裕度以及带宽或截止频率均呈现较剧烈变化，也说明了控制回路对于剧烈变化的被控对象的适应性较为一般；4）控制系统延迟裕度均大于 100 ms，说明控制系统具有充足的控制裕度；5）综上所述，全弹道情况下，控制回路设计较为合理，具有较强的鲁棒性和较佳的控制品质。

（5）仿真结果评定

姿控系统在小量级拉偏仿真条件下，控制品质良好，满足系统设计指标。制导品质良好，制导精度满足设计指标。

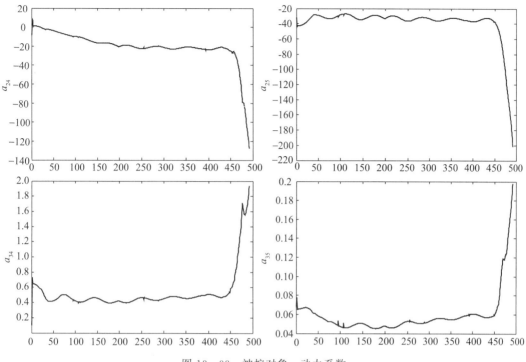

图 13 - 33　被控对象—动力系数

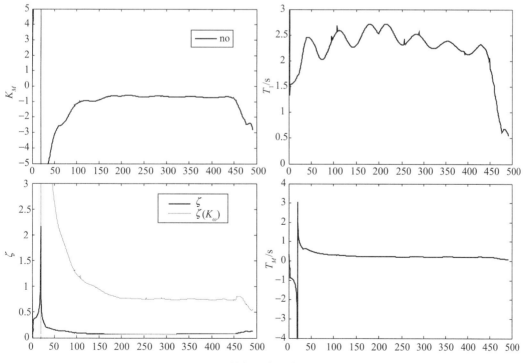

图 13 - 34　被控对象—传递函数模型

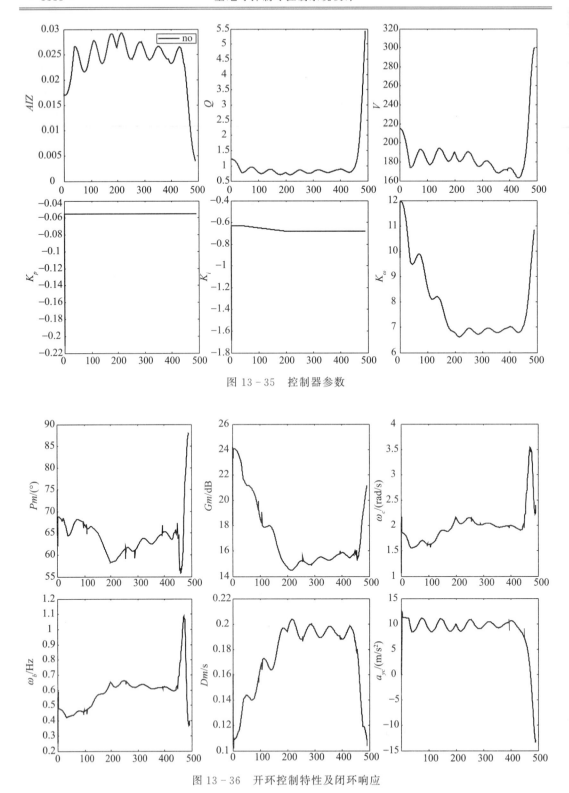

图 13 - 35　控制器参数

图 13 - 36　开环控制特性及闭环响应

13. 2. 11　数学仿真发展趋势

随着制导控制理论、数学仿真技术和计算机技术的发展，可以建立各种逼真度近似于实际分系统的数学模型，进而提高数学仿真的逼真度和置信度。

目前，数学仿真的逼真度和置信度也越来越接近于半实物仿真以及飞行试验，在很大程度上可以替代半实物仿真试验和飞行试验，节省了大量的物力和财力，极大缩短了研制成本及周期。

（1）模块化设计

由于导弹制导控制系统越来越复杂，按照软件工程设计思想，现在大多数学仿真采用模块化设计，将重要的模块单独写成函数体的形式，便于数学仿真进行调试和扩展。

（2）建模精度

随着计算机技术的发展，利用数学方法对具体实物描述的理论越来越完善，而且范围越来越广，可以用更加精确的方法对越来越广泛的实物进行建模。半实物仿真本着高逼真度的原则也要求所采用的模型在最大程度上逼近真实系统，但是，由于对实物的认知过程也是在实践中逐渐完善的，所以体现在建模方面，也是一个由感性认识到理性认识不断深化的过程，整个过程在仿真领域称之为系统建模与仿真的校核、验证与确定，也简称为 VV&A（Verification Validation and Accreditation），VV&A 是提高仿真置信度的最有效的措施，贯穿于整个建模和仿真过程。

模型校核：在对物理实物建立模型后，检查和确定仿真计算模型是否准确地表达了物理模型。

模型验证：在适用的范围内，针对建模与仿真的对象，模型是否具有令人满意的精度。

模型确认：针对特定的目的，对模型或仿真是否可被接受使用进行认证。

数学仿真系统在正式投入使用之前，需要对各模块、各物理实物的模型进行 VV&A，以确保控制系统仿真的逼真度达到较高的水平。

（3）数学仿真与半实物仿真结合

由于数学仿真还不能针对某一些很复杂的实物建立足够精确的模型。在工程上，可先针对实物创建理想的数学模型，在实验室条件下，根据实物的输入—输出以及标称值提取实物的噪声、误差以及系统延迟等特性，在此基础上对理想数学模型进行补充，使得数学仿真以更高置信度逼近真实系统。

（4）数学仿真与飞行控制理论结合

数学仿真和控制系统仿真分析技术相结合，可以利用控制系统仿真分析技术直接对数学仿真的弹道进行时域和频域分析，优化整个投弹包络中的控制时序、制导回路和姿控回路，在很大程度上提高了制导控制系统的控制品质及鲁棒性。

对于气动外形比较简单的空地导弹，可以以数学仿真以及控制系统仿真分析结果为依据，对制导控制系统的性能进行评定，而不需要进行半实物仿真试验。例如某单位设计的几款空地导弹，基于控制理论设计确定制导回路和姿控回路之后，主要依靠数学仿真和控制系统仿真分析技术对制导控制系统进行设计及优化，满足制导精度和姿态控制设计指标，并留有较大的设计余量，在此基础上确定制导控制系统的制导参数和控制参数，而半实物仿真只是进行简单的验证，并不需要更改制导和控制参数。

（5）数学仿真与控制系统辅助设计软件结合

由于飞行控制系统数学仿真所涉及的内容很多，需要对仿真结果进行分析，故可以开发一个控制系统辅助设计软件对数学仿真结果进行分析，可更直观、多方位对仿真结果进行分析，大幅提高仿真效率。

（6）数学仿真复现投弹试验

空地导弹投弹试验需要花费大量的时间、人力以及物力，一般情况下，为了缩短研制周期以及降低研发费用，基于少量的投弹试验，采用数学仿真复现投弹试验的方式，对导弹的总体性能、动力系统、气动、结构、导引头等重要单机进行离线仿真，进而对其进行修正，对制导和姿控系统进行复现，在此基础上进行优化，可以在很少的时间内以更小的人力和物力达到制导控制系统优化的目的。

13.3　半实物仿真

制导控制系统半实物仿真试验（Hardware‑in‑the‑loop）是在数学仿真满足设计指标之后，将制导、姿控、导航、舵控等软件移植至弹载计算机，接入制导、姿控、导航、舵控等模块的实物，接入各种物理效应设备等而形成一种闭环仿真试验。由仿真计算机解算各种环境、各种拉偏情况下导弹的动力学和运动学模型，由仿真控制台监视、控制整个仿真平台的运行情况，包括初试条件和参数的设置、运行过程中的监控和参数记录存储，由仿真数据采集和分析系统记录试验结果，并进行分析和建立相应的文档等。

在半实物仿真试验中使用仿真计算机模拟弹体在惯性空间的姿态和线运动，接入舵机和惯组、弹载计算机等真实弹上控制系统设备，接入导引头并模拟各种导引头碰见的干扰及背景，输入各种初始条件和干扰，模拟弹体在空中的飞行，考虑弹体飞行过程中可能遇到的各种干扰。半实物仿真涵盖了各种不确定因素，且将弹上设备纳入仿真平台中，考核各单机设备与子系统在真实环境中对控制回路和制导回路的影响。

半实物仿真的优点是，可将无法准确建立数学模型的硬件直接接入仿真系统，通过模型与实物之间的切换，进一步校验模型，验证实物部件对制导控制性能的影响，借此对制导控制系统进行优化以适应弹上硬件的性能。

半实物仿真的实质是，为制导控制系统创造一个接近真实飞行的仿真环境，采用仿真技术，以较高置信度模拟制导武器制导控制系统的工作情况，验证其性能及品质。

13.3.1　试验目的

半实物仿真试验是在数学仿真试验之后，优化和验证制导控制系统性能的一个重要试验。试验尽量将弹上重要制导控制系统设备接入仿真平台，相对于数学仿真试验，半实物仿真试验更全面地考核弹上控制时序，更真实地考核执行机构、弹载计算机、惯性测量单元（也称为惯性器件或惯组）、导引头等重要单机对制导控制系统性能的影响，因此，比数学仿真更全面，置信度更高，更具有说服力。

半实物仿真试验主要是对导弹在不同投放情况，不同结构、气动、动力拉偏及各种外界干扰条件下验证：1）制导回路的性能；2）姿控回路的性能；3）整体制导控制系统的性能，如抗干扰能力、命中精度等。

半实物仿真试验是在数学仿真试验的基础上进行，其具体目的为：

1）考核制导控制系统设计的正确性；

2）对制导回路进行优化，旨在各种拉偏及干扰情况下，使制导弹道具有优良的弹道特性、较好的抗干扰特性及较高的命中精度；

3）考核制导控制系统在各种结构拉偏、气动拉偏、动力拉偏、风场等情况下的性能指标及特性；

4）优化控制时序；

5）优化姿控回路参数；

6）考核弹上重要单机设备的性能对制导精度的影响以及对姿控回路的影响；

7）考核姿控回路在各种外界干扰作用下的性能指标；

8）考核制导回路和姿控回路之间的协调性；

9）复现飞行故障，分析故障原因及采取措施后的效果；

10）作为制导控制系统验收的试验手段；

11）复核复算离线复现投弹数据。

13.3.2　试验特点及必要性

（1）试验特点

半实物仿真在制导控制系统研制中占有很重要的地位，具有如下特点：

1）功能多：半实物仿真试验可以更逼真地模拟飞行的各种环境、目标特性等，而飞行试验由于受试验次数、试验环境等约束则很难做到，数学仿真试验可以简单地模拟环境、目标运动特性、弹上各种硬件设备等，但是基于目前的数学建模水平，对于复杂的控制系统，其置信度较低，例如对于配备导引头的数学仿真试验；

2）模块化：根据试验的需要，可以依次将重要的半实物仿真设备接入试验；

3）易修改：可以简单地对目标电磁特性、仿真环境、各分系统模型、各分系统拉偏等进行修改；

4）拓展性：采用模块化搭建的半实物仿真平台，留有较多的古件和软件接口，可以容易地接入新的制导设备或新的软件；

5）可视化：可视化（视景仿真）是半实物仿真的一个基本功能，为半实物仿真提供一个虚拟各种干扰的环境，通过视景仿真技术可以实时将仿真弹道直观形象地表现出来，可实时地观察导弹在惯性空间的姿态和质心运动，实时地考核制导和姿控回路的品质。

（2）试验必要性

半实物仿真试验与数学仿真试验和飞行试验一样都是考核制导控制系统性能和可靠性的重要试验，与数学仿真试验和飞行试验相比，半实物仿真试验具有其他两种试验所不具备的特点，在制导控制系统研制中占有很重要的地位，分析如下：

1）基于现有的建模水平，数学仿真还较难高逼真度地仿真真实目标的电磁辐射和反射特性、大气环境对导引头制导体制的作用等，对于配备导引头的制导武器，较难用数学仿真获得置信度较高的仿真试验。而半实物仿真，可以在实验室环境下，较高逼真度地模拟目标的电磁辐射和反射特性进而模拟导引头的真实工作情况；

2）飞行试验对制导控制系统试验来说最为真实，但受约束于飞行场地、试验环境、试验费用等因素，较难全面考核各种环境、干扰等条件下的试验情况。在型号研制中，飞行试验一般只用于最后阶段的制导控制系统验证。

综上所述，半实物仿真可以较好地克服数学仿真试验和飞行试验的一些缺点。一方面，可以在实验室条件下，较好地模拟目标的电磁辐射和反射特性，创造一个较真实的仿真环境；另一方面，可以很全面地模拟各种环境及干扰条件下，各种气动、结构和动力等偏差情况下的制导和姿控品质。

13.3.3　弹上设备接入原则

半实物仿真区别数学仿真的一个很重要特征就是半实物仿真将弹上的导航、制导和控制等弹上设备接入系统仿真，用目标信号源模拟真实目标的电磁辐射和反射信号。

弹上设备接入仿真试验的原则：

1）对导航、制导和控制解算精度有重大影响的设备，应接入半实物仿真平台中；

2）对于难以用数学方法精确建模的设备，应接入半实物仿真平台中。

13.3.4　仿真平台类型

根据仿真平台的结构特性可分为集中式半实物仿真平台和分布式半实物仿真平台。

（1）集中式半实物仿真平台

不同型号对半实物仿真平台的要求不太一样，对于空地导弹，特别是打击静止目标时，对仿真实时性的要求相对较宽松，可采用集中式半实物仿真平台，如图 13-37 所示。早期的半实物仿真大多采用此类仿真平台，它以仿真计算机和弹载计算机为核心，由仿真计算机接收实际舵偏数据，进行弹体运动学和动力学解算，进而解算得到星载模拟器、线加速度计模拟台、舵机负载台等设备所需要的数据（发送到相应的设备，驱使其正常工作），同时根据弹目相对运动关系和姿态动力学解算结果驱动转台转动，模拟弹体在惯性空间的姿态运动以及导引头的工作过程，由弹载计算机依据接收的惯组、导引头以及舵机系统输出的数据，进行导航、制导、姿控以及舵控等。由于仿真计算机不仅承担各种解算，还需同各种外设进行通信，容易造成仿真计算机的解算压力，影响半实物仿真的实时性，故此仿真平台适用于对仿真实时性要求较低的情况。

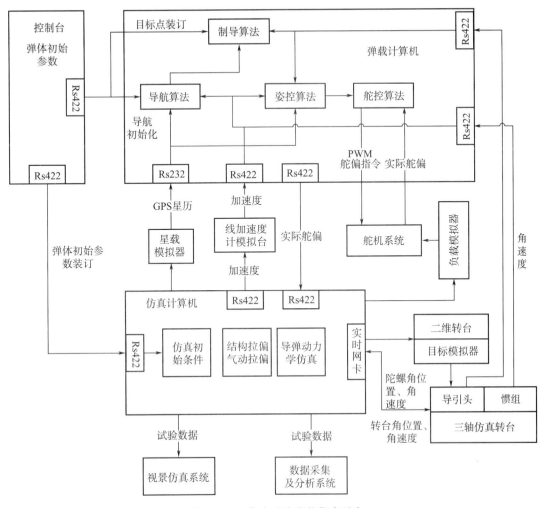

图 13 - 37 集中式半实物仿真平台

此仿真平台结构简单,试验操作简便,成本较低,但系统实时性稍差。随着计算机技术的发展和算法优化,可提高此仿真平台的实时性,使其成为一个较好的仿真平台。

(2) 分布式半实物仿真平台

对于实时性要求较高的半实物仿真,优先采用分布式半实物仿真平台,常基于星型结构的实时反射内存网络,其结构如图 13 - 38 所示,采用实时网络连接多台仿真计算机代替集中式半实物仿真平台的仿真计算机,各仿真设备的实时通讯之间,以保证分布式半实物仿真的实时性。

此方案结构复杂,试验操作烦琐,成本较高,但可以保证仿真平台运行的实时性,也是今后半实物仿真平台发展的方向。

13.3.5 仿真平台组成简介

由图 13 - 37 和图 13 - 38 可知,半实物仿真平台主要由仿真计算机、弹载计算机、弹

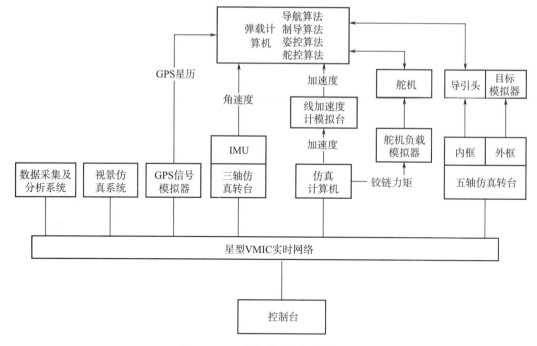

图 13-38　分布式半实物仿真平台

上制导控制单机（如惯组、导引头、舵机等）、仿真控制台、物理效应模拟器、目标模拟器、VMIC 实时网络分系统、视景仿真系统、仿真数据采集及分析系统以及配套电缆网等组成。

仿真计算机：采用高性能的 PC 工作站，主要用于模拟弹体在惯性空间的六自由度运动。

弹载计算机：接入真实的弹载计算机，考核在空中飞行过程中弹载计算机的工作情况，计算机上运行弹上导航、制导、姿控、舵控等程序。

仿真控制台：主要负责对仿真平台的管理控制和对时，负责对参试设备状态监控管理、关键通路开关控制（如舵机控制信号开关）、试验过程管理等。

物理效应模拟器：主要包括三轴仿真转台、五轴仿真转台、线性加速度计模拟台、舵机负载模拟器与卫星导航信号模拟器等。其中三轴仿真转台用于实时地模拟弹体在惯性空间的姿态运动；五轴仿真转台除了具有三轴仿真转台的功能之外，还用于实时地模拟导引头和目标模拟器之间的相对运动关系，即模拟导引头在真实环境下的工作情况；线性加速度计模拟台用于模拟弹体在惯性空间的线加速度；舵机负载模拟器用于模拟舵机气动铰链力矩；卫星导航信号模拟器用于模拟 GPS L1 频点及 BD-2 B2 频点射频导航信号，用于具有卫星定位组合导航和卫星修正功能的制导模式仿真。

目标模拟器：在实验室环境下模拟真实目标发射或反射的电磁信息。由于不同导引头采用不同的制导体制，对应着不同的目标模拟器，对于激光半主动制导来说，根据弹目相对运动关系，实时生成可供导引头接收的目标激光反射信息，包括反射能量强度和光斑大小，复现导弹飞行过程中的弹目相对关系和干扰环境，为激光半主动导引头提供一个虚拟的弹目关系效应环境。

VMIC 实时网络分系统：由反射内存 HUB、反射内存卡和光纤组成，用于完成分布式仿真系统各个节点之间的数据实时传输和控制信号传递等任务，保证各个节点信息传输的可靠性和实时性。

视景仿真系统：接收仿真计算机发送的各种信息数据，例如飞行状态（攻角、侧滑角和 Ma 等）、位置、速度、加速度、姿态、角速度、舵偏等及目标信息，按照预设的场景信息，以三维视景和二维图表等形式直观生动地展现导弹在惯性空间攻击目标的全过程。

仿真数据采集及分析系统：主要完成仿真过程中相关数据的接收、显示和存储功能，并提供数据分析处理功能，便于对试验进行分析和处理。

13.3.6　试验参试硬件

参试硬件和参试软件构成了半实物仿真平台，参试硬件按特性可分为弹上设备、仿真设备和通用设备等三大类。

13.3.6.1　弹上设备

弹上设备一般包括：

1）弹载计算机；

2）惯性测量单元；

3）执行机构；

4）导引头。

通常情况下，可使用通用电缆网将弹上设备和其他设备连接为一个整体，也可以视情况使用弹上电缆网。

弹上设备一般应满足以下条件：

1）参试弹上设备其技术状态应与正式产品一致，在接入半实物仿真平台之前，须对其性能进行测试；

2）参试弹上设备的性能应满足单机《任务书》所规定的性能指标；

3）对于重要的弹上设备，参试设备应采用同型号的正式产品，其参试设备的软件应采用正式提交的软件。

13.3.6.2　仿真设备

仿真设备主要是模拟弹体在惯性空间六自由度运动、飞行环境和目标特性的设备，主要包括如下设备：

1）仿真计算机；

2）仿真控制台；

3）三轴仿真转台；

4）五轴仿真转台；

5）线加速度计模拟台；

6）伺服机构负载模拟器；

7）各种目标模拟器和环境物理效应仿真器等。

仿真设备一般应满足以下要求：

1）各种仿真设备的技术指标与相应的配套弹上设备相对应，并附技术说明；

2）接入仿真设备仅辅助用于完成半实物仿真试验，而不应该较严重影响仿真结果；

3）大多数仿真设备属于专用设备，应按试验要求研制，其性能应满足相应的技术指标；

4）对仿真设备的操作要求尽量简单，对于操作较为复杂的仿真设备，操作人员须经过严格的培训；

5）仿真转台、伺服机构负载模拟器等仿真设备应满足相应的技术指标和试验要求，运行正常可靠；

6）其他环境模拟设备均应满足相应的技术指标，运行正常可靠；

7）各种目标模拟器和环境物理效应仿真器等能逼真模拟典型目标发射或反射的电磁信号。

13.3.6.3　通用设备

通用设备一般包括：

1）交流稳压电源；

2）直流稳压电源；

3）信号处理与分析设备，如频谱分析仪等；

4）信号测试仪表：如数字万用表、数字示波器等；

5）各种开关，如普通开关、空气开关等；

6）用于拆卸设备的机械工具，如螺丝刀、扳手等。

各种通用设备应经过计量检定或校准，并在有效期内。

13.3.7　试验参试软件

试验参试软件是半实物仿真中极为重要的组成部分，软件一般包括：

1）弹上制导控制系统软件；

2）仿真计算机软件；

3）数据采集及分析软件；

4）视景仿真软件；

5）其他通用或专用软件。

（1）弹上制导控制系统软件

弹上制导控制系统软件包括惯性导航程序、组合导航程序、火控程序、制导程序、姿控程序、舵控程序、大气测量系统程序以及导引头信号处理程序等，是半实物仿真试验必不可少的弹上软件，在参加仿真试验时满足以下要求：

1）制导控制系统软件设计满足任务书规定的技术指标；

2）制导控制系统软件经过数学仿真试验考核；

3）制导控制系统软件提供两种版本，一种为源代码版本，一种为库文件版本。

（2）仿真计算机软件

仿真计算机软件是半实物仿真试验中一个很重要的软件（某仿真计算机软件的界面如图 13-39 所示），对其有较严格的要求，应满足：

1）按照软件工程化的要求，进行软件设计、研制及维护；

2）软件具有良好的模块化结构，易于修改、维护以及扩展；

3）软件选用具有很高执行效率的通用程序语言编写，并在代码空间和代码执行时间等方面对代码进行优化，确保仿真计算机软件解算的实时性满足要求；

4）基于模型的特性，对算法进行优化，确保足够高的求解精度，以确保仿真模型与真实情况相一致；

5）解算导弹的动力学和运动学模型、惯组和伺服机构模型；

6）在接入导引头的情况下，解算目标运动模型、弹目相对运动模型以及目标环境特征数学模型；

7）软件能够实现数学仿真和半实物仿真，以保证在进行仿真试验时对同一种状态下的数学仿真和半实物仿真的结果进行对比分析；

8）可对仿真试验中出现的异常情况进行及时的安全处理。

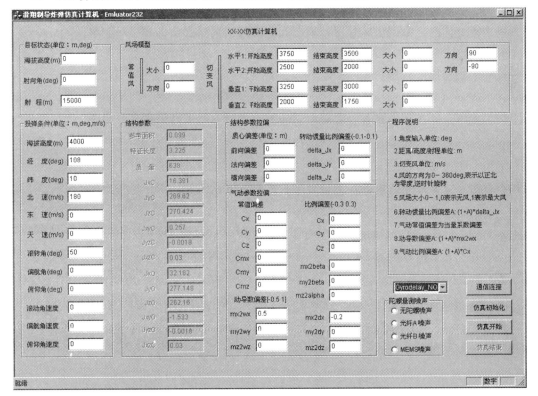

图 13-39　仿真计算机软件界面

（3）数据采集及分析软件

数据采集及分析软件主要用于对试验数据进行分析，要求如下：

1）对试验条件、环境、仿真平台配置等进行记录；

2）对试验数据进行处理和分析；

3）能方便地将数学仿真结果与半实物仿真结果进行分析对比；

4）能将多次半实物仿真试验的结果自动分组加载，方便试验分析。

（4）视景仿真软件

视景仿真软件以数字、仪表、二维曲线、三维动画等形式直观地显示导弹在整个飞行过程中的状态，要求如下：

1）以数字的形式实时给出重要的制导控制参数；

2）以数字仪表的形式动态地给出导弹姿态、飞行速度等重要导弹飞行状态；

3）以二维曲线的形式动态地给出导弹导航（位置、速度及姿态）、制导及姿控等重要参数；

4）支持与实时仿真计算机连接，由实时仿真模型驱动视景显示；

5）支持各种空地导弹三维视景仿真；

6）支持发射、飞行与命中三维动画特效；

7）支持视角管理，包括制导武器视角、自由视角、地面视角、目标视角，能够在多种视角之间切换；

8）支持以放大功能拉近弹体在空间的三维姿态运动，支持以放大功能显示四个舵面的偏转情况，同时以数据形式显示三通道舵偏情况，包括舵指令和实际舵偏；

9）支持实时显示制导时序和控制时序，例如实时显示初制导段、中制导段、中末交接班段和末制导段等时序；

10）支持声音效果模拟，包括飞行声效、爆炸声效等；

11）支持地面或水面移动目标模拟，如坦克、汽车、大型舰艇等；

12）支持典型地面静止目标模型模拟等。

某型号半实物仿真的三维飞行视景仿真软件的界面如图 13 - 40 所示，支持对界面进行用户自定义，支持界面切换，支持对显示进行暂定、恢复、停止等操作。

13.3.8　重要硬件设备介绍

下面对半实物仿真平台中的重要硬件设备进行介绍。

13.3.8.1　仿真控制台

（1）功能

仿真控制台（也简称为主制台）是半实物仿真平台的控制端，负责控制与监视仿真试验的运行情况。其功能包括：

1）负责监视及控制仿真平台的运行情况，负责监视参试设备的工作状态；

2）负责控制仿真平台的自检、启动、暂停和结束等；

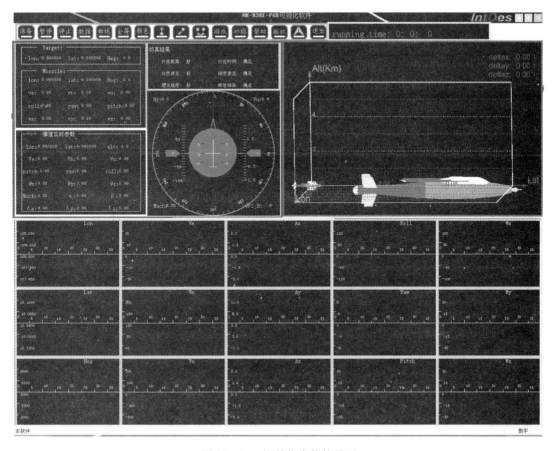

图 13 - 40 视景仿真软件界面

3）负责半实物仿真试验的组织与过程控制，确定试验构型，配置模拟设备、仿真模型及实物设备的接入。

（2）性能要求

1）计算精度：满足仿真平台精度要求；

2）数据通信接口：满足实时仿真要求；

3）数据存储接口：具有开放式的扩展能力。

（3）工作过程

仿真控制台是半实物仿真平台的对时和控制中心，其主要任务分为仿真平台调度管理和同步时钟对准两个方面，具体任务分为如下 4 个方面。

①仿真平台配置

基于实时分布式仿真平台，由于不同试验目的，参试的设备往往不同，因此需要根据不同的仿真需求，完成仿真平台配置，例如试验模式，仿真模型，参试节点、仿真消息等各种试验状态信息。

②仿真过程调度

对于实时分布式仿真平台，针对其具体配置，通过相关控制消息和同步消息，完成仿真过程中的调度管理。

③仿真同步配置

在实时仿真过程中产生高精度同步时钟，通过同步时钟消息，保证系统中各个仿真节点仿真步长的一致性和同步性。

采用实时网络，可以保证极高的时间同步精度，同步精度优于 0.1 ms。

④运行状态监控

在仿真运行过程中对各节点状态进行实时监控，一旦发现某节点异常，马上向各仿真节点发送应急消息，终止仿真，避免造成参试硬件（例如弹上设备和仿真设备）损坏。

（4）系统组成及工作原理

仿真控制台的主要功能包括仿真平台配置、仿真同步配置和仿真过程调度与运行状态监控等内容。首先通过界面配置，完成仿真消息定义、仿真节点定义等。在仿真启动后，启动 RTX 实时环境，按照仿真界面设置，在 RTX 环境下通过发送同步时钟中断，完成仿真系统的时钟对齐。在仿真过程中，监控各个节点的运行状态，保证仿真平台的正常运行。

（5）硬件配置

仿真控制台的硬件配置见表 13 - 11。

表 13 - 11　硬件配置

序号	内容	指标	备注
1	计算机	CPU：酷睿四核 显卡：2 GB 内存：8 GB 硬盘：SATA 1 TB	
2	显示器	高性能图形显示器：29 寸显示器	
3	实时网络	VMIPMC5565 反射内存	

（6）软件运行环境

仿真控制台的软件运行环境如下：

1）操作系统：Windows XP SP3；

2）软件开发：Visual Studio 2008；

3）实时扩展系统：RTX 8.1。

（7）软件框架

仿真控制台按照软件模块化设计原则，软件框架如图 13 - 41 所示，各模块的具体工作简介如下。

①配置模块

仿真平台配置模块主要用于管理和配置仿真平台，根据不同的仿真需求，配置仿真参与模式和仿真消息。主要包括：

1）仿真消息配置：配置半实物仿真平台的控制消息；

2）仿真节点配置：配置半实物仿真平台的参与试验节点的网络状态消息；

3）异常处理配置：配置网络节点异常情况下的处理方式。

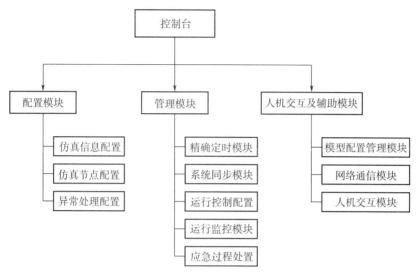

图 13-41　仿真控制台软件框架

②管理模块

仿真平台管理模块主要用于管理和调度整个仿真系统，主要包括：

1）精确定时模块：产生半实物仿真平台的精确定时时钟；

2）系统同步模块：半实物仿真平台中各节点的时钟对齐；

3）运行过程配置：控制台通过实时发射网络向其他节点发送仿真初始化、准备、启动、停止、应急等仿真控制消息；

4）运行状态监控：在仿真平台运行过程中对各节点的状态进行实时监控；

5）应急过程处置：一旦出现异常，即刻向各仿真节点发送应急消息，终止仿真，避免造成参试设备损坏。

③人机交互及辅助模块

人机交互及辅助模块主要包括支撑仿真平台运行的相关辅助模块，主要包括：

1）网络通信模块：包含网络接口，用于完成实时网络的通信和数据传输等任务；

2）人机交互模块：便于试验人员进行相关的操作，并给出各种软件的提示信息；

3）模型配置管理模块：用于管理模型的配置信息等内容。

13.3.8.2　仿真计算机

（1）功能

仿真计算机是半实物仿真平台中很重要的仿真设备，主要用于弹体六自由度动力学和运动学方程的解算，其功能包括：

1）负责弹体六自由度动力学和运动学解算；

2）根据弹体动力学和运动学解算结果，为三轴仿真转台提供弹体姿态信息；

3）根据弹体运动学解算结果以及目标运动学解算结果，实时计算目标相对于弹体的运动学信息，为五轴仿真转台的外框或二维转台提供目标模拟器的运动信息；

4) 为线加速度计模拟台提供弹体加速度信息；

5) 为伺服机构负载模拟器提供铰链力矩信息；

6) 为 GPS 信号模拟器提供弹体位置、速度和姿态信息；

7) 为视景仿真系统提供导弹飞行状态数据；

8) 为数据采集及分析系统提供半实物仿真的相关数据。

（2）性能要求

1) 运算速度：满足实时仿真要求；

2) 内存容量：具有足够大的储存仿真数据的能力；

3) 计算精度：满足仿真平台精度要求；

4) 数据通信接口：满足实时仿真要求，具有开放式的扩展能力；

5) 具有实时仿真运行环境。

（3）工作过程

仿真计算机是半实物仿真平台的计算中心，负责导弹六自由度动力学和运动学的解算等计算工作。其工作过程为：1) 仿真计算机自检；2) 完成软件初始化；3) 向仿真控制台上报 "仿真计算机准备好"；4) 根据仿真控制台仿真启动指令，启动仿真计算；5) 进行仿真计算；6) 实时判断仿真是否结束，如结束，则向仿真控制台上报 "仿真结束"；7) 结束仿真。

（4）硬件配置

仿真计算机是整个仿真平台的计算中心，对仿真计算机的一个最低要求：保证仿真计算的实时性和高可靠性，故仿真计算机通常采用较高配置的计算机，可采用较高性能的小型工作站或高性能配置的台式计算机，仿真计算机的硬件配置见表 13 - 12。

表 13 - 12　硬件配置

序号	内容	指标	备注
1	计算机	CPU：酷睿四核 显卡：1 GB 内存：8 GB 硬盘：SATA 1TB	
2	显示器	高性能图形显示器；35 寸显示器	
3	实时网络	VMIPMC5565 反射内存	

（5）软件运行环境

仿真计算机的软件运行环境如下：

1) 操作系统：Windows XP SP3；

2) 软件开发：Visual Studio 2008；

3) 实时扩展系统：RTX 8.1。

13.3.8.3　三轴仿真转台

三轴仿真转台是进行制导武器半实物仿真试验的重要设备之一，具有内、中、外三个框架和三个自由度，用于模拟弹体姿态角和角速度变化。

根据仿真计算机解算的弹体姿态角和姿态角速度实时驱动三轴转台的三个框架转动，三轴仿真转台上的惯性组件可以感受弹体在惯性空间的姿态运动，实时地输出弹体角速度给弹载计算机，弹载计算机据此进行惯性导航、制导解算以及姿控解算，实现模拟弹上姿态控制系统。

（1）主要功能

1）模拟弹体在惯性空间的姿态运动；

2）对惯组、导引头等设备进行测试或标定。

（2）性能指标

三轴仿真转台性能指标参数见表 13 - 13。

表 13 - 13　三轴仿真转台性能指标

负载		尺寸/mm	$\phi 400$ mm×400 mm×200 mm					
		质量/kg	额定质量：20； 最大质量：40					
机械轴		垂直度/(″)	≤2					
		正交度/(″)	≤2					
性能	静态指标	角运动范围	连续					
		位置精度	≤1.0					
		位置分辨率/(″)	0.01					
		位置重复性/(″)	≤1.0					
		速率分辨率/[(″)/s]	≤0.2					
		速率稳定性	偏差为指定运转速率的 0.000 5%					
	动态指标	角速度/[(°)/s]		单轴			3 轴	
				内	中	外	内	中	外
			空载	1 000	600	500	350	350	350
		角加速度/[(°)/s²]	空载	3 000	1 500	800			
			载荷(15 kg)	1 500	800	600			
		带宽（−3 dB）	70（内框）		25（中框）		25（外框）		
		带宽（双十）/Hz	12（内框）		10（中框）		8（外框）		
滑环		10×10A；30×2A(5V TTL)						
通信		实时网络、100 Mbps 以太网或 RS422						
使用寿命/年		20						
标校时间/年		≥3						
平均无故障间隔时间/h		2 500						
失控断电保护		有						
尺寸/m		1.5×1.8×1.7（宽×高×长）						
转台质量/kg		700						

（3）系统组成

某型三轴仿真转台系统由机械台体、控制机柜、驱动机柜和配电柜等四部分组成，其中机械台体采用 U－O－O 型框架式结构，如图 13－42 所示，主要由内框、中框、外框、基座以及内、中、外三个轴系组成。

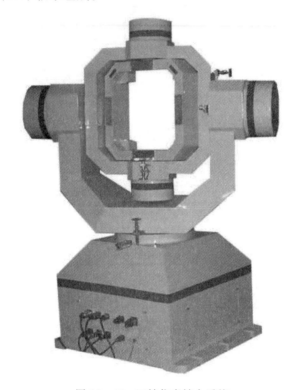

图 13－42　三轴仿真转台系统

（4）转台工作

转台在仿真模式下，控制机柜接收仿真计算机的仿真指令和仿真参数，从而控制三轴转台按照仿真指令运动，并将三轴转台的运动位置等信息实时反馈给仿真计算机。转台的仿真流程如图 13－43 所示，其工作步骤为：

1）进行转台仿真配置，即按下"仿真"按钮，此时弹出对话框"仿真参数设置界面"，进行仿真时间设置：$t = 1 \sim 20$ ms 可选，再选择"仿真模式"，此时三轴仿真转台进入仿真模式；

2）进行仿真前的准备工作，包括"上电""使能""寻零"等操作，其中"寻零"即驱动转台转至初始姿态的角度；

3）等待接收仿真计算机发送的"准备"指令，并对写操作地址清零，见图 13－43；

4）等待接收仿真计算机发送的"初始预置位置"指令，响应此指令，并将转台转至预置位置；

5）向仿真计算机发送"转台准备好"指令；

6）等待接收仿真计算机发送的"仿真开始"指令，开始仿真过程，具体见步骤 7）；

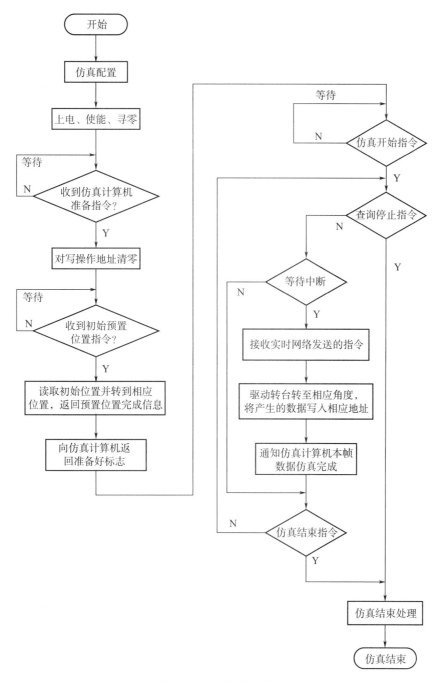

图 13 - 43　仿真流程图

7）仿真过程：仿真计算机往指定的地址单元发送仿真数据（一帧数据包括：内环位置（0～359.999 9°）、中环位置（0～359.999 9°）、外环位置（0～359.999 9°）以及三者的角速度），并以 VMIC 网络中断事件（network interrupt 1）的方式通知三轴仿真转台去指定的地址单元取数，三轴仿真转台以中断或查询的模式接收到仿真数据后，由驱动机柜驱动转台转至相应的角度位置，并将产生的实时位置等数据写入相应的地址，然后程序计数器增加1，并通知仿真计算机本帧数据获取完成，可以发送下一帧仿真数据；

8）仿真计算机收到可以发送新的仿真数据指令后，将"本帧数据仿真完成"地址内的数据清零，然后发送新一帧仿真数据；直到所有的仿真数据发送完成以后，仿真计算机发送"仿真结束"指令；

9）转台响应仿真计算机发送的"仿真结束"指令，驱动转台进行归零操作，即将转台转至0°的位置。

在一次仿真过程结束以后，如需再次进行仿真，可以重复上述操作过程。

13.3.8.4　五轴仿真转台

五轴仿真转台从VMIC网络读取导弹的空间姿态信息和目标的相对位置信息，由五轴转台内三框模拟导弹空中的姿态角和角速度，将导引头安装在内三框上；目标模拟器安装在外两框上，模拟弹目相对角度、角速度和角加速度。

（1）主要功能

1）模拟弹体在空间的角运动；

2）模拟导引头和目标模拟器在惯性空间的运动。

（2）性能指标

五轴仿真转台性能指标参数见表13-14。

表 13-14　五轴仿真转台性能指标

		三轴飞行模拟轴系			二轴目标模拟轴系	
		内框	中框	外框	方位	高低
负载	质量/kg	40			30	
	尺寸/mm	$\phi\,300\times500$			$\phi\,300\times500$	
转角范围/(°)		±200	±150	±120	±50	±110
最小角速度/[(°)/s]		0.002	0.002	0.002	0.002	0.002
最大角速度/[(°)/s]		1 000	500	300	80	80
带宽（双十）/Hz		12	10	8	5	5
角加速度/[(°)/s²]		2 000	1 000	800	500	500
位置精度/(″)		2	2	2	2	2
轴系垂直度/(″)		10			10	
速率精度及平稳性		速率 $\omega<1$(°)/s 时，速率误差优于±0.01(°)/s 速率 $\omega\geqslant1$(°)/s 时，速率误差优于±0.1(°)/s				
滑环		10×10A；30×2A(5V TTL)				
通信		实时网络、100 Mbps 以太网或 RS422				
使用寿命/年		20				
标校时间/年		≥3				
平均无故障间隔时间/h		2 500				

续表

失控断电保护	有
尺寸/m	3.2×1.6×2.9（长×宽×高）
转台质量/kg	5 000

（3）系统组成

五轴仿真转台从结构上由三轴飞行仿真转台和两轴目标飞行转台组成，是一种复杂高精密的光机电系统，用于配备导引头的制导武器半实物仿真及测试，其结构简图如图 13 - 44 所示，其中三轴飞行仿真转台用于惯性空间的三个欧拉角运动（输入为：角位置、角速度和角加速度等状态信息），能够真实模拟导弹的飞行姿态，从而对导引头进行测试仿真。两轴目标转台安装目标模拟器，利用弹目之间的关系生成角度指令，驱使两轴转台转动，用于模拟目标在惯性空间的运动，从而模拟导引头和目标之间的相对运动，对其进行相关性能的测试。

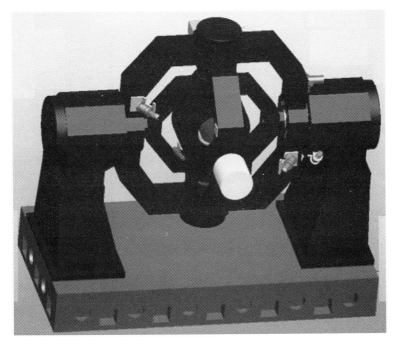

图 13 - 44　五轴仿真转台示意图

三轴转台外框轴线（俯仰）水平，中框轴线（偏航）垂直于外框轴线，内框轴线（滚动）安装在中框内。三轴转台的三个轴均为有限运动范围，设计有软件、电气、结构三重限位。其中内框为空心桶形结构，可以通过改变负载工装来适应安装面到轴线交点的不同要求。

两轴台外框轴线（高低）水平且与三轴转台外框轴线同轴，两个外框轴隔离，消除了互相干扰和摩擦扰动，提高了转台精度。内框轴线（方位）与外框轴线垂直。内框上设计有负载安装面，便于安装目标。

13.3.8.5　伺服机构负载模拟器

导弹在空中飞行时，气动舵面受到气动力和气动力矩。气动力矩主要表现为铰链力矩和弯矩，气动铰链力矩对姿控回路和舵机控制回路有一定影响，需要对其进行模拟。铰链力矩与飞行状态和舵偏角有关，即与舵偏角、飞行马赫数、飞行攻角和侧滑角、空气密度等有关。

伺服机构负载模拟器（也称为舵机负载模拟器）是一种力伺服控制系统，如图 13-45 所示，在工程上，舵机负载模拟器根据实现的简易程度，有三种不同的类型：

1）线性加载：铰链力矩系数为常数，用弹簧模拟；

2）非线性加载：铰链力矩系数为舵偏角的线性函数，用扭杆模拟；

3）随动加载：铰链力矩系数为舵偏角、飞行马赫数、飞行攻角的非线性函数，需用仿真计算机实时根据相关参数进行插值计算，然后施加到舵轴，是被动加载。

图 13-45　伺服机构负载模拟器

舵机负载模拟器是用来模拟飞行器在飞行过程中舵面承受载荷力矩的加载装置，其主要作用是在地面半实物仿真环境下根据舵机的转角解算并产生舵机模拟气动载荷，也可按照指令对舵机装置施加规定的铰链力矩，从而检测舵机系统的技术性能。

（1）系统组成

舵机负载模拟器包括主体机械部分和电控系统两部分。主体机械部分由力矩电机、扭矩传感器、位置传感器及机械系统组成。电控系统由工业控制计算机和 DSP 控制器分别完成舵机负载模拟器的操作管理与伺服控制，而力矩电机及配套的数字驱动装置实现对被测舵机的加载。

（2）系统性能

1）输出力矩：1.0～100 N·m；

2）转角范围：−30.0°～30.0°；

3）最大偏转角速度：≥300.0（°）/s；

4）加载精度：0.5%（最大值）；

5）带宽：≥60 Hz；

6）接口：Rs 422 串行或反射内存。

13.3.8.6　卫星导航信号模拟器

卫星导航信号模拟器主要用于在实验室状态下模拟卫星导航的射频信号，有 GPS 信号模拟器和 BD‑2/GPS 信号模拟器。

（1）系统功能

GPS 信号模拟器的功能如下：

1）支持用户外部输入轨迹的功能，可根据用户设置的目标运动特性模拟接收机的运行轨迹；

2）显示系统运行时的 GPS 位置、接收机的运行轨迹等参数；

3）模拟 GPS 导航系统 L1C 的射频导航信号；

4）输出 GPS 可见星的射频导航信号，支持 12 通道的可见星射频信号；

5）用户位置数据外推或内插模式可选；支持实时网络耦合和实时处理功能，可以与半实物实时仿真平台构成闭环信号控制回路，处理延迟时延固定；

6）能够仿真高动态环境对导航信号的影响；

7）具有导航信号中断、恢复和某颗卫星信号的开关等控制功能；

8）支持单载波、BPSK、QPSK 调制方式；

9）具有 1pps 输出功能；

10）具有外频标输入和内频标输出口；

11）具有功能完备的数据仿真软件。

（2）硬件配置

卫星导航信号模拟器由主控机、信号发生器及实时网络构成。

卫星导航信号模拟器通过反射内存网络，可以实时接收载体运动轨迹，实时生成卫星导航数据，可满足半实物仿真的需要。

卫星导航信号模拟器不仅避免了与一些全数据调制方案相关的量化伪距离噪声，还消除了模拟技术造成的漂移。其结果使模拟器具有非常高的保真度、分辨率，并且具有高精度和高稳定性。

卫星导航信号模拟器技术指标如下：

1）物理特性：优质钢板成型，喷涂高温烘漆保护，高强度铝合金面板；

2）质量：10 kg；

3）尺寸：500 mm（长）×400 mm（宽）×120 mm（高）；

4）调制方式：BPSK；

5）信号规模：GPS L1 频点，12 通道；北斗 B1 频点，10 通道；

6）信息速率：50 bit/s 或 500 bit/s；

7）用户动态范围：速度为 0～10 000 m/s；加速度为 0～1 000m/s²；加加速度为 0～1 000 m/s³；

8）信号精度（测量速度范围为 0～10 000 m/s）：伪距精度＜0.05 m；伪距变化率精度＜0.005 m/s；初始载波与伪码初始相干性＜1°；I、Q 相位正交性＜1°；

9）信号功率控制：功率范围为 −150～−80 dBm；观测数据功率控制分辨率为 0.1 dB；功率精度为 ±0.5 dB；

10）信号输出方式：电缆直接连接或者天线发射；

11）天线方向图设定：全向；

12）提供 12 路多径信号仿真；

13）支持输出高精度时钟信号（10.23 MHz），时钟准确性优于 10^{-8}；

14）具备接收机测试评估功能；

15）外频标：10.00 MHz 正弦 1 路；

16）处理延迟：内插模式处理延迟 15 ms（固定）；外推模式处理延迟 0 ms。

图 13-46 为卫星导航信号模拟器示意图。

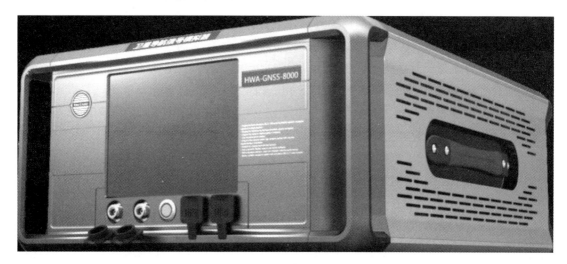

图 13-46　卫星导航信号模拟器示意图

（3）软件构成

卫星导航信号模拟器软件由仿真软件和控制软件组成。其中，仿真软件能够对仿真数据进行配置，如卫星轨道数据，电离层、对流层参数，用户轨迹等。控制软件对信号源输出进行控制，包括信号中断、信号恢复、开关星、调制方式选择以及功率控制等。图 13-47 为卫星导航信号模拟器软件显示界面。

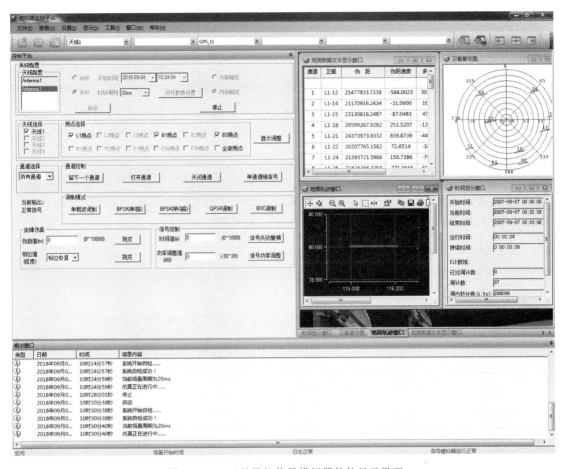

图 13-47　卫星导航信号模拟器软件显示界面

13.3.8.7　线加速度计模拟台

线加速度计模拟台主要模拟弹体在飞行环境下的弹体线加速度情况，将仿真计算机输出的三轴方向的线加速度信号真实模拟出来，制导武器线加速度计模拟台大多采用离心机。

离心机利用力学上的离心力产生离心加速度，即某一物体以半径 R 绕某原点 O 以角速度 ω 旋转时，产出 $R\omega^2$ 的离心加速度，由于离心机工作时惯性较大，很难实现角速度的快速变化，在工程上都采用"稳定台＋随动台"的结构形式，稳定台为一个转速可设置的离心机，以一定角速度做角运动时，产生线加速度；随动台为一个高带宽的伺服台，可迅速将安装在随动台上的加速度计旋转至某一角度 θ，这时线加速度计输出为 $R\omega^2\cos\theta$，即可通过调节其角度来模拟线加速度计受到的弹体加速度。图 13-48 为离心机工作原理图。

（1）系统组成

1）台体：由基准旋转台（稳定台）和随动台组成；

2）能源系统：PWM 功率放大器；

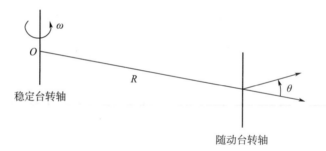

图 13-48　离心机工作原理图

3）速度伺服系统：直流力矩电机或交流力矩电机，测角测速系统；

4）位置伺服系统：直流力矩电机、测速机、光码盘或圆感应同步器。

（2）性能指标

1）稳速台：速率；

2）量程：0.1～50 g ，无级调整；

3）静态精度：$a \leqslant 1\,g$ ，$\Delta a < 0.000\,5\,g$ ；$a \geqslant 1\,g$ ，$\dfrac{\Delta a}{a} \leqslant 0.000\,5$ ；

4）随动台：位置伺服机构；

5）通道数：3 个；

6）负载：1～3 kg；

7）最大角速度：250 (°)/s；

8）最大角加速度：2 000 (°)/s²；

9）最小平滑速度：0.1 (°)/s；

10）定位精度：0.01°；

11）频带：6 Hz（稳定台 15 g 时，角度幅度±3°，双十指标）。

13.3.9　实时仿真网络

基于分布式半实物仿真平台是半实物仿真发展的趋势，实时仿真网络是其工作的基础，即需要在仿真平台各个配备间实时地传输仿真试验数据。

基于反射内存网络的实时网络技术是目前发展很成熟的一种实时网络，已大量应用于实时仿真系统。相对于以往基于 TCP/IP 或 UDP/IP 实时网络技术而言，极大地提高了系统实时通信能力，使分布式半仿真平台的设计及实现更为简单。

（1）反射内存通信原理

反射内存光纤网络采用了先进特殊的技术，具备很强的支持分布实时系统的数据传输能力。在每个需要实时通信的节点上插入反射内存网卡，每块节点卡都有自己独立的局部内存，它通过局部内存映射将网卡上的局部内存映射到主机内存，用户读写网卡上的数据就如同读写主机内存上的数据一样快速方便。另外，每块反射内存网卡又通过网络内存映射，将分布节点卡上的局部内存映射到一个虚拟的全局内存，即每个节点在将数据写入本地节点卡的同时也写入所有其他节点卡的内存。这样对本地节点内存的读写相当于对全局内存进行读写，而这个全局内存是所有分布节点都可见反射的，从而实现分布节点间的数据通信。通过这种方式，所有的节点能透明并准确地传送中断、消息或者数据块到其他的节点。

（2）反射内存网络介绍

VMI-5565 反射内存产品是美国 VMIC 公司于 20 世纪初推出的网络通信产品系列，如图 13-49 所示，其特点是通过驱动软件写到某一个节点反射内存板上某一地址单元的数据，可同时通过 HUB 自动映射写到实时网络上所有节点的反射内存板上的对应地址单元。同时，也支持直接内存访问（DMA）方式的数据块传输。每块反射内存板通过卡上跳线设置在网络上的唯一 ID 号。其技术性能指标如下：

1）实时性能：数据传输率可达 47.1～174 MB/s；

2）负载能力：通过选用两种不同型号的反射内存板，具有 64 MB 至 128 MB 的可选负载能力；

3）传输距离：支持 10 km 长度的单模光纤，300 m 长度的多模光纤；

4）扩展性：单个 HUB 支持 8 个节点，通过级联 HUB，最多可支持 256 个节点。

图 13-49　光纤反射内存卡外观图

（3）半实物仿真实时网络构建

实时网络现行的网络拓扑结构主要有环型、星型等两种结构。

环型结构：将节点 0 的反射内存卡的 RX 端与节点 1 的反射内存卡的 TX 端连接，同时将节点 1 的 RX 端与节点 2 的 TX 端连接，节点 2 的 RX 与节点 0 的 TX 连接。环形结构组网简单，但其缺点是必须将所有的节点计算机全部打开才能进行通信仿真，在节点较多时，使用不方便，且容易造成因人为失误而导致仿真试验失败的情况。

星型结构：星型结构实时网络由一个实时网络 HUB（如图 13-50 所示）和实时节点卡组成，安装了实时网络节点卡的计算机通过光纤连接在 HUB 上，其结构如图 13-51 所示。HUB 提供了一个共享内存空间，每个节点在本地都有一个该共享内存空间的映射。当任意一个实时处理机在本地节点卡的内存空间中操作时，HUB 内共享内存空间的数据就会被更新。同时，其他节点上的共享内存映射空间中的对应数据会被立即更新。这种实时网络具有低延迟、高传输率的优点，确保所有节点数据实时更新。

图 13-50　VMIC HUB 外观图

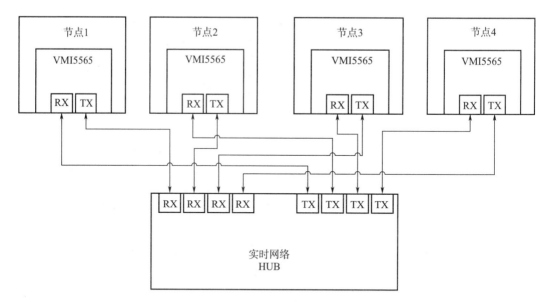

图 13-51　星型拓扑结构实时网络示意图

基于反射内存网络的半实物仿真具有很大的扩展性，可通过实时的 HUB 将仿真控制台、仿真计算机、舵机负载模拟器、仿真转台控制计算机、卫星导航信号模拟器、视景仿真计算机和数据采集及分析计算机等接入实时网络，基于此特点，大多分布式半实物仿真平台选用星型实时网络。

（4）反射内存存储空间分配

①反射内存编址

在组网前，需要对每块反射内存卡进行统一编址，以便反射内存网络形成一致连续的共享空间而不会发生冲突。

对反射内存卡进行编址是通过物理跳线实现的，即通过卡上跳线 S2 设置其在网络中的唯一 ID 号。

跳线 S2 有一排 8 个小开关，用这些开关即可完成统一编址。8 个小开关全部打开时，内部地址为 00000000，对应的反射内存卡为节点 0，仅第 1 个打开时，内部地址为 00000001，对应的反射内存卡为节点 1，第二个打开为节点 2，依次类推，按照二进制编码方式排列，依次为 1，2，4，8，16，32，64 及 128，例如 S2 跳线 6 为开，其他的为关，其地址编号为 0x00100000，即为 0x20。

②反射内存地址空间分配

由于实时网络系统的内存地址空间有限，所以每个节点计算机写入内存的数据需科学、合理和严格规划。常用的数据写入方式有如下两种：

（a）不进行地址空间分配

实时网络系统不进行地址空间分配，而按照具体节点进行数据通信，即数据发送端直接将所需的数据打包发送到对应的数据接收端。例如，0 号节点需要将一组数据 data（定义为 float data［9］）传递给 1 号节点，其语法如下：

发送方（0 号节点）：

```
……
retstatus = RFM2gWrite(rh,1,(void ＊)data,sizeof(float)＊9);
……
```

接收方（1 号节点）：

```
……
retstatus = RFM2gRead(rh,1,(void ＊)data,sizeof(float)＊9);
……
```

此方法简单，易操作，便于数据量较小时的数据传输操作。但此种方式在数据量大的时候，会引起溢出，无法保证同一帧数据的完整性，另外，当一段数据为多个节点同时需要时，此种方法就不够方便。

（b）反射内存地址空间分配方式

反射内存地址空间分配是通过软件接口控制文件定义好所有须使用内存空间的数据变量地址，同类数据连续分配地址单元，以便其他节点的计算机可以用直接内存访问方式一次性快速读取大量数据。同时，由于节点上的计算机在某个时刻写到某一内存地址段的多个数据会在下一仿真周期以新的结果刷新此段数据，为了保证其他计算机节点读到该地址段的数据是同一帧的数据，需为这段数据定义专门的地址单元标志该段数据的读写状态。

用此种方式时，可利用如下句子进行操作：

数据写入节点：

```
……
offset_read = 0x1000;
offset_write = 0x2000;
retstatus = RFM2gWrite(rh,offset_write,(void * )data,sizeof(float) * 9);
……
```

数据读取节点：

```
……
retstatus = RFM2gRead(rh,offset_read,(void * )data,sizeof(float) * 9);
……
```

数据写入节点只需将 data 数据写入到固定的地址 Off _ set _ write，需要用到此段数据的节点均可到该地址进行读写，此种方式下，发送方不需关注接收方，而只需按照事先约好的数据存储地址写入即可，同样，接收方也是如此。

③地址空间分配时的注意事项

在反射内存空间地址分配时，须注意所分配的空间应大于所需传递的数据长度并有一定的余量，应按照单个数据的字节数和数据段的数据个数来仔细计算所需的存储空间。

在地址空间分配及实时通信过程中，应有专用的数据记录空间和节点，做好试验状态和试验结果的记录。同时在每次仿真开始前应清空反射内存中原有的数据，以防误操作对仿真设备造成损坏。

（5）反射内存网通信方式

反射内存网通信有中断式通信和查询式通信两种方式，如图 13 - 52 所示。中断式通信相对于查询式通信具有如下优点：

1）发送方和接收方通过事件触发同步，能确保双方较好的同步；

2）计算机 CPU 占用小；

3）发送方可以同时向多个接收方发送数据，即一对多方式，也可以实现广播方式。

故在工程上，较多采用中断式通信。

采用中断式通信还得注意：

1）在初始化时，程序需要识别内存卡插在哪个 PCI 插槽内，据此构造设备名，如内存卡插在 PIC 第一个插槽内，对于基于 Windows 操作系统，则可以直接设置设备名，即令 device = '\\\\. \\rfm2g1'；

2）通过设备名获得内存卡的句柄，即 result = RFM2gOpen(device,&handle)，其后的编程操作都是对 handle 进行；

3）通常情况下，可根据发送数据和接收数据的字节数，设置发送数据和接收数据的起始位置，两者之间的差要大于数据所占的空间大小；

4）在编程实现上，通常采用多线程的方式实现发送及接收数据，当接收方调用

RFM2gWaitForEvent（）函数后，即挂起当前的线程，直到接收到发送的事件触发指令或等待超时才能恢复；

5）数据读写有两种方式，直接读写或内存映射。直接读写的相关函数有 RFM2gRead（）和 RFM2gWrite（）；内存映射的相关函数有 RFMUserMemory（）和 RFMUnMapUserMemory（）。

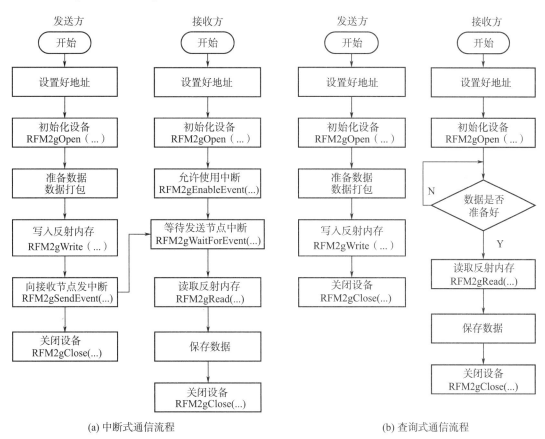

(a) 中断式通信流程　　　　　　　　　　　(b) 查询式通信流程

图 13-52　通信流程

典型的反射内存网通信代码如附录所示。

13.3.10　数据采集及分析系统

在仿真过程中，仿真模型和各个仿真节点将产生大量的仿真数据，因此需要设计数据采集及分析系统，其根据分布式仿真系统的要求实时采集、记录、处理仿真过程中产生的重要数据，并提供数据分析、对比、可视化等工具，便于对仿真数据进行事后的查看对比和统计分析。

（1）主要功能

数据采集和分析系统主要负责在半实物仿真过程中完成对仿真计算机以及其他参试的硬件设备的数据采集、处理及分析。

通常情况下，试验数据量巨大，需要对其进行管理以及配置，根据需要，提取有用的数据。采集的数据量较大，这些数据可以保存成 dat、mat、xls、txt 等格式，供事后分析处理。

根据配置文件，当每次试验结束后，可对其进行分析，并得到试验报告。

（2）技术指标

数据采集及分析系统需要完成仿真过程中的实时网络的数据记录与显示，其主要功能如下：

①硬件驱动功能

硬件驱动主要用于完成系统硬件的驱动和操作，包括反射内存卡、串口通信卡、不同的数据采集卡和视频采集卡。

②产品型号库功能

产品型号库功能是指根据不同型号的工作流程，编写不同的产品型号库，实现对不同型号的适应。主要包括型号库的标准模板、型号库的加载运行和型号库的调度管理。

③软件配置功能

软件配置功能除包括软件参数、管理模型名称、界面显示参数等内容外，还包括配置文件的管理。

④人机交互模块功能

人机交互模块主要用于界面显示、参数显示、曲线刷新、消息显示等功能，是软件与操作人员的交互区域，要求软件人机界面友好，操作方便、指示信息明确。

⑤数据记录功能

数据记录功能是指按照设定，能够从实时网络中读取相关仿真数据，并实时保存为数据文件。

⑥数据显示功能

数据显示功能是指在仿真过程中，以指示框、曲线等形式，实时显示仿真过程中的参数变化。

⑦数据分析功能

数据采集及分析系统应该具有较为丰富的数据分析功能，可提供曲线查看、对比、复制，具有数据统计、处理等分析工具。

（3）软件运行环境

软件运行环境如下：

1）操作系统：Windows XP SP3；

2）软件开发：Visual Studio 2008；

3）分析软件：基于 MATLAB 开发的分析软件。

（4）工作原理

根据数据采集及分析系统的任务需求，按照模块化设计原则，完成数据采集及分析系统的软件框架设计，如图 13-53 所示。

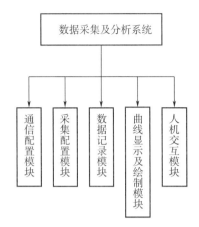

图 13 - 53　　数据采集及分析系统软件框架

从图 13 - 53 可以看出，数据采集及分析系统主要包括以下内容：

1）通信配置模块：对通信接口进行配置，用于完成实时网络的通信和数据传输等任务；

2）采集配置模块：根据每次试验的目的，可以配置所需采集数据、文件保存目录、数据文件采集周期等；

3）数据记录模块：根据配置信息，完成仿真数据的记录任务；

4）曲线显示及绘制模块：实时接收试验数据，并以曲线的形式实时显示某一些重要的数据，试验后，可以查看这次数据，或将所关注的几次数据归类进行绘制，以便进行分析对比；

5）人机交互模块：用于相应试验人员的相关操作，并给出各种软件提示信息。

下面简单地以曲线显示及绘制模块为例，将某三次试验数据归类绘制，如图 13 - 54～图 13 - 56 所示，分别为三次试验的位置变化曲线、飞行状态变化曲线以及弹道倾角和高度角变化曲线。

13.3.11　视景仿真系统

视景仿真系统用于仿真空地导弹从进入攻击区前，制导武器发射至击中目标全过程的动态实时演示，以三维动画及声音等形式，完整地展现整个飞行过程。使得参试人员能够产生身临其境的感觉，更加直观地了解和掌握飞行状态。

（1）功能

视景仿真系统负责场景变换、模型控制以及各种特效（如声音、发动机火焰、导弹飞行尾烟、命中时的爆炸效果）等，以便产生一个生动逼真的综合性场景，从而得到预期的仿真目的。

具体功能包括：

1）导弹飞行姿态及舵面偏转的可视化；

2）多自由度武器系统运动的可视化；

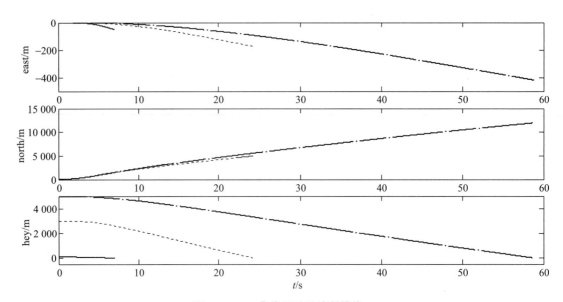

图 13 - 54　曲线显示及绘制模块 1

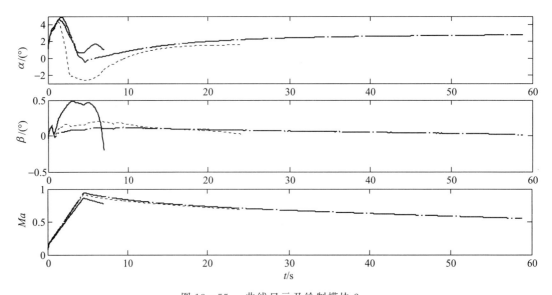

图 13 - 55　曲线显示及绘制模块 2

3）特效渲染，如云朵、烟雾、火光、导弹飞行尾焰、爆炸等；

4）声音渲染，可根据场景切换至相应声音以及声音提示；

5）环境渲染，实现各种大气环境以及时间、云层渲染；

6）仿真数据在线驱动，即可以通过实时网同仿真计算机连接，从而使仿真计算机接收武器系统的仿真数据，驱动武器系统运动及特效的实现；

7）数据回放和记录；

8）多视口动态显示；

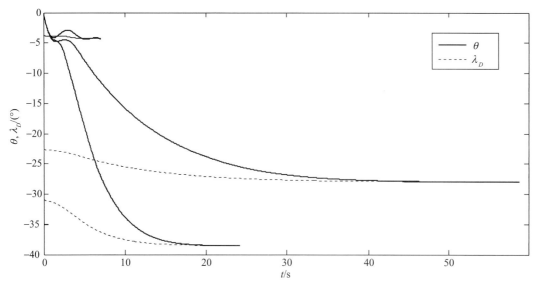

图 13 - 56　　曲线显示及绘制模块 3

9) 动态视点切换；

10) 视点脚本控制；

11) 地形数据库支持。

（2）硬件配置

视景仿真系统是典型的虚拟现实应用，一方面要满足实时可视化需求，系统对于主机 CPU、显卡及网卡等设备均有较高的要求；另一方面系统演示所需满足的真实和沉浸感对输出显示设备也有较高的要求。

显示系统由 1 台图形工作站、2 个分配器、1 台边缘融合及几何校正设备、2 台中高端仿真投影仪及投影屏幕组成。利用显卡产生信号的重叠区，利用边缘融合机来对图像进行融合及几何校正处理，利用仿真投影机显示输出，从而实现仿真投影显示。硬件配置见表 13 - 15。

表 13 - 15　硬件配置

序号	设备名称	配置	数量	备注
1	投影机	EPSON TW6300 投影仪： 显示技术：三片 LCD； 亮度：2 600 流明； 对比度：2 000 : 1； 标准分辨率：1 920×1 200； 投影光源：激光 支持 1 920×1 200@120 Hz 立体； 内置边缘融合以及几何校正	2	
2	投影屏幕	硬质投影幕，增益 1.0 　显示画面大小：高度 2.25 m，半径 3.6 m，弦长 5.7 m，弧长 6.6 m，视景视场角 105°	1	

续表

序号	设备名称	配置	数量	备注
3	光端机	DVI 信号光纤收发器,含 50 m 光纤	2	
4	图形工作站	HPZ840 图形工作站: CPU:至强 E5 - 2650V3×2; 显卡:NVidia Quadro K5200,8 GB; 内存:16 GB; 硬盘:SATA 1 TB; 显示器:35 寸显示器	1	
5	DVI 分配器	EXTRON DVI 1 进 2 出分配器	2	
6	线缆及配件	系统配件、线缆、吊架、系统实施等	1	
7	投影机吊架	定制	1	

（3）软件框架

按照模块化设计原则，搭建视景仿真系统的软件框架设计，如图 13 - 57 所示。

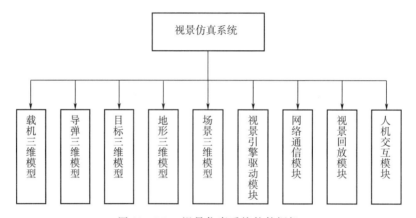

图 13 - 57　视景仿真系统软件框架

从图 13 - 57 中可以看出，三维视景仿真系统主要包括以下内容：

1）载机三维建模：用于完成载机的三维物体建模；

2）导弹三维建模：完成导弹的三维模型的建立，包括纹理，光影，特效等；

3）目标三维建模：完成攻击目标的三维建模；

4）场景三维建模：完成仿真场景的建立；

5）视景引擎驱动模块：根据仿真设置和仿真数据，通过调用 Vega 仿真驱动引擎，控制三维场景的显示；

6）网络通信模块：包含网络接口，用于完成实时网络的通信和数据传输等任务；

7）视景回放模块：用于三维视景的回放显示；

8）人机交互模块：试验人员通过该模块与系统交流并进行相关操作，模块给出各种软件提示信息。

（4）视景仿真软件界面

视景仿真软件界面如图 13 - 40 所示，可以根据需求设计视景仿真软件，可将显示分为多个模块，根据需求配置所需的模块。

13.3.12　试验状态

根据试验目的和弹上设备接入原则（逐步接入正式弹上设备），通过弹上控制设备实物组合，构成不同形式的半实物仿真平台，典型的弹上制导控制系统仿真试验名称及系统构成见表 13 - 16。

表 13 - 16　半实物仿真状态

序号	仿真试验名称	参试产品			
		弹载计算机控制软件	伺服机构	惯组	导引头
1	等效器状态半实物仿真试验	√			
2	伺服机构状态半实物仿真试验	√	√		
3	惯性测量单元状态半实物仿真试验	√	√	√	
4	反辐射导引头状态半实物仿真试验	√	√	√	√
5	红外导引头状态半实物仿真试验	√	√	√	√
6	激光半主动导引头状态半实物仿真试验	√	√	√	√

13.3.12.1　等效器状态半实物仿真试验

等效器状态半实物仿真试验为最简单的半实物仿真试验，使用仿真计算机模拟弹体在惯性空间的角运动和线运动，将制导控制系统软件移植至弹载计算机，其中伺服机构、惯组以及导引头均采用数学仿真模型。

此仿真试验主要考核运行于仿真计算机的各种数学建模是否正确，也可以通过设置伺服机构、惯组以及导引头等模型的参数进而考核这三种主要的弹上设备对制导控制系统的影响。

13.3.12.2　伺服机构状态半实物仿真试验

伺服机构状态半实物仿真试验使用仿真计算机模拟弹体在惯性空间的角运动和线运动，将制导控制系统软件移植至弹载计算机，接入真实的伺服机构，惯组以及导引头采用数学仿真模型。

相对于等效器状态半实物仿真试验，此仿真试验由于引入了伺服机构，可以考核真实伺服机构特性对制导控制系统的影响。通常情况下，伺服机构的响应延迟特性对制导控制系统的影响较大，可以优化伺服机构的控制系统进而提高制导控制系统的特性。

13.3.12.3　惯性测量单元状态半实物仿真试验

惯性测量单元状态半实物仿真试验使用仿真计算机模拟弹体在惯性空间的角运动和线运动，将制导控制系统软件移植至弹载计算机，接入真实的伺服机构和惯组，利用三轴转台和线加速度计模拟台模拟惯组在惯性空间中的线加速度和角速度，利用舵机负载台给伺服机构加载，使其模拟在飞行过程中真实的受载情况。

惯性测量单元状态半实物仿真试验可以考核伺服机构和惯组对姿控回路的影响，对于性能指标较差的惯组，可对其输出数据进行滤波处理，通过此半实物仿真试验可以有针对性地优化滤波器，进而改善控制品质。

半实物仿真试验开始前，仿真控制台和仿真计算机设置好弹体的初始条件（包括初始位置、速度、姿态、角速度和各种参数拉偏量）和目标运动特性，半实物仿真试验开始时，仿真计算机根据实际舵机系统的舵偏角和导弹的飞行状态计算弹体的角速度和加速度等消息，然后进行弹体运动学和动力学解算，将计算得到的加速度消息发送给线加速度计模拟台，由惯组输出加速度信息，将姿态角和角速度消息发送给转台控制器以驱动转台转动，安装在转台上的惯组输出角速度信息，将经过转台得到的角速度消息和经线加速度模拟器的加速度信息发送至弹载计算机，弹载计算机进行惯性导航或组合导航解算，制导模块基于导航结果和目标运动特性解算得到制导指令，姿控模块基于制导指令，结合弹体导航输出、弹体加速度和角速度信息进行姿控计算，得到姿控指令，即为舵偏指令；弹上舵控模块基于舵偏指令及反馈的实际舵偏以及舵控算法生成舵机控制量，驱动舵机转动，具体的流程如下：

1）给弹载计算机加电，自检，初始化，同时完成舵机加电，自检，初始化；

2）给转台和线加速度计模拟台上电，给相应的惯组上电；

3）运行仿真计算机软件，设置好各种参数拉偏量，进入等待仿真控制台发送仿真启动指令；

4）运行仿真控制台软件，设置好弹体的初始位置、速度、姿态与角速度等消息，向弹载计算机和仿真计算机装定此消息；

5）仿真计算机根据装定的姿态消息，驱动转台，使转台上的惯组姿态与装定的姿态消息一致，这时转台进入等待仿真驱动命令状态，仿真计算机软件进入等待运行指令状态；

6）仿真控制台收到仿真计算机和弹载计算机发送仿真准备完毕的指令，向仿真计算机和弹载计算机发送半实物启动指令；

7）弹载计算机将实际舵偏发送给仿真计算机；

8）仿真计算机在收到实际舵偏后，进行弹体动力学和运动学解算，得到导弹的飞行状态以及在惯性空间的加速度和角速度信息，将姿态角和角速度信息发送至转台控制器以驱动转台转动；将加速度信息发送给线加速度计模拟台，再将惯组输出的加速度和角速度信息发送至弹载计算机；

9）弹载计算机接收加速度和角速度信息并进行惯性导航或组合导航解算，再依次进行制导解算、姿控解算，基于舵控解算驱动舵机偏转；

10）弹载计算机实时采集真实舵偏角，发送至仿真计算机；

11）重复进行步骤7）～10），直到满足仿真结束条件；

12）向转台发送归零信号，转台转自初始的设定位置；

13）各种参试设备断电；

14）记录试验数据。

13.3.12.4 反辐射导引头状态半实物仿真试验

反辐射导引头状态半实物仿真试验使用仿真计算机模拟弹体在惯性空间的角运动和线运动，将制导控制系统软件移植至弹载计算机，接入真实的伺服机构、惯组和反辐射导引头，接入目标模拟器，主要考核反辐射导引头工作时序以及导引头性能对导弹制导控制系统的影响。

反辐射导引头状态半实物仿真试验流程如图 13-58 所示，试验将反辐射导引头和惯组放置于五轴仿真转台内三轴转台的内框工装，将目标模拟器发射天线放置于五轴仿真转台外两轴转台的内框负载安装面。由五轴仿真转台的内三轴转台和线加速度计模拟台模拟惯组在空中的线加速度和角速度，五轴仿真转台外两轴转台与目标模拟器模拟环境和导弹—目标之间的相对运动关系，利用舵机负载台给伺服机构加载，使其模拟在空中真实受载情况。

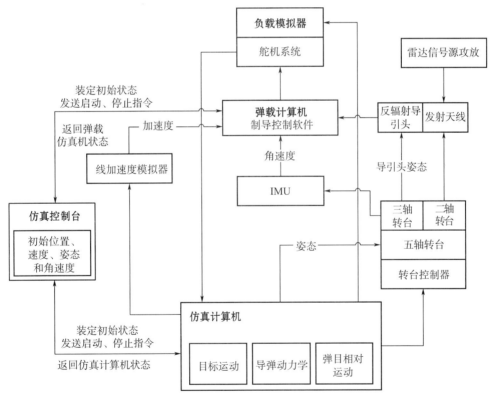

图 13-58 反辐射导引头状态半实物仿真试验流程

仿真试验的基本步骤为：

1）仿真计算机运行实时仿真程序，进入等待仿真启动指令状态；

2）弹载计算机加电，自检，初始化，运行制导控制软件，进入等待仿真启动指令状态；

3）线加速度模拟器加电，自检，初始化，进入等待仿真启动指令状态；

4）惯组加电，自检，初始化；

5）伺服机构加电，自检，初始化；

6）反辐射导引头加电，自检，初始化；

7）五轴仿真转台初始化，并进入等待控制指令状态；

8）目标射频模拟器加电，自检，初始化，并进入等待控制指令状态；

9）负载模拟器状态初始化，并进入等待控制指令状态；

10）各种数据记录和观测设备加电，初始化，进入等待仿真启动指令状态；

11）仿真计算机装定仿真拉偏条件；

12）仿真控制台给弹载计算机和仿真计算机装定导弹的投放条件以及目标运动信息；

13）根据初始弹体姿态和弹目视线角，给五轴仿真转台发送初始位置指令，五轴仿真转台各框架分别转至相应的位置；

14）仿真控制台等收到各参试设备发送的准备好仿真指令后，发出仿真启动指令，系统进入仿真状态；

15）当仿真控制台判断满足设定的停机条件时，仿真计算机和弹载计算机终止仿真运行；

16）伺服机构断电；

17）五轴仿真转台复位；

18）负载模拟器、射频目标模拟器恢复零位；

19）线加速度模拟器输出端口清零；

20）惯组、反辐射导引头断电；

21）保存并记录仿真试验数据；

22）仿真结束。

为了方便读者加深对反辐射导引头状态半实物仿真试验的理解，下面以某反辐射制导控制半实物仿真为例进一步说明此状态的仿真试验。

例 13 - 5　反辐射制导控制半实物仿真试验。

仿真条件：

1）投弹条件：投弹高度为 9 000 m，速度为 290 m/s，射向角为 10°，射程为 80 km。目标装定偏差：东向偏差 1 000 m，北向偏差 200 m。

2）结构拉偏：绕弹体 Ox_1、Oy_1 和 Oz_1 轴的转动惯量拉偏均为 -10.0%，轴向质心前移 85 mm（相当于气动静稳定度增加 0.026 4）。

3）气动拉偏：阻力拉偏 0.13，升力拉偏 -0.10，气动滚动、偏航、俯仰阻尼均拉偏 -50% 等。

4）风场：常值风为 0.5 倍风速，方向向北；切变风在高度区间 ［1 750 m，2 000 m］和 ［8 600 m，8 800 m］分别作用 5 m/s 的西风和东风，在高度区间 ［2 250 m，2 550 m］

和［8 300 m，8 500 m］分别作用向上 5 m/s 和向下 5 m/s 的垂直风。

试在以上仿真条件下进行半实物仿真，并对仿真结果进行分析。

解：搭建半实物仿真平台，进行半实物仿真，其仿真计算机软件运行界面如图 13 - 59 所示。

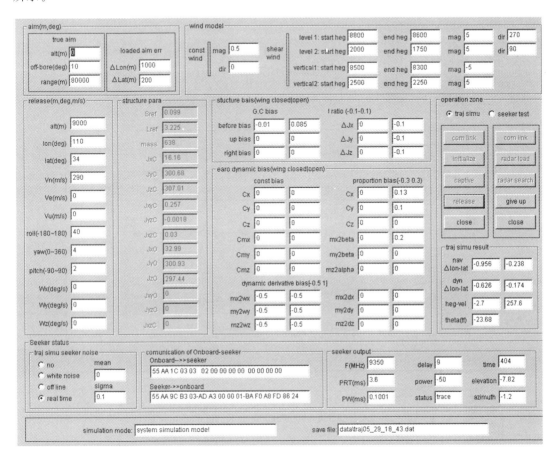

图 13 - 59　仿真计算机界面

仿真结果：如表 13 - 17 和图 13 - 60～图 13 - 67 所示，表 13 - 17 为弹道仿真的终端情况，包括弹道倾角、速度和脱靶量等。图 13 - 60 为导弹飞行弹道，图 13 - 61 为导弹飞行速度，图 13 - 62 为导弹飞行姿态，图 13 - 63 为导弹飞行攻角、侧滑角和马赫数，图 13 - 64 和图 13 - 65 分别为偏航和俯仰通道的中制导和末制导指令和响应，图 13 - 66 和图 13 - 67 分别为导引头捕获目标电磁信号载频、接收功率、进末制导标志位以及输出角度。

表 13 - 17　弹道仿真结果

弹道	射程/km	目标定位偏差/m		终端情况				
		东向	北向	弹道倾角/(°)	速度/(m/s)	侧向偏差/m	纵向偏差/m	脱靶量/m
1	80	1 000	200	−23.68	257.6	−0.626	0.174	0.649 7

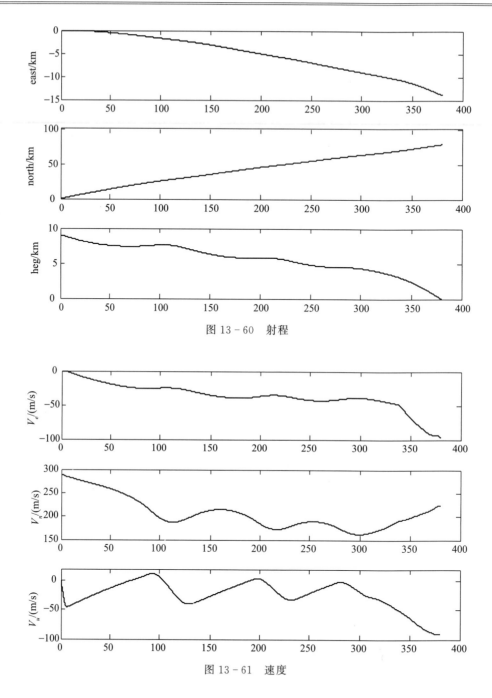

图 13 - 60　射程

图 13 - 61　速度

仿真结果分析：

（1）导引头输出

由图 13 - 65、图 13 - 66 和图 13 - 67 可知：1）导引头工作时序正常；2）在受到风切变时，导引头及时反映弹体姿态的变化，由此得到的制导指令变化平滑，说明导引头在受切变风后工作正常。

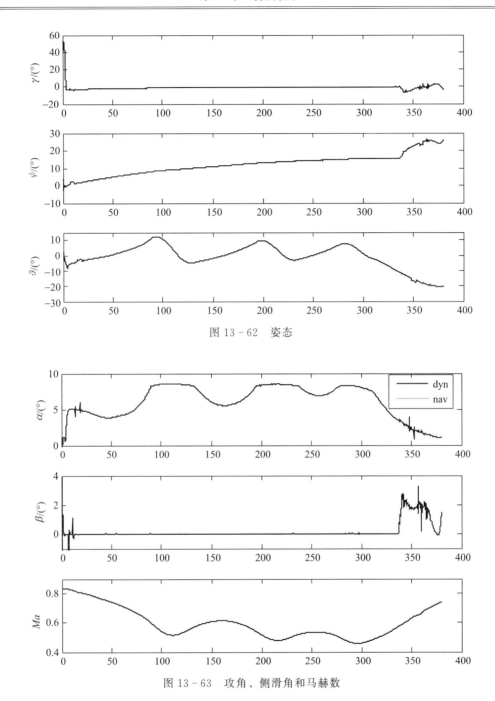

图 13 - 62　姿态

图 13 - 63　攻角、侧滑角和马赫数

（2）制导品质

由表 13 - 17、图 13 - 61～图 13 - 65 可知：1）中末制导交接班正常，中末制导变化平滑；2）在存在较大目标定位偏差的情况下，中制导可以引导弹体进入末制导；3）制导设计合理，具有较高制导精度和较佳的制导品质。

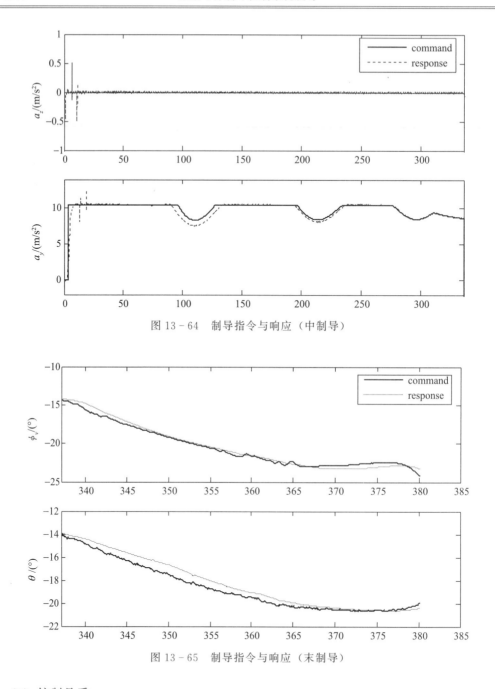

图 13 - 64　制导指令与响应（中制导）

图 13 - 65　制导指令与响应（末制导）

（3）控制品质

从时域上定性分析，在受外部扰动的情况下，姿态在一个振荡周期之内恢复至平衡状态。由此可知，控制回路在不同飞行状态下均具有很快的响应速度（即可间接说明控制回路具有足够的带宽），鲁棒性较强，控制品质良好。

在弹道时间 100 s 和 200 s 前后一段时间内，由于受顺风的影响，控制系统解算的动压（基于地速解算）与真实值存在较大的差别，这时导致飞行攻角较大，最大超过 8°，由于控制回路限幅的作用，俯仰舵进入了最大值限幅，使得响应没有跟上指令。

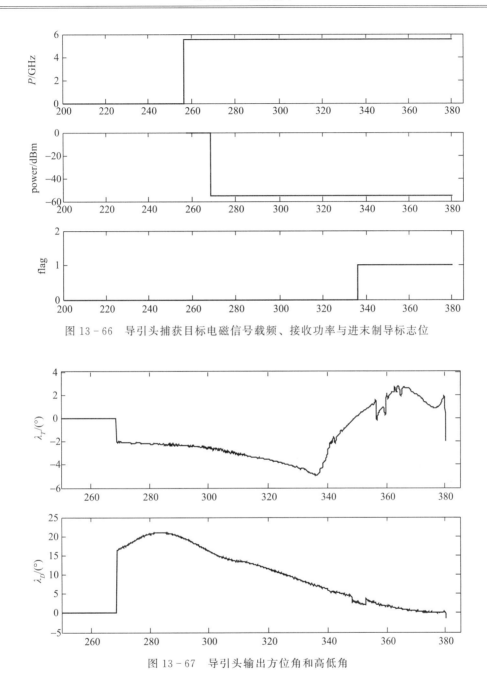

图 13 - 66 导引头捕获目标电磁信号载频、接收功率与进末制导标志位

图 13 - 67 导引头输出方位角和高低角

13.3.12.5 红外导引头状态半实物仿真试验

红外导引头状态半实物仿真试验使用仿真计算机模拟弹体在惯性空间的角运动和线运动,将制导控制系统软件移植至弹载计算机,接入真实的伺服机构、惯组和红外导引头,接入目标模拟器,主要考核红外导引头工作时序以及导引头性能对导弹制导控制系统的影响。

红外导引头状态半实物仿真试验流程如图 13 - 68 所示,此试验将红外导引头和惯组放置于五轴仿真转台内三轴台的内框工装，将红外目标模拟器放置于五轴仿真转台外两轴台的内框负载安装面。由内三轴转台和线加速度计模拟台模拟惯组在空中的角速度和线加速度，内三轴台模拟导引头在惯性空间的姿态运动，五轴仿真转台外两轴台与红外目标模拟器模拟环境和导弹—目标之间的相对运动关系，其中红外导引头和目标模拟器在五轴转台上安装时必须满足一定的空间几何关系，利用舵机负载台给伺服机构加载，使其模拟在空中真实受载情况。

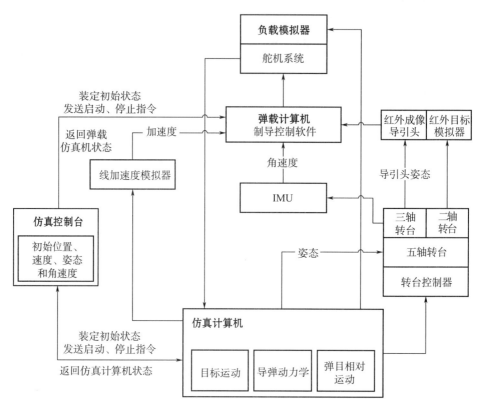

图 13-68　红外导引头半实物仿真试验流程

仿真试验的基本步骤为：

1）仿真计算机运行实时仿真程序，进入等待仿真启动指令状态；

2）弹载计算机加电，自检，初始化，运行飞行控制软件，进入等待仿真启动指令状态；

3）线加速度模拟器加电，自检，初始化，进入等待仿真启动指令状态；

4）惯组加电，自检，初始化；

5）伺服机构加电，自检，初始化；

6）红外导引头加电，自检，初始化；

7）五轴仿真转台初始化，并进入等待控制指令状态；

8）红外目标运动模拟器状态初始化，进入等待仿真启动指令状态；

9）负载模拟器状态初始化，并进入等待控制指令状态；

10）各种数据记录和观测设备加电，初始化，进入等待仿真启动指令状态；

11）仿真计算机装定仿真拉偏条件；

12）仿真控制台给弹载计算机和仿真计算机装定导弹的投放条件以及目标运动信息；负载模拟器状态初始化，进入等待仿真启动指令状态；

13）根据初始弹体姿态和弹目视线角，给五轴仿真转台发初始位置指令，五轴仿真转台各框架分别转至相应的位置；

14）仿真控制台等收到各参试设备发送的准备好仿真指令后，发出仿真启动指令，系统进入仿真状态；

15）当仿真控制台判断满足设定的停机条件时，仿真计算机和弹载计算机终止仿真运行；

16）伺服机构断电；

17）五轴仿真转台复位；

18）负载模拟器、红外目标模拟系统恢复零位；

19）线加速度模拟器输出端口清零；

20）惯组、红外成像导引头断电；

21）保存并记录仿真试验数据；

22）仿真结束。

13.3.12.6　激光半主动导引头状态半实物仿真试验

激光半主动导引头状态半实物仿真试验使用仿真计算机模拟弹体在惯性空间的角运动和线运动，将制导控制系统软件移植至弹载计算机，接入真实的伺服机构、惯组、激光半主动导引头，接入激光照射器，主要考核激光半主动导引头工作时序以及导引头性能对导弹制导控制系统的影响。

激光半主动导引头状态半实物仿真试验流程如图 13－69 所示，将激光半主动导引头和惯组放置于三轴转台的内框工装，将激光产生器放置地面，将激光照射器放置于二轴台的内框工装。由三轴转台模拟惯组在空中的角速度以及导引头在空中的姿态，由二轴转台依据前面的漫反射屏以及导引头的姿态等实时配合模拟真实目标漫辐射激光特性，模拟目标的运动特性，由线加速度计模拟台模拟惯组在惯性空间的线加速度；利用伺服机构负载模拟器给伺服机构加载，使其模拟在空中真实受载情况。

仿真试验的基本步骤为：

1）仿真计算机、视景仿真系统计算机、数据采集及分析计算机运行各自的仿真程序及软件，进入等待仿真启动指令状态；

2）弹载计算机加电，自检，初始化，运行飞行控制软件，进入等待仿真启动指令状态；

3）线加速度模拟器加电，自检，初始化，进入等待仿真启动指令状态；

4）惯组加电，自检，初始化；

5）激光半主动导引头加电，自检，初始化；

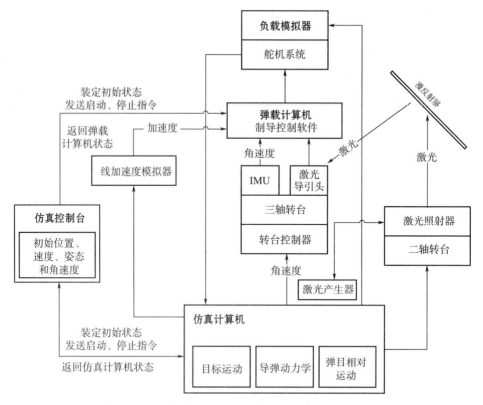

图 13-69　激光半主动导引头状态半实物仿真试验流程

6）激光照射器加电，自检，初始化；

7）负载模拟器状态初始化，并进入等待控制指令状态；

8）各种数据记录和观测设备加电，初始化，进入等待仿真启动指令状态；

9）三轴仿真转台初始化，并进入等待控制指令状态；

10）二轴转台初始化，并进入等待控制指令状态；

11）仿真计算机装定仿真拉偏条件；

12）仿真控制台给弹载计算机和仿真计算机装定导弹的投放条件以及目标运动信息；

13）三轴仿真转台根据装定的仿真条件，转至弹体初始姿态；

14）二轴转台根据装定的仿真条件，利用二轴转台的位置、导引头的位置及姿态、漫反射屏的位置，以及它们之间的几何关系，转至初始姿态；

15）仿真控制台等收到各参试设备发送的准备好仿真指令后，发出仿真启动指令，系统进入仿真状态；

16）弹目距离小于一定值时，激光照射器开始照射，激光半主动导引头开始工作，搜索、识别、捕获并锁定目标；

17）当仿真控制台判断满足设定的停机条件时，仿真计算机和弹载计算机终止仿真运行；

18）弹上电气系统断电；

19) 激光照射器断电；

20) 三轴仿真转台及二轴转台复位；

21) 负载模拟器复位；

22) 线加速度模拟器输出端口清零；

23) 惯组、导引头、照射器断电；

24) 保存并记录仿真试验数据；

25) 仿真结束。

为了方便读者加深对激光半主动导引头状态半实物仿真试验的理解，下面以某激光半主动导引头制导控制半实物仿真为例进一步说明此状态的仿真试验。

例 13 - 6　激光半主动导引头状态半实物仿真试验。

仿真条件：

1) 投弹条件：投弹高度为 4 000 m，速度为 39 m/s，射向角为 5°，射程为 4 000 m，目标定位偏差为东向偏差 50 m，北向偏差 50 m；目标移动速度为东速 15 m/s，北速 15 m/s。

2) 结构拉偏：绕弹体 Ox_1、Oy_1 和 Oz_1 轴的转动惯量拉偏均为 10.0%，轴向质心后移 25 mm（相当于弹体气动静稳定度拉偏 -0.02）；

3) 气动拉偏：滚动、偏航、俯仰舵效均拉偏 20%；气动阻尼均拉偏 50%；

4) 风场：常值风无；切变风在高度区间 [1 300　1 500 m] 和 [3 800 m　3 900 m] 作用 2.5 m/s 的西风和 5 m/s 的东风，在高度区间 [1 700 m　1 900 m] 和 [3 400 m　3 600 m] 分别作用向上 2.5 m/s 和 5 m/s 的垂直风。

试在以上仿真条件下进行半实物仿真，并对仿真结果进行分析。

解：按图 13 - 69 搭建分布式半实物仿真平台，进行半实物仿真，其仿真计算机界面如图 13 - 70 所示，视景仿真系统软件运行界面如图 13 - 71 所示，数据采集及分析系统软件运行界面如图 13 - 72 所示。

仿真结果：如表 13 - 18 和图 13 - 73 ～图 13 - 83 所示，表 13 - 18 为弹道仿真的终端情况，包括弹道倾角、速度和脱靶量等；图 13 - 73 为导弹飞行轨迹，图 13 - 74 为目标运动轨迹，图 13 - 75 为导弹和目标运动在水平面内的投影，图 13 - 76 为导弹速度，图 13 - 77 为导弹姿态，图 13 - 78 为导弹角速度，图 13 - 79 为导弹飞行攻角、侧滑角和马赫数，图 13 - 80 和图 13 - 81 分别为偏航和俯仰通道的中制导和末制导指令和响应，图 13 - 82 为弹目视线角和弹道角，图 13 - 83 为导引头输出角度信息。

进行半实物仿真后，运行控制系统分析软件，即可对刚才半实物仿真弹道进行时域和频域分析，结果如图 13 - 84 ～图 13 - 86 所示，其中图 13 - 84 为弹体被控对象参数，图 13 - 85 为控制器参数，图 13 - 86 为控制回路时域和频率性能。

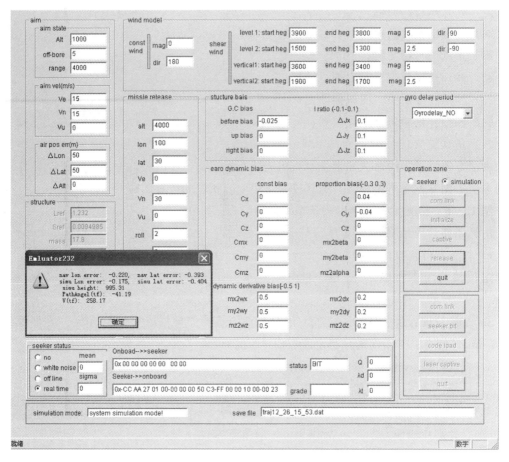

图 13-70 仿真计算机界面

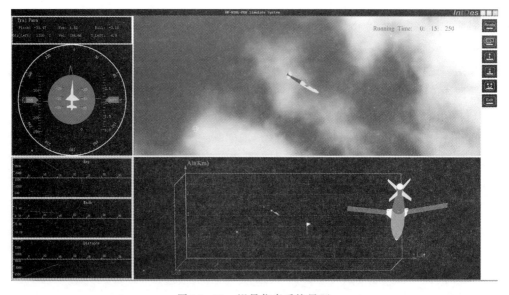

图 13-71 视景仿真系统界面

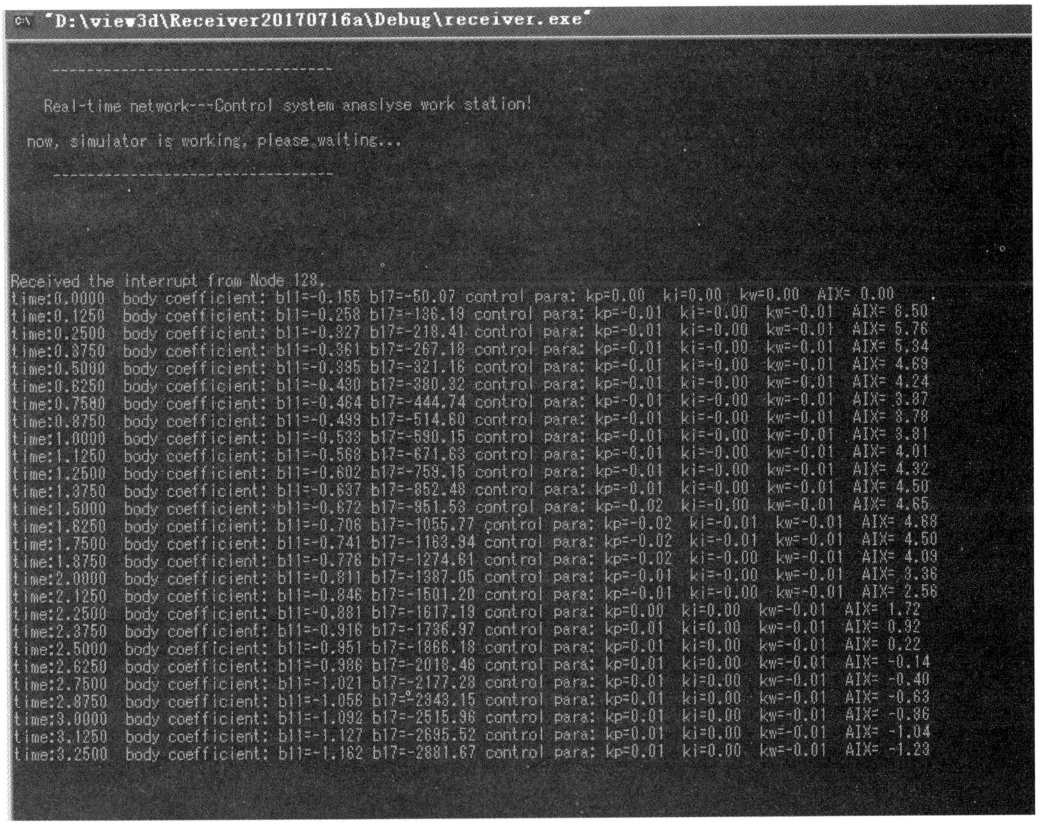

图 13 - 72　数据采集及分析系统界面

表 13 - 18　弹道仿真结果

弹道	射程/km	目标		终端情况				
		东速/(m/s)	北速/(m/s)	弹道倾角/(°)	速度/(m/s)	侧向偏差/m	纵向偏差/m	脱靶量/m
1	4	15	15	−39.49	261.61	−0.28	−0.16	0.32

仿真结果分析：

（1）导引头输出

由图 13 - 81 和图 13 - 83 可知：1）导引头工作时序正常；2）导引头输出角度伴随着一定的噪声，在一定程度上引起弹体抖动变大，如图 13 - 77 和图 13 - 78 所示；3）由于导引头伴随噪声以及干扰，加之弹体姿态角解算存在一定误差，另外由于导引头输出和导航输出在时标上可能存在时间差，所以基于导航姿态角解耦算法求的弹目视线角（在惯性坐标系下）存在一定误差，由此生成的制导指令也存在误差放大现象。

（2）制导品质

由表 13 - 18、图 13 - 80、图 13 - 81 和图 13 - 83 可知：1）中末制导交接班正常，中末制导弹道变化平滑；2）在存在较大目标定位偏差的情况下，中制导可以引导弹体进入

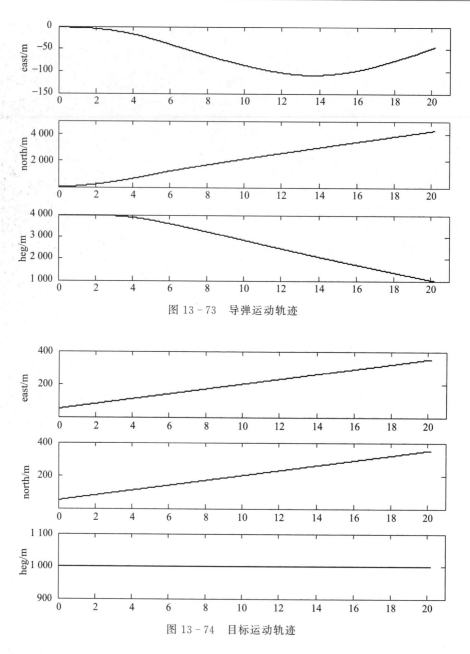

图 13-73　导弹运动轨迹

图 13-74　目标运动轨迹

末制导；3）制导设计合理，为了将由导引头输出角度误差对制导指令的影响降至最低，取导引系数较小的比例导引法。

（3）控制品质

时域定性分析：在受外部扰动的情况下，姿态在一个振荡周期之内恢复至平衡状态。由此可知，控制回路在不同飞行状态下均具有很快的响应速度（即可间接说明控制回路具有足够的带宽），鲁棒性较强，控制品质良好。

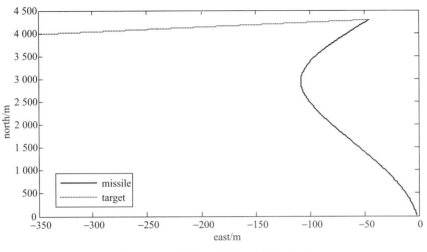

图 13 - 75　导弹和目标运动轨迹投影

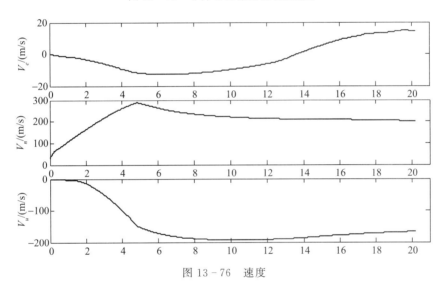

图 13 - 76　速度

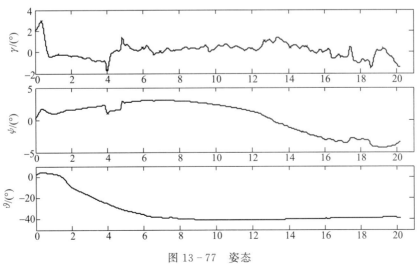

图 13 - 77　姿态

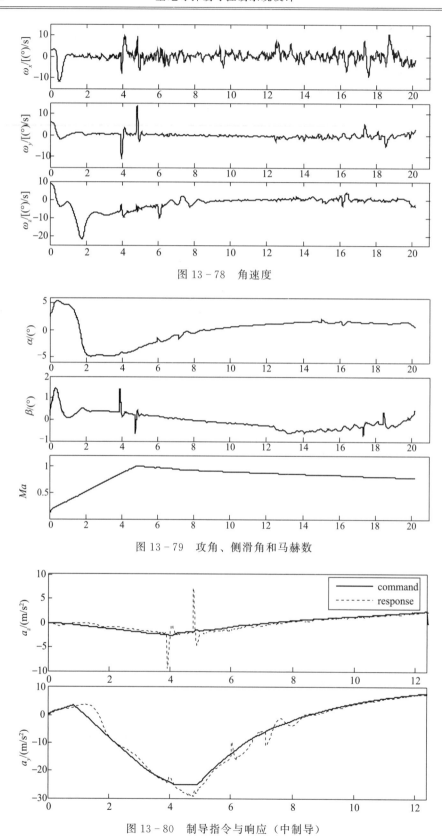

图 13 - 78　角速度

图 13 - 79　攻角、侧滑角和马赫数

图 13 - 80　制导指令与响应（中制导）

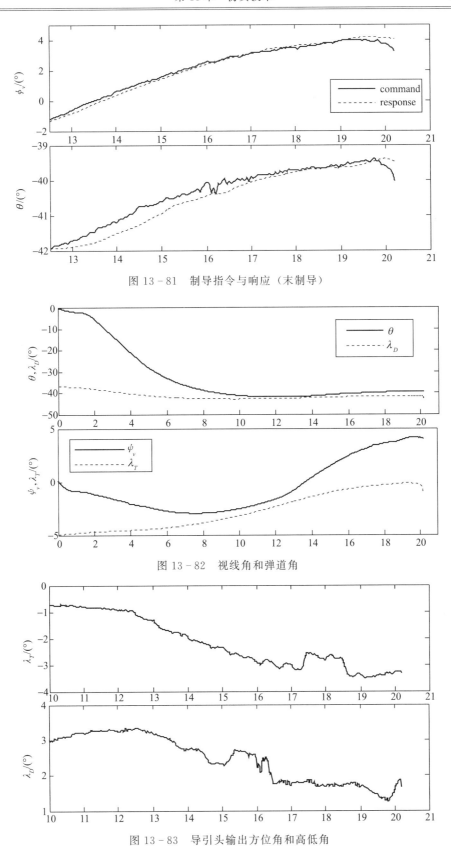

图 13-81　制导指令与响应（末制导）

图 13-82　视线角和弹道角

图 13-83　导引头输出方位角和高低角

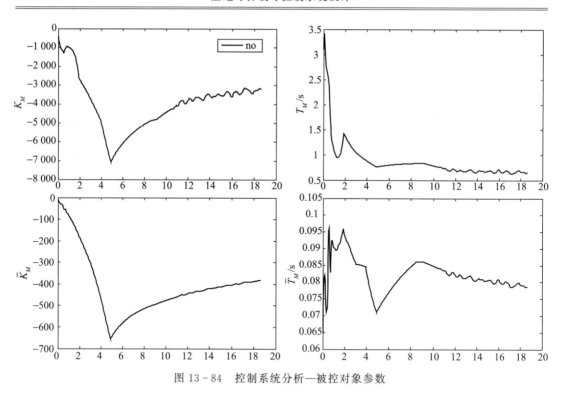

图 13-84　控制系统分析—被控对象参数

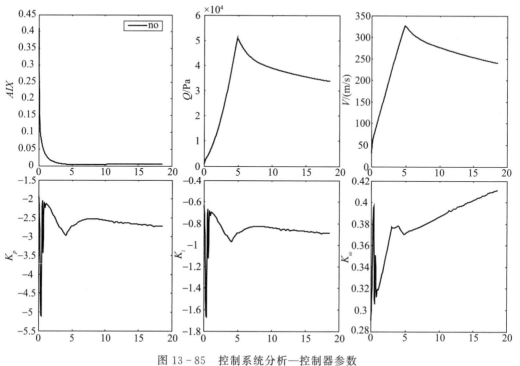

图 13-85　控制系统分析—控制器参数

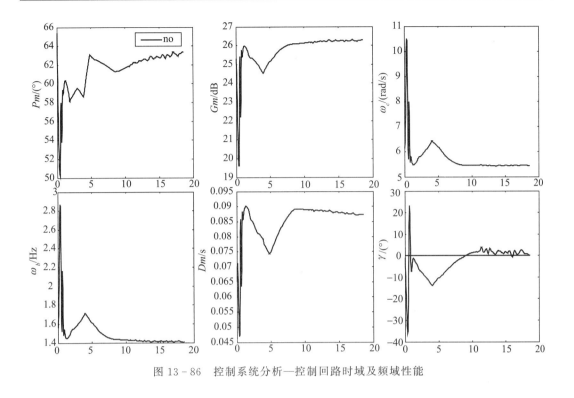

图 13-86 控制系统分析—控制回路时域及频域性能

13.3.13 仿真平台设计指标

基于现有的仿真技术发展水平，结合半实物仿真的性能要求，提出了仿真平台的设计指标。

13.3.13.1 设计指标

（1）实时性

实时性是半实物仿真平台设计中一项极为重要的设计指标，特别对高性能的仿真平台。根据对实时性的需求，基于目前的仿真技术水平以及制导姿控系统采样周期，确定系统仿真平台实时性要求，即确定最小仿真步长。

最小仿真步长是仿真平台实时仿真能力最重要的衡量指标，现在主流仿真平台的仿真步长可达 1 ms，即要求定时为 1 ms，甚至更低，定时精度小于 0.1 ms。

（2）扩展性

扩展性是半实物仿真平台必须具备的性能指标，一方面要求仿真平台的结构具有良好的可扩展性，即设计的仿真平台具有高度的模块化和通用化等特性，并留有通用的机械和电气接口，在后期，可根据型号研制需要方便扩展，为激光半主动制导、红外成像制导、电视成像制导、毫米波制导、反辐射制导、SAR 制导等体制提供试验条件；另一方面要求参试的软件采用模块化设计，具有软件扩展性，可以根据需求，更新、升级或增加新的功能模块；要求参试的硬件设备容易接入半实物仿真平台。

（3）模块化指标

仿真平台采用模块化设计，将整个系统分为多个子模块，可根据测试需求，确定相应的仿真模块。

（4）视景仿真

飞行控制半实物视景仿真以三维图像的方式模拟真实投弹情况，形象、直观地表现导弹从挂飞状态开始脱插飞行到落地的整个飞行过程，能够让设计者更加清晰地观察在整个仿真过程中导弹的运行轨迹、姿态等状态，并且能够及时发现仿真错误和分析错误原因，提高了工作效率，缩短了研制周期。

（5）制导控制系统分析技术

制导控制系统分析是现代半实物仿真平台应具备的功能模块，也是在理论上定量分析制导控制系统品质的依据。

通过离线或在线实时计算，在各种拉偏状态下，对全弹道状态或某一些特征点的控制系统裕度和时域响应特性进行计算及分析，进而考核控制系统的性能并进行优化。对制导回路的弹道特性进行分析，进一步优化制导律，改善制导弹道的品质，使其在各种拉偏状态下均保持较好的弹道特性以及制导精度。

（6）环境指标

1）设备储存温度：−10 ～40 ℃；

2）工作温度范围：15～35 ℃；

3）湿度范围：20%～80%；

4）电磁环境符合 GJB 151A 的规定。

（7）可靠性指标

1）使用寿命：≥20 年；

2）连续工作时间：≥10 h；

3）平均无故障工作时间：≥1 000 h。

13.3.13.2　实时性设计

仿真系统实时性定义：模拟真实系统工作，在规定的时间内完成系统规定的各种操作，即要求仿真系统的工作时序与真实系统保持一致。

实时性是分布式半实物仿真平台最为关键的性能指标之一，半实物仿真平台工作时序应与真实制导控制系统的工作时序一致，并在仿真步长内完成模型解算等仿真任务，从而为弹载计算机构建真实的外部环境，获得较高置信度的仿真结果。

仿真平台实时性设计需要在各个方面进行详细设计，包括仿真计算机选型、操作系统选型、软件设计、硬件设计以及实时通信网络等。

（1）仿真计算机

仿真计算机是仿真平台的核心，负责驱动各种模拟器的运行，需要采用高性能计算机。随着计算机硬件的发展，半实物仿真计算机在实际工程应用中达到的最小步长为 $100 \mu s$。

在工程上，随着 DSP 的飞速发展，其主频已高达 1 GHz，故也可以开发基于 DSP 的仿真计算机，由其承担仿真计算机的功能。

（2）操作系统

搭建实时半实物仿真平台需要在通用操作系统 Windows 下开发仿真计算机软件和主控台软件等，而通用操作系统是由分时操作系统发展而来，支持多用户—多任务以及多进程—多线程运行，负责管理众多的进程并为它们分配系统资源。在工程上常采用两种方法实现应用程序实时运行。

①基于实时操作系统

常见的实时操作系统有 VxWorks、C/OS - II、RT - Linux 与 QNX，它们各具特色，VxWorks 的衡量指标值最好，C/OS - II 最短小精悍，RT - Linux 支持调度策略的改写，QNX 支持分布式应用，但它们的缺点是支持的应用软件开发工具较少。

②通用操作系统 Windows＋嵌入式 RTX

此方案为 Windows 操作系统的实时操作扩展，安装嵌入式 RTX（Real - Time eXtension）后 Windows 操作系统即具备实时性能，可获得 0.1 μs 级的实时特性。此方案在保证仿真实时性的同时兼顾通用操作系统的优点，可基于 Visual C＋＋/Studio 开发所需的应用软件，开发简单，效率较高。

RTX 实时操作系统是 IntervalZero 公司的一款嵌入式软件产品，在 Windows 下安装 RTX 实时操作系统，拓展了 Windows 操作系统内核体系，修改并扩展了整个硬件抽象层 HAL（Hardware Abstraction Layer），实现了独立的内核驱动模式，形成与 Windows 操作系统并列的实时子系统 RTSS。

RTSS 在概念上类似于其他 Windows 子系统（如 Win32、POSIX、WOW、DOS），支持自己的运行环境和 API，RTSS 的一个重要特性：RTSS 不是使用 Windows 调度器，可执行自己的实时线程调度，对于一个单处理器环境中，所有的 RTSS 线程调度都发生在 Windows 调度之前，包括 Windows 管理的中断和延迟过程调用 DPCs（Deferred Procedure Calls）。

鉴于"通用操作系统 Windows＋嵌入式 RTX"的优点，半实物仿真平台常基于 Windows XP SP3＋ RTX 8.1 的操作系统结构，基于 Visual Studio 2008 开发应用软件，保证平台具有微秒级的切换及中断响应能力。

（3）软件

仿真计算机程序代码采用高效的 C 语言编写，并进行优化设计，对其软件的所占空间和运行时间进行严格测试，对于耗时较多的或占用存储空间较多的模块进行优化处理。

（4）实时通信网络

半实物仿真平台的实时性，是以仿真平台通信网络的实时性及参与试验设备的实时性为前提的。

仿真平台采用反射内存卡组网进行设备之间互联通信，根据测试，在实验室条件下，反射内存网络可以达到 20μs 内的端到端数据传输能力，网络传输延迟时间小，适用于半实物仿真应用中小数据包、高频次的实时通信要求。

实时通信网络采用星型拓扑结构的光纤反射内存网，即由 8 口反射内存 HUB 和若干个反射内存卡组成，其设备如表 13 - 19 所示，支持动态数据包从 4～64 B，最高支持128 MB 共享内存，最大 174 MB/s 传输速率，节点数据传输延迟不大于 400 ns。

表 13 - 19　实时网络组成

类型	型号	描述	制造商	数量
反射内存卡	VMIPMC - 5565	128 MB 内存，4 KB FIFOs，多模接口	GE	6
多模光纤	CBL - 000 - F6 - 004	32 ft (9.753 6 m)，LC - LC 接头，多模，双根	GE	12
反射内存 HUB	VMIACC - 5595 - 208	8 口反射内存 HUB，多模接口	GE	1

半实物仿真平台网络中的其他关键设备，如三轴仿真转台、舵机负载模拟器、GPS/BD - 2 信号模拟器等，均通过反射内存卡接口通信，内部采用实时操作系统或结合 DSP 控制器，实现设备的实时控制，不存在实时性瓶颈。对转台、负载模拟器设备的动态性能，则通过满足频响指标实现。

综合上述各个部分的实时性分析，完成某型导弹的半实物实时仿真，以顺利实现1 ms 仿真步长要求。

13.3.13.3　扩展性设计

半实物仿真平台作为制导控制系统的一个重要验证手段，其功能和技术也随着新研制导体制的出现，需要进行技术升级和功能升级，即仿真平台需要扩展性设计。

可以本着"先简单，后扩展"的原则，即在仿真平台的建设初期，优先根据需要搭建比较简单的仿真平台，例如惯组实物状态半实物仿真试验平台，在后续仿真平台升级过程中，拓展为反辐射导引头实物状态半实物仿真试验、红外导引头实物状态半实物仿真试验和激光半主动导引头实物状态半实物仿真试验等仿真平台。

扩展性容易程度是扩展性设计的一个很重要的内容，设计试验仿真平台时，需要充分考虑扩展性的需求：

（1）实验室布局及环境要求

设计实验室布局时，充分考虑后续各种导引头参与的半实物仿真所需的空间尺寸和环境要求。

（2）仿真控制台和实时网络设计

半实物仿真平台的整体构架以"仿真计算机＋仿真控制台＋实时网络"为基础，其他仿真硬件以仿真节点的形式接入仿真平台，由仿真控制台进行配置管理。

（3）试验电缆网设计

电缆网设计充分考虑扩展性需求，留有一定余量的各种接口以及一些转接接口。

（4）硬件接口设计

硬件接口设计充分考虑扩展性需求，选用较为常用的各种接口。

（5）软件设计

软件设计充分考虑扩展性需求，采用通用的操作系统、开发平台、编程语言、数据接口，采用模块化设计，保证软件的可移植性及扩展能力。

13.3.14　仿真结果评定

半实物仿真试验是在数学仿真试验之后，优化和验证制导控制系统性能的一个重要试验，由于在仿真平台接入了较难用数学建模的重要制导控制系统设备以及模拟环境，所以相对于数学仿真试验，半实物仿真试验可更全面地考核弹上的控制时序，考核执行机构、弹载计算机、惯组、导引头等重要单机对制导控制系统的影响，仿真试验更全面，置信度更高，仿真结果更接近于真实飞行状态。

在工程上，希望尽可能少进行弹道仿真，对仿真结果进行科学的评定，系统地对制导控制系统的性能和品质进行鉴定。

13.3.14.1　评定依据

仿真试验结果的评定依据是型号的《半实物仿真试验大纲》。

13.3.14.2　评定等级

其具体评定等级类似于 13.2.9 节介绍的内容，只是由于接入各弹上制导控制系统设备以及模拟环境，其仿真结果的弹道曲线没有数学仿真那么光滑。

附录

```c
#include "rfm2g_windows.h"
#include <stdio.h>
#include <string.h>
#include "rfm2g_api.h"


#define DEVICE_PREFIX    "\\\\.\\rfm2g"


#define BUFFER_SIZE     256
#define OFFSET_READ      0x1000
#define OFFSET_WRITE     0x2000
#define TIMEOUT         60000


RFM2G_INT32 rfm2g_receiver(void)


int main( int argc, char  * argv[])
{
```

```
RFM2G_STATUS    result;                    /*  Return codes from RFM2g API calls  */
RFM2G_CHAR      buffer[BUFFER_SIZE];  /*  Data shared with another node      */
RFM2G_INT32     i;                         /*  Loop variable                        */
RFM2G_NODE      otherNodeId;               /*  Node ID of the other RFM board    */
RFM2GEVENTINFO EventInfo;                  /*  Info about received interrupts     */
RFM2G_CHAR      device[40];                 /*  Name of VME RFM2G device to use    */
RFM2G_INT32     numDevice = 0;
RFM2G_CHAR      selection[10];
RFM2G_BOOL      loopAgain;
RFM2G_BOOL      verbose;
RFM2GHANDLE     Handle = 0;
RFM2G_NODE      NodeId;


numDevice = 1;
sprintf(device, "%s%d", DEVICE_PREFIX, numDevice);


result = RFM2gOpen( device, &Handle );   /*  Open the Reflective Memory device  */
if( result ! = RFM2G_SUCCESS )
{
    printf( "ERROR: RFM2gOpen()failed. \n" );
    printf( "Error: %s. \n\n",  RFM2gErrorMsg(result));
    return( - 1);
}


verbose = RFM2G_TRUE;
loopAgain = RFM2G_TRUE;


EventInfo. Event = RFM2GEVENT_INTR1;    /*  We'll wait on this interrupt  */
EventInfo. Timeout = TIMEOUT;            /*  We'll wait this many milliseconds  */
result = RFM2gEnableEvent( Handle, RFM2GEVENT_INTR1 );
if( result ! = RFM2G_SUCCESS )
{
    printf("Error: %s\n", RFM2gErrorMsg(result));
    RFM2gClose( &Handle );
    return(result);
}
```

```
do
{
    memset( buffer,0 ,BUFFER_SIZE );    / *  Initialize the data buffer  * /

    result = RFM2gWaitForEvent( Handle,&EventInfo );
    if( result = = RFM2G_SUCCESS )
    {
        printf( "\nReceived the interrupt from Node %d. \n",EventInfo. NodeId );
    }
    else
    {
        printf("Error: %s\n",RFM2gErrorMsg(result));
        RFM2gClose( &Handle );
        return( - 1 );
    }


    / * Now read data from the other board from OFFSET_READ * /
    result = RFM2gRead( Handle,OFFSET_READ,(void * )buffer,BUFFER_SIZE );
    if( result = = RFM2G_SUCCESS )
    {
        printf( "\nData was read from Reflective Memory. \n" );
    }
    else
    {
        printf( "\nERROR: Could not read data from Reflective Memory. \n" );
        RFM2gClose( &Handle );
        return( - 1 );
    }


    / * Now write the buffer into Reflective Memory starting at OFFSET_WRITE * /
    result = RFM2gWrite( Handle,OFFSET_WRITE,(void * )buffer,BUFFER_SIZE * 4 );
    if( result = = RFM2G_SUCCESS )
    {
        printf( "\nThe data was written to Reflective Memory"
            " starting at offset 0×%X. \n",OFFSET_WRITE);
    }
```

```
        else
        {
            printf( "\nERROR: Could not write data to Reflective Memory. \n" );
            RFM2gClose( &Handle );
            return( - 1 );
        }


        /* Send an interrupt to the other Reflective Memory board */
        result = RFM2gSendEvent( Handle,otherNodeId,RFM2GEVENT_INTR2,0 );
        if( result = = RFM2G_SUCCESS )
        {
            printf( "\nAn interrupt was sent to Node %d. \n",otherNodeId );
        }
        else
        {
            printf( "\nERROR: Could not send interrupt to Node %d. \n",otherNodeId );
            RFM2gClose( &Handle );
            return( - 1 );
        }
    }
    while( loopAgain = = RFM2G_TRUE );

    printf( "\nSuccess! \n\n" );

    /* Close the Reflective Memory device */
    RFM2gClose( &Handle );

    return( 0 );
}
```

参 考 文 献

［1］ 王玲，王会霞，田海涛 . QJ 1659A—2008 控制系统仿真试验要求 .

［2］ 薛定宇，陈阳泉 . 基于 MATLAB/Simulink 的系统仿真技术与应用［M］. 北京：清华大学出版社，2002.

［3］ 单家元，孟秀云，丁艳，等 . 半实物仿真［M］. 2 版 . 北京：国防工业出版社，2013.

第14章 控制系统计算机辅助设计

14.1 引言

在控制系统发展初期，控制工程师大多基于经典控制理论进行较为简单的控制系统设计，在计算机广泛应用之前，只能进行很烦琐的建模，然后选定某一组控制器参数，再计算开环系统的控制裕度、截止频率和带宽，判断是否满足设计指标，进而调节控制参数。整个控制系统设计复杂、烦琐、低效，而且只能设计较为简单的控制回路。

随着数字计算机技术的飞速发展，其应用领域也日益广泛，设计师自然而然想着利用计算机辅助进行各种分析、设计、制造等工程和理论工作，形成了许多新的研究和应用领域，例如计算机辅助分析、计算机辅助设计、计算机辅助制造等。控制系统计算机辅助设计（Control Systems Computer – aided Design，CSCAD）也是计算机辅助设计技术发展的一个重要分支。

14.2 CSCAD 定义

控制系统计算机辅助设计，有的文献称为计算机辅助控制系统设计（Computer – aided Design Control Systems，CADCS）或计算机辅助控制系统工程（Computer – aided Control Systems Engineering，CACSE），是伴随着控制理论和计算机技术发展起来的一门新技术和新学科，其运用计算机高速、高精度运算的特点，辅助控制系统设计师进行控制系统设计、分析与验证，是控制理论、计算机软件、计算方法及系统仿真等诸多学科结合的产物。借助于计算机辅助设计，控制系统设计师不仅可以避免控制系统设计中许多重复的、烦琐的计算，还可以在提高设计精度的同时，使设计师难以胜任的复杂的控制系统设计与分析成为可能。

14.3 CSCAD 发展

CSCAD 的研发开始于 20 世纪 50 年代，受限于当时控制系统理论和计算机硬件及软件发展水平，工程师大多只是单纯地使用计算机完成一些简单的控制系统计算，相对于工程师手动计算，确实起了一定的促进作用，但是其作用极为有限，并不能称为真正意义上的 CSCAD。真正意义上的 CSCAD 工作起源于 20 世纪的 60 年代末 70 年代初，那时经典控制理论和现代控制理论已有长足的发展，控制设计师也将传统的单变量系统频域分析设计方法与多变量系统的状态空间设计方法联系起来，使熟悉经典频域方法的工程人员较快地掌握多变量系统的设计方法，这时开发的 CSCAD 大多仅限于控制系统理论设计者使用，工程人员很少使用。80 年代中后期，随着个人计算机的普及，一些高校开始真正地研发 CSCAD，开发出一些较为经典的软件包，涉及控制系统的模型辩识、分析、设计、综合及仿真等。在 20 世纪 80—90 年代，随着个人计算机的普及和软件的极大发展，陆续开发出基于 Fortran、Basic 或 C 高级语言的各式各样的控制系统计算机辅助设计软件包或软件。

由于受到各方面因素的影响，中国控制系统计算机辅助设计研发开展较晚，历经 3 年在 1986 年 6 月，由来自中国科学院系统科学研究所、南开大学等单位多名知名专家（项目负责人为韩京清）组织开发的"中国控制系统计算机辅助设计软件包"（CCSCAD）通过了鉴定验收（但是后期并没有很好地加以推广应用），其收集了相当丰富的控制系统分析及设计方法，集中了自动控制系统中建模、辨识、分析、综合、自适应、最优控制、仿真等方面的经典和现代各种算法，包含控制系统设计辅助教学和辅助设计两个独立的子系统，采用 Fortran 语言编写，1 500 个子程序，15 万条程序语句。它包括多变量和单变量控制系统的建模、辨识、模型分析与变换、系统分析与设计、最优控制、系统仿真、系统预报等自动化系统设计的各种主要方法。专家们认为："该系统功能齐全，算法丰富，为国内首创，国际上也尚为少见"。

根据有关公开资料，显示其具有如下优缺点，优点：1）在成功利用计算机计算的高速度与高精度的同时，充分发挥了设计人员的分析、判断和决策作用，可以进行多种设计方法及方案的比较，在短时间内得到有利的解决方案；2）计算精度相比手工计算大为提高，从而提高了设计质量，另一方面也减少了现场调试时间；3）将专家的知识部分地集成在程序中，在理解系统性能指标的基础上，设计师的工作效率大为提高，缩短了控制系统设计时间。缺点：1）难以使用，用户必须经过大量的专业培训，才能熟悉软件所有子程序的调用方法、数据格式以及计算结果；2）使用死板，由于其不是采用便于大众理解及操作的大众软件，用户必须非常严格地按规定完成复杂的输入才能使用；3）智能程度不高，在控制系统设计过程中设计人员面临许多自由参数的选择，这些参数直接影响到设计的质量，而如何选择这些参数值非常富有技巧性；或者现有软件包将这些参数限制得过死，已经在程序中为用户设置好了，或者完全要由用户来输入，使用户感到非常棘手；4）软件的开放性较差，软件包一旦完成了，新的功能模块就很难加入。由于这些缺陷，这些软件只在熟悉它们的科研人员中应用，工程人员很少使用，故 CCSCAD 并不能算一个优秀可推广的商业软件。

随着计算机硬件的飞速发展以及操作系统和应用软件的完善，特别是 Windows 操作系统和 MATLAB 的出现和推广使用，CSCAD 有了质的飞跃，甚至不需要了解 C、C++ 等语言的情况下，只要熟悉 MATLAB 及控制系统设计即可开发 CSCAD 软件。

14.4　CSCAD 设计流程

随着 CSCAD 的飞速发展，CSCAD 已经应用于控制系统设计各个方面，例如控制系统被控对象建模及分析、系统辨识、控制器选择及设计、系统分析（时域和频域）及验证、仿真等经典控制和现代控制所涉及的各个方面。

CSCAD 设计流程如图 14-1 所示，主要涉及控制系统被控对象建模、控制回路设计、控制回路分析以及仿真等。

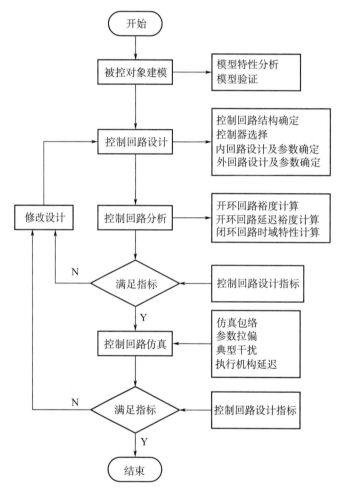

图 14-1　CSCAD 设计流程

（1）被控对象建模

传统控制系统设计的被控对象大多为实际物理实体，应用 CSCAD 进行控制设计前，需要针对被控对象的输入输出关系建立数学模型，模型的精确度直接关系到所设计控制系统的品质。在工程上，建模大致分为两类：1）在确定被控对象的动力学的基础上建立微分方程或差分方程，在此基础上，将其转换为传递函数；2）基于系统辨识方法，即将被控对象视为黑盒，输入典型的激励信号，测量其输出，根据其输入—输出关系建立被控对象的近似模型。

在建立模型之后，可应用 CSCAD 对模型进行时域和频域分析，分析其在低频、中频和高频的频域特性，这是后续控制回路设计的前提条件。

（2）控制回路设计

在分析被控对象中低频与高频的特性之后，可初步确定控制回路结构（单回路控制系统或多回路控制系统），若为多回路控制系统，还需确定内回路反馈控制器的结构及前向串联控制器的结构。

在确定内回路设计指标的基础上，可应用 CSCAD 计算内回路参数，即初步完成内回路设计，此后可应用 CSCAD 对内回路的时域和频域特性进行分析，特别得计算开环回路延迟裕度（对绝大多数控制回路来说，内回路的延迟裕度在较大程度上影响控制回路的控制品质）。

在内回路设计的基础上，可将内回路等价为一个新被控对象，依据控制回路的快速性（通常为截止频率）和新被控对象特性可计算得到串联控制器的各个参数，即确定串联回路的控制器。

根据以上分析，对于绝大多数经典控制回路而言，可应用 CSCAD 确定控制回路的结构，再进一步计算确定控制器参数，即可快速完成高控制品质控制系统设计，相比较传统控制系统设计而言则是巨大的进步。

（3）控制回路分析

在完成控制回路设计之后即需要对控制回路的特性进行定量分析，主要应用 CSCAD 进行如下工作：1）开环回路裕度计算，计算内回路和外回路的幅值裕度、相位裕度、截止频率以及带宽；2）开环回路延迟裕度计算，将多回路的控制回路进行等价变化，使其等价于一个单回路控制回路，在此基础上计算得到延迟裕度；3）控制回路时域特性测试，在输入典型信号的条件下，进行闭环回路的数值仿真，可计算得到控制回路的上升时间、超调量、调节时间以及半振荡次数。

由以上控制回路分析可初步判断控制回路的控制品质，依据设计指标判断控制回路是否满足设计要求，如满足则进行控制回路仿真，反之则重新设计或优化控制回路。

（4）控制回路仿真

控制回路仿真是在确定控制回路工作时的包络、系统参数拉偏和典型干扰等情况下进行，主要验证所设计控制回路在整个工作包络和可能碰见的拉偏条件下的控制回路控制品质及鲁棒性。

基于经典控制理论，可以人为设置执行机构的延迟进一步对控制回路的鲁棒性进行验证。

依据控制回路仿真，可全面考核控制回路的控制性能，如满足设计指标则可确定控制回路，反之则针对需要优化控制回路。

14.5　MATLAB 简介

20 世纪 70 年代，美国新墨西哥大学计算机科学系主任 Cleve Moler 为了减轻学生编程的负担，用 Fortran 语言编写了萌芽状态的 MATrix LABoratory（MATLAB）软件，包含一组调用 LINPACK 和 EISPACK 矩阵软件工具包库程序的"通俗易用"的接口。1984 年由 Little、Moler、Steve Bangert 合作成立的 MathWorks 公司，正式向市场推出商业化软件 MATLAB，这时 MATLAB 软件已改用更加高效的 C 语言编写软件内核，MATLAB 发展至今已成为集数值计算、符号运算及图形处理等强大功能于一体的科学计算语言，属于解释语言，是一种交互式的以矩阵为基础的计算软件，用于科学和工程的计算与可视化，主要包括 MATLAB 和 Simulink 两大部分。

MATLAB 语言基于矩阵运算，其指令表达式与数学、工程中常用的形式十分相似，故采用 MATLAB 来解算工程问题比采用 C，Fortran 等高级语言简洁得多，并且 MATLAB 也吸收了像 Maple 等软件的优点，使 MATLAB 成为一个非常强大的数学软件。为了方便程序高效运行，在后续版本中又加入了对 C 语言、Fortran 语言、C＋＋语言和 JAVA 的支持，用户可以通过接口直接调用已存在的程序模块。另外用户也可以将自己编写的实用程序导入到 MATLAB 函数库中方便自己以后调用，此外许多的 MATLAB 爱好者都编写了一些经典的程序，用户直接下载就可以用。

14.5.1　软件特点

MATLAB 软件主要特点为：

1）高效的数值计算及符号数计算功能，能使用户从繁杂的数学运算分析中解脱出来；

2）具有完备的图形处理功能，实现计算结果的可视化显示；

3）友好的用户界面及接近数学表达式的自然化语言，便于无编程基础学习者学习和掌握；

4）功能丰富的应用工具箱（如控制系统工具箱、信号处理工具箱、通信工具箱等），为用户提供了大量方便实用的处理工具。

14.5.2　软件优势

（1）编程环境简单

MATLAB 由一系列工具组成。这些工具方便用户使用 MATLAB 的函数和文件，其中许多工具采用的是图形用户界面，包括 MATLAB 桌面和命令窗口、历史命令窗口、编辑器和调试器、路径搜索和用于用户浏览帮助、工作空间、文件的浏览器等。随着 MATLAB 的商业化以及软件本身的不断升级，MATLAB 的用户界面也越来越精致，更加接近 Windows 的界面，人机交互性更强，操作更简单，而且 MATLAB 提供了完整的联机查询、帮助系统，极大地方便了用户学习及使用。简单的编程环境提供比较完备的调试系统，程序不必经过编译就可以直接运行，而且能够及时地报告出现的错误及进行出错原因分析。

（2）简单易用

MATLAB 是一个高级的矩阵/阵列语言，它包含控制语句、函数、数据结构、输入和输出、面向对象编程特点。用户可以在命令窗口中将输入语句与执行命令同步，也可以先编写好一个较大的复杂的应用程序（M 文件）后再一起运行。新版本的 MATLAB 语言基于最为流行的 C＋＋语言而建立，因此语法特征与 C＋＋语言极为相似，而且更加简单，更加符合科技人员对数学表达式的书写格式。使之更利于非计算机专业的科技人员使用。而且这种语言可移植性好、可拓展性极强，这也是 MATLAB 能够深入到科学研究及工程计算各个领域的重要原因。

（3）强处理能力

MATLAB 是一个包含大量计算算法的集合。其拥有 600 多个工程中要用到的数学运算函数，可以方便地实现用户所需的各种计算功能。函数中所使用的算法都是科研和工程计算中的最新研究成果，而且经过了各种优化和容错处理。在通常情况下，可以用它来代替底层编程语言，如 C 语言和 C＋＋语言。在计算要求相同的情况下，使用 MATLAB 的编程工作量会大大减少。MATLAB 的这些函数集包括从最简单、最基本的函数到诸如矩阵、特征向量、快速傅里叶变换的复杂函数。函数所能解决的问题大致包括矩阵运算和线性方程组的求解、微分方程及偏微分方程组的求解、符号运算、傅里叶变换和数据的统计分析、工程中的优化问题、稀疏矩阵运算、复数的各种运算、三角函数和其他初等数学运算、多维数组操作以及建模动态仿真等。

（4）图形处理

MATLAB 自产生之日起就具有方便的数据可视化功能，以将向量和矩阵用图形表现出来，并且可以对图形进行标注和打印。高层次的作图包括二维和三维的可视化、图像处理、动画和表达式作图。MATLAB 可用于科学计算和工程绘图。新版本的 MATLAB 对整个图形处理功能做了很大的改进和完善，使它不仅在一般数据可视化软件都具有的功能（例如二维曲线和三维曲面的绘制和处理等）方面更加完善，而且对于一些其他软件所没有的功能（例如图形的光照处理、色度处理以及四维数据的表现等），MATLAB 同样表现了出色的处理能力。同时对一些特殊的可视化要求，例如图形对话等，MATLAB 也有相应的功能函数，保证了用户不同层次的要求。另外，新版本的 MATLAB 还着重在图形用户界面（GUI）的制作上做了很大的改善，对这方面有特殊要求的用户也可以得到满足。

（5）专业工具箱

MATLAB 的一个重要特色就是具有一套程序扩展系统和一组称之为工具箱的特殊应用子程序，其中工具箱是 MATLAB 函数的子程序库，每一个工具箱都是为某一类学科专业和应用而定制的，主要包括控制系统、信号处理、图像处理、神经网络、小波分析和系统仿真等方面的应用。到目前为止，MATLAB 已经开发出来的工具箱延伸到了科学研究和工程应用的诸多领域，诸如数据采集、数据库接口、概率统计、样条拟合、优化算法、偏微分方程求解、神经网络、小波分析、信号处理、图像处理、系统辨识、控制系统设计、LMI 控制、鲁棒控制、模型预测、模糊逻辑、金融分析、地图工具、非线性控制设计、实时快速原型及半物理仿真、嵌入式系统开发、定点仿真、DSP 与通信、电力系统仿真等。

（6）程序接口和工具箱

MATLAB 可以利用 MATLAB 编译器和 C/C＋＋数学库及图形库，将自己的 MATLAB 程序自动转换为独立于 MATLAB 运行的 C 和 C＋＋代码。允许用户编写可以和 MATLAB 进行交互的 C 或 C＋＋语言程序。另外，MATLAB 的一个重要特色就是具有一套程序扩展系统和一组称之为工具箱的特殊应用子程序。工具箱是 MATLAB 函数的子程序库，每一个工具箱都是为某一类学科专业和应用而定制的，主要包括控制系统、系统仿真、信号处理、神经网络、模糊逻辑和小波分析等方面的应用。

14.5.3　MATLAB 工具箱

MATLAB 软件包含两部分内容，基本部分和根据专门领域的特殊需求而开发的各种工具箱。MATLAB 之所以能成为科研和工程界的"通用"语言，在很大程度上归功于工具箱数目的不断增加及功能的不断完善。

14.5.3.1　MATLAB 工具箱简介

工具箱按特性分为两类：1）通用型工具箱：主要用于扩充 MATLAB 的数值计算、符号运算、图形建模、仿真功能、文字处理功能以及与硬件实时交互功能，可应用于各种学科与专业；2）专用型工具箱：主要是针对某一专业或学科建立的专用工具箱，专业性很强，只适用于某一专业领域。

MATLAB 中常用的专业型工具箱如下：

1）MATLAB main toolbox——MATLAB 主工具箱

2）Control system toolbox——控制系统工具箱

3）Communication toolbox——通信工具箱

4）Financial toolbox——财政金融工具箱

5）System identification toolbox——系统辨识工具箱

6）Fuzzy logic toolbox ——模糊逻辑工具箱

7）Higher – order spectral analysis toolbox——高阶谱分析工具箱

8）Image processing toolbox——图像处理工具箱

9）Lmi control toolbox——线性矩阵不等式工具箱

10）Model predictive control toolbox——模型预测控制工具箱

11）U – Analysis and sysnthesis toolbox——U 分析工具箱

12）Neural network toolbox——神经网络工具箱

13）Optimization toolbox——优化工具箱

14）Partial differential toolbox——偏微分方程工具箱

15）Robust control toolbox——鲁棒控制工具箱

16）Spline toolbox——样条工具箱

17）Signal processing toolbox——信号处理工具箱

18）Statistics toolbox——符号数学工具箱

19）Simulink toolbox——动态仿真工具箱

20）System identification toolbox——系统辨识工具箱

21）Wavele toolbox——小波工具箱

14.5.3.2　控制系统工具箱简介

控制系统工具箱 Control system toolbox 具有非常强大的功能，几乎包含了控制工程设计所有的内容。用户只需在 MATLAB 的命令行中输入"help control system toolbox"，即可简要地查看控制系统工具箱的功能，如下所示。

Control System Toolbox

Version 6.0（R14）05 – May – 2004

General.

　　ctrlpref　　　—Set Control System Toolbox preferences.

　　ltimodels　　—Detailed help on the various types of LTI models.

　　ltiprops　　　—Detailed help on available LTI model properties.

Creating linear models.

　　tf　　　　　—Create transfer function models.

　　zpk　　　　—Create zero/pole/gain models.

　　ss，dss　　—Create state—space models.

　　frd　　　　—Create a frequency response data models.

　　filt　　　　—Specify a digital filter.

　　lti/set　　　—Set/modify properties of LTI models.

Data extraction.

　　tfdata　　　—Extract numerator（s）and denominator（s）.

　　zpkdata　　—Extract zero/pole/gain data.

　　ssdata　　　—Extract state—space matrices.

　　dssdata　　—Descriptor version of SSDATA.

　　frdata　　　—Extract frequency response data.

　　lti/get　　　—Access values of LTI model properties.

Conversions.

tf	—Conversion to transfer function.
zpk	—Conversion to zero/pole/gain.
ss	—Conversion to state space.
frd	—Conversion to frequency data.
chgunits	—Change units of FRD model frequency points.
c2d	—Continuous to discrete conversion.
d2c	—Discrete to continuous conversion.
d2d	—Resample discrete—time model.

System interconnections.

append	—Group LTI systems by appending inputs and outputs.
parallel	—Generalized parallel connection (see also overloaded ＋).
series	—Generalized series connection (see also overloaded ＊).
feedback	—Feedback connection of two systems.
lft	—Generalized feedback interconnection (Redheffer star product).
connect	—Derive state—space model from block diagram description.

System gain and dynamics.

dcgain	—D. C. (low frequency) gain.
bandwidth	—System bandwidth.
lti/norm	—Norms of LTI systems.
pole，eig	—System poles.
zero	—System (transmission) zeros.
pzmap	—Pole—zero map.
iopzmap	—Input/output pole—zero map.
damp	—Natural frequency and damping of system poles.
esort	—Sort continuous poles by real part.
dsort	—Sort discrete poles by magnitude.
stabsep	—Stable/unstable decomposition.
modsep	—Region—based modal decomposition.

Time—domain analysis.

ltiview	—Response analysis GUI (LTI Viewer).
step	—Step response.
impulse	—Impulse response.
initial	—Response of state—space system with given initial state.

　lsim　　　　　—Response to arbitrary inputs.

　gensig　　　 —Generate input signal for LSIM.

　covar　　　　—Covariance of response to white noise.

Frequency—domain analysis.

　ltiview　　　 —Response analysis GUI（LTI Viewer）.

　bode　　　　 —Bode diagrams of the frequency response.

　bodemag　　 —Bode magnitude diagram only.

　sigma　　　　—Singular value frequency plot.

　nyquist　　　 —Nyquist plot.

　nichols　　　 —Nichols plot.

　margin　　　 —Gain and phase margins.

　allmargin　　—All crossover frequencies and related gain/phase margins.

　freqresp　　 —Frequency response over a frequency grid.

　evalfr　　　　—Evaluate frequency response at given frequency.

　frd/interp　 —Interpolates frequency response data.

Classical design.

　sisotool　　　—SISO design GUI（root locus and loop shaping techniques）.

　rlocus　　　 —Evans root locus.

Pole placement.

　place　　　　—MIMO pole placement.

　acker　　　　—SISO pole placement.

　estim　　　　—Form estimator given estimator gain.

　reg　　　　　—Form regulator given state—feedback and estimator gains.

LQR/LQG design.

　lqr, dlqr　　 —Linear—quadratic（LQ）state—feedback regulator.

　lqry　　　　 —LQ regulator with output weighting.

　lqrd　　　　 —Discrete LQ regulator for continuous plant.

　kalman　　　—Kalman estimator.

　kalmd　　　 —Discrete Kalman estimator for continuous plant.

　lqgreg　　　 —Form LQG regulator given LQ gain and Kalman estimator.

　augstate　　 —Augment output by appending states.

State—space models.

    rss, drss　　—Random stable state—space models.

    ss2ss　　　—State coordinate transformation.

    canon　　　—State—space canonical forms.

    ctrb　　　—Controllability matrix.

    obsv　　　—Observability matrix.

    gram　　　—Controllability and observability gramians.

    ssbal　　　—Diagonal balancing of state—space realizations.

    balreal　　—Gramian—based input/output balancing.

    modred　　—Model state reduction.

    minreal　　—Minimal realization and pole/zero cancellation.

    sminreal　　—Structurally minimal realization.

控制系统工具箱几乎包含经典控制和现代控制的所有功能，MATLAB 为了方便用户学习与使用，提供典型控制系统演示例子，用户只需在 MATLAB 的命令行中输入 "help ctrldemos"，即可查看各种控制系统设计的演示例子。

14.5.4　控制系统工具箱应用

MATLAB 控制系统工具箱可完成绝大多工程控制系统设计，其集合了经典控制理论、现代控制理论等知识点，主要为线性时不变系统（Linear Time‑Invariant，LTI）的建模、分析和设计提供了一套丰富的基于图形界面的函数和工具，既支持连续和离散系统，也能处理 SISO 和 MIMO 系统，另外也支持非线性控制系统设计。

控制系统工具箱主要以线性时不变系统为基本研究对象，应用控制系统工具箱可对线性时不变对象进行建模，在分析模型特性的基础上设计控制回路，其后在时域和频域对设计的控制回路进行分析，最后或搭建 Simulink 控制回路或编写相应的数值仿真程序对所设计的控制回路进行仿真、分析及验证，并在需要的情况下修改控制系统的结构和参数以达到系统优化的目的，从而快速完成系统分析和设计，大幅提高控制回路分析及设计的效率。

14.5.4.1　模型创建

控制系统工具箱支持建立离散和连续系统模型，具有非常强大的功能：1）支持建立离散系统和连续系统的状态空间模型、传递函数模型、零极点增益模型，并可实现任意两者之间的转换；2）可通过串联、并联、反馈连接及更一般的框图建模来建立控制回路的模型；3）可通过多种方式实现连续系统的离散化，离散系统的连续化及重采样等。

控制系统工具箱涉及模型创建的函数如表 14‑1 所示，可分为三类：1）模型创建函数；2）提取模型参数函数；3）模型转换函数。

表 14 - 1　模型创建的 MATLAB 函数

序列	类型	MATLAB 函数	功能
1	模型创建	sys＝tf(num,den) sys＝tf(num,den,ts)	根据传递函数多项式创建连续线性模型 根据传递函数多项式创建离散线性模型
		sys＝zpk(z,p,k) sys＝zpk(z,p,k,ts)	根据零极点创建连续线性模型 根据零极点创建离散线性模型
		sys＝ss(a,b,c,d) sys＝ss(a,b,c,d,ts)	根据状态空间方程创建连续定常线性模型 根据状态空间方程创建离散定常线性模型
		Frd(⋯)	根据频率响应创建定常线性模型
		Filt (⋯)	根据采样周期创建滤波器
		lti/set(⋯)	定常线性模型
		co＝ctrb(a,b) co＝ctrb(sys)	返回可控矩阵[b ab a^2b ⋯]
		ob＝obsv(a,c) ob＝obsv(sys)	返回可观测矩阵[c; ca; ca^2 ⋯]
2	提取模型参数	[num,den]＝tfdata(sys)	返回模型的传递函数多项式参数
		[z,p,k]＝zpkdata(sys)	返回模型的零极点和增益
		[a,b,c,d]＝ssdata(sys)	返回模型的状态空间模型参数
		[a,b,c,d,e]＝dssdata(sys)	返回模型的状态空间模型参数
		[resp,freq]＝frdata(sys)	返回 FRD 模型的 resp 和频率向量 freq
3	模型转换	[z,p,k]＝tf2zp(num,den)	传递函数模型转换为零极点增益模型
		[num,den]＝zp2tf(z,p,k)	零极点增益模型转换为传递函数模型
		[a,b,c,d]＝tf2ss(num,den)	传递函数模型转换为状态空间模型
		[num,den]＝ss2tf(a,b,c,d,iu)	状态空间模型转换为传递函数模型
		[a,b,c,d]＝zp2ss(z,p,k)	零极点增益模型转换为状态空间模型
		[z,p,k])＝ss2zp(a,b,c,d,iu)	状态空间模型转换为零极点增益模型
		sysd＝c2d(sysc,ts,method)	依据采样时间 ts 将连续模型转换为离散模型
		sysc＝d2c(sysd,method)	将离散模型转化为连续模型
		sys＝d2d(sys,ts,method)	不同采样频率的离散模型之间转换

（1）建立模型

线性定常系统常用三种不同模型表示，即传递函数模型、零极点增益模型以及状态空间模型等。

①传递函数模型

模型按特性可分为两类，连续系统和离散系统，下面分别简单加以介绍。

（a）连续系统

连续系统常用微分方程或微分方程组表示，假设系统的输入为 $u(t)$，输出为 $y(t)$，则系统可用如下微分方程表示

$$a_n \frac{\mathrm{d}^n y(t)}{\mathrm{d}t^n} + a_{n-1} \frac{\mathrm{d}^{n-1} y(t)}{\mathrm{d}t^{n-1}} + \cdots + a_1 \frac{\mathrm{d}y(t)}{\mathrm{d}t} + a_0 y(t)$$

$$= b_m \frac{\mathrm{d}^m u(t)}{\mathrm{d}t^m} + b_{m-1} \frac{\mathrm{d}^{m-1} u(t)}{\mathrm{d}t^{m-1}} + \cdots + b_1 \frac{\mathrm{d}u(t)}{\mathrm{d}t} + b_0 u(t) \quad m \leqslant n \tag{14-1}$$

假设 $y(t)$ 和其各阶导数的初始值均为 0，则对式（14-1）进行拉氏变换即可得系统的传递函数模型

$$sys(s) = \frac{num(s)}{den(s)} = \frac{b_m s^m + b_{m-1} s^{m-1} + \cdots + b_0}{a_n s^n + a_{n-1} s^{n-1} + \cdots + a_0} \tag{14-2}$$

MATLAB 控制系统工具箱采用 tf（…）函数创建连续系统的传递函数模型，具体如下：

```
num = [bm, ⋯, b0];
den = [an, ⋯, a0];
sys = tf(num, den);
```

注：MATLAB 编辑器中的程序代码其字体和书写格式不如公式丰富，代码中的 num 即代表式（14-2）中的 $num(s)$，den 即代表式（14-2）中的 $den(s)$，bm 即代表式（14-2）中的 b_m，其他的也类似。

（b）离散系统

离散系统常用差分方程或差分方程组表示，假设系统采样时间为 T，系统在第 kT 的输入为 $u(kT)$，输出为 $y(kT)$，则系统可用如下差分方程表示

$$a_n y(kT) + a_{n-1} y((k-1)T) + \cdots + a_1 y((k-n+1)T) + a_0 y((k-n)T)$$

$$= b_n u(kT) + b_{n-1} u((k-1)T) + \cdots + b_1 u((k-n+1)T) + b_0 u((k-n)T) \quad m \leqslant n$$

对上式应用 z 变换，可得离散系统的传递函数为

$$H(z) = \frac{num(s)}{den(s)} = \frac{b_n z^{n-1} + b_{n-1} z^{n-1} + \cdots + b_1 z + b_0}{a_n z^{n-1} + a_{n-1} z^{n-1} + \cdots + a_1 z + a_0}$$

MATLAB 采用 tf（…）函数创建离散系统的传递函数模型，具体如下：

```
num = [bm, ⋯, b0];
den = [an, ⋯, a0];
sys = tf(num, den, T);
```

需要说明的是：MATLAB 提供非常人性化的函数命名规则以及函数参数排列规范，便于用户学习及掌握。以离散与连续系统模型的创建为例，两系统模型创建语句相同，唯一区别是：创建离散系统模型的函数其参数列表相对于连续系数多一个系统采样时间。

②零极点增益模型

连续系统的零极点增益模型表示如下

$$G(s) = k \frac{(s - z_1)(s - z_2) \cdots (s - z_m)}{(s - p_1)(s - p_2) \cdots (s - p_n)} \quad m \leqslant n$$

其中 k 称为传递函数或根轨迹增益（注意区别于模型增益 $K = k \prod_{i=1}^{m} z_i / \prod_{j=1}^{n} p_j$）；$z_1$，$z_2$，…，$z_m$ 为模型零点；p_1，p_2，…，p_n 为模型极点。

MATLAB 控制系统工具箱采用 zpk（…）函数创建连续系统的零极点增益模型，具体如下：

```
z = [z1,z2,…,zm];
p = [p1,p2,…,pn];
k = K;
sys = zpk(z,p,k);
```

创建离散系统零极点增益模型的 MATLAB 函数类似于连续系统，代码如下

$$sys = zpk(z,p,k,Ts)$$

③状态空间模型

连续系统的状态空间模型表示如下

$$\begin{cases} \dot{x} = Ax + Bu \\ y = Cx + Du \end{cases} \tag{14-3}$$

其中方程组第 1 式为状态方程，第 2 式为输出方程，其中 x，u 和 y 分别为状态向量，控制变量和输出变量；A 为状态矩阵，B 为控制矩阵，C 为输出矩阵，D 为输出控制矩阵，通常情况下为 0。

MATLAB 提供 ss()函数创建连续系统的状态空间模型

$$sys = ss(A,B,C,D)$$

其离散系统状态空间模型的创建类似于连续系统，代码如下

$$sys = ss(A,B,C,D,Ts)$$

在工程上常对空间状态模型的可控性和可观测性进行分析，MATLAB 提供函数 ctrb() 和 obsv() 可分别求出状态空间系统的可控矩阵和可观性矩阵

$$co = ctrb(A,B) \quad ob = obsv(A,C)$$

对于 $n \times n$ 矩阵 A，$n \times m$ 矩阵 B 和 $p \times n$ 矩阵 C，ctrb（A，B）可以得到 $n \times nm$ 可控性矩阵

$$co = [B, AB, A^2B, \cdots, A^{n-1}B]$$

采用 obsv(A,C)可以得到 $nm \times n$ 可观性矩阵

$$ob = [C; CA; CA^2, \cdots, CA^{n-1}]$$

当 co 的秩为 n 时，系统可控，当 ob 的秩为 n 时，系统可观测。

（2）提取模型参数

在一些场合下需针对某已创建的模型提取其特征参数，如表 14-1 所示，其中 tfdata()、zpkdata()和 ssdata()的调用如下。

①tfdata()调用格式

MATLAB 函数 tfdata()的调用格式为

```
[num,den] = tfdata(sys)
[num,den] = tfdata(sys,'v')
[num,den,Ts,Td] = tfdata(sys)
```

式中，num，den 分别为系统 sys 的传递函数模型分子和分母多项式。

②zpkdata()调用格式

MATLAB 函数 zpkdata()的调用格式为

[z,p,k] = zpkdata(sys)

[z,p,k] = zpkdata(sys,'v')

[z,p,k,Ts,Td] = zpkdata(sys)

式中，z，p，k 分别为系统 sys 零极点增益模型零点、极点和增益。

③ssdata()调用格式

MATLAB 函数 ssdata()的调用格式为

[A,B,C,D] = ssdata(sys)

[A,B,C,D,Ts,Td] = ssdata(sys)

式中，A，B，C，D 分别为系统 sys 状态空间模型对应的状态矩阵、控制矩阵、输出矩阵和输出控制矩阵。

（3）模型转换

MATLAB 控制系统工具箱提供离散系统和连续系统的状态空间模型、传递函数模型、零极点增益模型之间相互转换函数，如表 14 - 1 所示，主要有三对互相转换的指令，即 tf2zp()与 zp2tf()、tf2ss()与 ss2tf()、zp2ss()与 ss2zp()。其中 tf2zp()将系统传递函数模型转换为零极点增益模型，即可得到模型的零点、极点和增益，zp2tf()则是将系统零极点增益模型转换为传递函数模型。其他两对互相转换指令的功能类似。

随着数字控制的发展，数字控制回路设计常需要将连续系统转化为离散系统。下面介绍将连续系统（14 - 3）转换为离散系统算法，假设采样周期为 T_s，则离散化后模型可表示为

$$\begin{cases} \boldsymbol{x}\big[(k+1)T_s\big] = \boldsymbol{G}\boldsymbol{x}(kT_s) + \boldsymbol{H}\boldsymbol{u}(kT_s) \\ \boldsymbol{y}(kT_s) = \boldsymbol{C}\boldsymbol{x}(kT_s) + \boldsymbol{D}\boldsymbol{u}(kT_s) \end{cases}$$

式中，$\boldsymbol{G} = \mathrm{e}^{\boldsymbol{A}T_s}$，$\boldsymbol{H} = \int_0^{T_s} \boldsymbol{B}\,\mathrm{d}t$。

MATLAB 控制系统工具箱提供了函数 c2d()、d2c()和 d2d()实现离散系统与连续系统之间的相互转换以及不同采样时间离散系统之间的相互转换，其中函数 c2d()是将连续系统离散化，其格式为

$$\mathrm{sysd} = \mathrm{c2d}(\mathrm{sysc,ts,method})$$

其中 sysc 为待离散化的连续系统，sysd 为 sysc 离散化后的离散模型，ts 为采样时间，method 为离散化方法，具体意义见 7.14.7 节。

将离散系统连续化的函数为 d2c()，其调用格式为

$$\mathrm{sysc} = \mathrm{d2c}(\mathrm{sysd,method})$$

例 14 - 1　模型创建。

某面对称制导武器，其动力系数如例 12 - 3 所示，创建二阶被控对象的多项式传递函数模型、零极点增益模型以及状态空间模型，并将其离散化（采样周期为 5 ms），针对其

状态空间模型分析其可控性和可观测性。

解： 利用控制系统工具箱提供的函数编写代码，如表 14-2 所示，运行程序可得：

① 多项式传递函数模型为

$$body(s) = G_{\delta_z}^{\omega_z}(s) = \frac{-1.75s - 2.0616}{0.0118s^2 + 0.0578s + 1}$$

② 零极点增益模型为

$$body(s) = \frac{-148.7(s + 1.178)}{(s + 2.457 + 8.8843i)(s + 2.457 - 8.8843i)}$$

其零点为 -1.1781，极点为 $-2.4572 \pm 8.8843i$，增益为 -148.7。

③ 状态空间模型为

$$\begin{cases} \begin{bmatrix} \Delta\dot{\omega}_z \\ \Delta\dot{\alpha} \end{bmatrix} = \begin{bmatrix} -3.646 & -80.34 \\ 1 & -1.269 \end{bmatrix} \begin{bmatrix} \Delta\omega_z \\ \Delta\alpha \end{bmatrix} + \begin{bmatrix} -148.7 \\ -0.1674 \end{bmatrix} \Delta\delta_z \\ \begin{bmatrix} \Delta\omega_z \\ \Delta\alpha \end{bmatrix} = \begin{bmatrix} 1 & 0 \\ 0 & 1 \end{bmatrix} \begin{bmatrix} \Delta\omega_z \\ \Delta\alpha \end{bmatrix} \end{cases}$$

④ 其离散模型为

$$body(z) = \frac{-0.3681z^2 - 0.002162z + 0.366}{z^2 - 1.974z + 0.9757} = \frac{-0.3681 - 0.002162z^{-1} + 0.366z^{-2}}{1 - 1.974z^{-1} + 0.9757z^{-2}}$$

⑤ 可控性和可观测性

可控矩阵和可观测矩阵分别为

$$co = \begin{bmatrix} -148.7 & 555.6098 \\ -0.1674 & -148.4877 \end{bmatrix}, \quad ob = \begin{bmatrix} 1 & 0 \\ 0 & 0 \\ -3.646 & -80.344 \\ 0 & 0 \end{bmatrix}$$

故模型可控又可观测。

表 14-2　模型创建代码

```
%  ex14_04_1. m
%  developed by qiong studio
close all ; clear all ; clc ;

ts = 0. 005
a24 = - 80. 344 ;
a25 = - 148. 7 ;
a24t = 0 ;
a34 = 1. 2685 ;
a35 = 0. 1674 ;
a22 = - 3. 646 ;

t1dott2 = a35/(a25 * a34 - a35 * a24) ;
t1addt2 = - a35 * (a22 + a24t)/(a25 * a34 - a35 * a24) ;
Km = ( - a25 * a34 + a35 * a24)/(a22 * a34 + a24) ;
```

续表

```
T1 = ( − a35 * a24t + a25)/( a25 * a34 − a35 * a24) ;

Tm = 1/( − a24 − a22 * a34)^0. 5 ;

Zeta = 0. 5 * ( − a22 − a24t + a34) * Tm

body1 = tf([Km * T1 Km],[Tm^2 2 * Tm * Zeta 1]) ;

[z,p,k] = tf2zp([Km * T1 Km],[Tm^2 2 * Tm * Zeta 1]) ;

body2 = zpk(z,p,k) ;


A = [a22 a24;1 − a34] ;

B = [a25; − a35] ;

C = [1 0; 0 0] ;

D = [0;0]

body3 = ss(A,B,C,D) ;


body1_d = c2d(body1,ts,'tustin') ;


co = ctrb(A,B) ;

cco = length(A) − rank(co)

if cco = = 0

　disp(' 系统可控 ') ;

else

　disp(' 系统不可控 ') ;

end

ob = obsv(A,C) ;

oob = length(A) − rank(ob) ;

if oob = = 0

　disp(' 系统可观 ') ;

else

　disp(' 系统不可观 ') ;

end
```

14.5.4.2　控制回路分析

在经典控制发展早中期，控制回路分析方法单一、过程烦琐而且耗时、效率低下。一般分时域和频域对控制回路进行分析，以一个 PID 控制回路为例，进行时域分析时，需用高级语言编写较为复杂的程序代码去求解一组微分方程组，进行调试后运行，运行后的仿真数据存为一个数据文件，然后需要编写一个绘图程序或利用其他画图软件对其进行分析。进行频域分析时，需将传递函数中的 s 替代为 $j\omega$，在求取其幅值和相位之后才能对其频域特性进行分析，整个分析过程复杂、烦琐、低效。

随着控制系统计算机辅助设计的发展，现在可对复杂的控制回路进行深入、全面、高效的分析。分析工作主要涉及：1) 控制回路的稳定性分析；2) 控制回路的时域分析；3) 控制回路的频域分析等，MATLAB 控制系统工具箱提供的函数可以非常方便地对控制回路进行分析，如表 14 - 3 所示。

表 14 - 3　控制回路分析的 MATLAB 函数

序列	类型	MATLAB 函数	功能
1	控制回路稳定性分析	[num,den]=tfdata(sys) roots(den)	返回系统的特征根
		P=pole(sys) [V,D]=eig(sys)	返回系统的极点 返回系统的特征根及特征向量
		[p,z]=pzmap(sys)	返回系统的零点和极点
		rlocus(sys)	计算和绘制 sys 的根轨迹
		nyquist(sys)	计算和绘制 sys 的 nyquist 频率响应及 nyquist 图
		step(sys)	计算和绘制 sys 的单位阶跃响应
		impulse(sys)	计算和绘制 sys 的单位脉冲响应
		initial(sys,x0)	计算和绘制 sys 在初始状态下的零输入响应
2	控制回路的时域分析	step(sys)	计算和绘制 sys 的单位阶跃响应
		impulse(sys)	计算和绘制 sys 的单位脉冲响应
		initial(sys,x0)	计算和绘制 sys 在初始状态下的零输入响应
		lsim(sys,u,t)	仿真 sys 对任意输入的响应
3	控制回路的频域分析	bode(sys)	计算和绘制 sys 的 bode 频率响应及 bode 图
		nyquist(sys)	计算和绘制 sys 的 nyquist 频率响应及 nyquist 图
		nichols(sys)	计算和绘制 sys 的 nichols 频率响应及 nichols 图
		[Gm,Pm,Wcg,Wcp]=margin(sys)	计算开环系统 sys 的幅值裕度、相位裕度、截止频率以及相位交界频率
		S=allmargin(sys)	计算开环系统 sys 的所有裕度及截止频率

（1）控制回路的稳定性分析

众所周知，控制回路正常工作的前提条件：控制回路是稳定的。对于连续系统，如果闭环极点全部在 s 平面左半平面，则系统是稳定的；对于离散系统，如果闭环极点全部位于 z 平面的单位圆内，则系统是稳定的。

MATLAB 控制系统工具箱提供了多种判断控制回路稳定性的方法：1）提供直接或间接求取控制回路所有极点的函数，根据极点的分布情况去判断控制回路的稳定性；2）根据开环回路的根轨迹去判断闭环系统的极点；3）根据系统的开环回路 nyquist 曲线去判断闭环回路的稳定性；4）求控制回路的阶跃响应或脉冲响应，基于响应判断控制回路的稳定性。

根据 MATLAB 控制系统工具箱提供的函数可对控制回路的稳定性或者被控对象的特性进行分析，其语句如表 14 - 3 所示，其中 roots（den）、P＝pole（sys）和 [V，D] ＝ eig（sys）较为简单，容易理解，由于篇幅的关系不展开介绍，对其他几个重要的 MATLAB 函数进行简单的介绍。

①pzmap()函数

pzmap()的调用分如下几种：

1）［p，z］＝pzmap（sys）：返回系统 sys 的极点矢量 p 和零点矢量 z，而不在屏幕上绘制出零极点图；

2）pzmap（sys）：不带输出参数项，直接在 s 复平面上绘制出系统 sys 对应的零极点位置，极点用×表示，零点用 o 表示；

3）pzmap（p，z）：根据系统已知的零极点列向量或行向量直接在 s 复平面上绘制出对应的零极点位置，极点用×表示，零点用 o 表示。

②rlocus（）函数

rlocus（sys）利用开环回路的传递函数、开环回路的多项式或者状态空间模型（A，B，C，D）绘制闭环回路的根轨迹，再判断其特征根在 s 复平面的分布，进而判断其稳定性以及控制回路的性能，其调用格式如表 14－4 所示。

表 14－4　rlocus（）调用语句

序列	语句	解释
1	rlocus(sys)	绘制 sys 的根轨迹
2	rlocus(sys,k)	按指定的增益 k 绘制 sys 的根轨迹
3	rlocus(sys1,sys2,…)	绘制一组 sys 的根轨迹
4	［r,k］＝rlocus(sys) r＝rlocus(sys,k)	返回增益 k 对应复根

③nyquist（）函数

nyquist（sys）利用开环回路的传递函数绘制极坐标频率特性图，再利用 nyquist 曲线去判断闭环回路的稳定性，调用格式如表 14－5 所示。

表 14－5　nyquist（）调用语句

序列	语句	解释
1	nyquist(sys)	绘制开环回路 sys 的极坐标图
2	nyquist(a,b,c,d)	系统的一组极坐标图
3	nyquist(a,b,c,d,iu)	第 iu 个输入到所有输出的极坐标图
4	nyquist(sys,{WMIN,WMAX})	按角频率［WMIN,WMAX］绘制开环回路 sys 的极坐标图
5	nyquist(sys,w)	按指定的角频率 w 绘制开环回路 sys 的极坐标图
6	［re,im,w］＝nyquist(sys)	返回系统频率特性函数的实部 re 和虚部 im 及角频率点 w 矢量

step（）和 impulse（）用于求取系统 sys 单位阶跃响应和单位脉冲响应，可根据其响应判断 sys 的稳定性，step（）和 impulse（）的调用格式将在控制回路的时域分析中加以介绍。

（2）控制回路的时域分析

对控制回路（或被控对象）的时域分析常用典型输入或用户定义输入作用下的响应来描述，其中典型输入为单位阶跃和单位脉冲，MATLAB 控制系统工具箱中提供了这两种输入条件下控制回路响应的函数，即 step（）和 impulse（）；用户定义输入则根据用户自己设计的控制量 u（t）去测试控制回路的时域响应。另外，控制系统工具箱还提供了一个无控制量状态响应函数 initial()，主要测试控制回路（或被控对象）在控制量输入为 0 状态下的自由响应特性。

①step()函数的用法

step()函数的调用格式如表 14 - 6 所示。

表 14 - 6　step()调用语句

序列	语句	解释
1	step(sys)	绘制 sys 的单位阶跃响应
2	step(sys,t)	按指定的时间 t 绘制 sys 的单位阶跃响应
3	y＝step(num,den,t)	返回指定的时间 t 对应的单位阶跃响应
4	[y,t]＝step(sys)	返回时间 t 和对应的单位阶跃响应
5	step(A,B,C,D,iu,t)	按指定的时间 t 绘制[A,B,C,D]的单位阶跃响应
6	[y,x,t]＝step(A,B,C,D,iu)	返回第 iu 个输入系统[A,B,C,D]单位阶跃响应对应的时间、状态轨迹以及响应值

②impulse()函数的用法

impulse()函数的调用格式类似于 step()，如表 14 - 7 所示。

表 14 - 7　impulse()调用语句

序列	语句	解释
1	impulse (sys)	绘制 sys 的单位脉冲响应
2	impulse (sys,t)	按指定的时间 t 绘制 sys 的单位脉冲响应
3	y＝impulse (num,den,t)	返回指定的时间 t 对应的单位脉冲响应
4	[y,t]＝impulse (sys)	返回时间 t 和对应的单位脉冲响应
5	impulse (A,B,C,D,iu,t)	按指定的时间 t 绘制[A,B,C,D]的单位脉冲响应
6	[y,x,t]＝impulse(A,B,C,D,iu)	返回第 iu 个输入系统[A,B,C,D]单位脉冲响应对应的时间、状态轨迹以及响应值

③lsim()函数的用法

lsim()的调用格式如表 14 - 8 所示。

表 14 - 8　lsim()调用语句

序列	语句	解释
1	lsim(sys,u,t)	求 sys 在指定输入 u 作用下的响应,并绘制响应曲线
2	lsim(sys,u,t,x0)	求 sys 在指定输入 u 作用下的响应,其状态初始值为 x0
3	lsim(sys1,sys2,…,u,t,x0)	求一组 sys 在指定输入 u 作用下的响应,其状态初始值为 x0
4	y＝lsim(sys ,u ,t)	按时间 t 仿真 sys 在输入 u 作用下的响应
5	lsim(A ,B ,C ,D ,iu ,u ,t)	按时间 t 仿真系统[A,B,C,D]在输入 u 作用下的响应,并绘制响应曲线
6	[y,x]＝lsim(sys ,u ,t ,)	仿真 sys 在指定输入 u 作用下的响应,并返回响应值及状态量

④initial()函数的用法

initial()用于测试控制回路（或被控对象）在无控制输入条件下的自由响应，其 initial ()的调用格式类似于 step()。

需要注意的是：为了便于用户学习和掌握 MATLAB 控制系统工具箱，其函数命名本着简单、易于记忆等原则，例如对离散系统（decrete system）进行时域分析时，只需在连续系统对应的函数前加 d 即可，如 dstep()，dimpulse()、dlsim()和 dinitial()等，它们的调用格式与 step()、impulse()、lsim()和 initial()类似。

（3）控制回路的频域分析

控制回路（或被控对象）的频域分析在控制系统设计及分析过程中极为重要，经典控制系统设计都是基于频域进行而非时域。在工程上即可在频域中对被控对象的频率特性进行分析，也可在频域中对开环回路或闭环回路的频域特性进行分析。

频率特性是指控制回路（或被控对象）在正弦信号作用下，输出与输入之比随频率变化的特性，主要对幅值和相位两方面的特性进行分析。对于开环回路，可分析得到回路的相位裕度、幅值裕度、截止频率等，进而对闭环系统的稳定性、控制品质等进行分析。

在工程上，将 $s = j\omega$ 带入控制回路（或被控对象）传递函数即可得其频率特性，即

$$G(j\omega) = \frac{C(j\omega)}{R(j\omega)} = A(\omega)e^{j\phi(\omega)}$$

频域分析法是应用频率特性研究控制回路（或被控对象）的一种典型方法，采用这种方法可直观地表达出系统的低频、中频及高频段的频率特性，分析方法简单，物理意义明确。通常将频率特性用曲线的形式进行表示，包括对数频率特性曲线和幅相频率特性曲线（简称幅相曲线），MATLAB 提供了绘制这两种曲线的函数：1）系统对数频率特性图（波特图）；2）系统奈奎斯特图。下面重点介绍 bode()和 margin()等函数的用法。

①bode()函数的用法

bode()用于求连续系统的 bode（伯德）频率响应，其调用格式如表 14-9 所示。

表 14-9　bode（）调用语句

序列	语句	解释
1	bode(sys)	绘制系统 sys 的 bode 图
2	bode(a,b,c,d)	绘制系统[a,b,c,d]的一组 bode 图
3	bode(a,b,c,d,iu)	绘制系统[a,b,c,d]针对第 iu 个输入的一组 bode 图
4	bode(sys,{WMIN,WMAX})	按角频率[WMIN,WMAX]绘制 sys 的 bode 图
5	bode(sys,w)	按指定的角频率 w 绘制 sys 的 bode 图
6	[mag,phase]=bode(sys,w) [mag,phase,w]=bode(sys)	按指定的角频率 w 返回系统 sys 的幅值和相位 返回系统 sys 的幅值和相位以及对应的角频率 w

②margin()和 allmargin()函数的用法

MATLAB 还提供可直接求取开环回路截止频率、相位交界频率、相位和幅值裕度的函数 margin()和 allmargin()，其调用格式如表 14-10 所示。

表 14 - 10　margin（）调用语句

序列	语句	解释
1	margin(sys)	绘制开环系统的 bode 图
2	[gm,pm,wcg,wcp]=margin (sys)	计算系统的幅值裕度 gm 和相位交界频率 wcg，相位裕度 pm 和截止频率 wcp
3	margin(mag,phase,w)	由 bode 指令得到的幅值 mag（不是以 dB 为单位）、相位 phase 及角频率 w 矢量绘制出带有裕量及相应频率显示的 bode 图
4	[gm,pm,wcg,wcp]=margin (mag,phase,w)	由幅值 mag（不是以 dB 为单位）、相位 phase 及角频率 w 矢量计算出系统幅值裕度和相位裕度及相应的相位交界频率 wcg、截止频率 wcp
5	S=allmargin(sys)	计算系统所有的幅值裕度 gm 和相位交界频率 wcg，相位裕度 pm 和截止频率 wcp

例 14 - 2　控制回路分析。

仿真条件如例 12 - 3 所示，其中 m_z^a 分别为 -0.025 和 0.025，对应的弹体动力系数 a_{24} 分别为 -19.7 和 19.7，控制回路框图如图 12 - 52 所示，其中 $K_\omega = -0.187\,5$，$K_a = -0.005\,5$，前向通路串联 PI 控制器 $G_c(s) = \dfrac{K_p s + K_i}{s} = \dfrac{-0.001\,19s - 0.017\,85}{s}$，试运用 MATLAB 控制系统工具箱提供的函数完成如下分析工作：1) 对被控对象的稳定性和频率特性进行分析，并分析其离散模型的稳定性；2) 控制回路特性分析。

解：

①被控对象稳定性和频率特性分析

利用控制系统工具箱提供的函数编写代码，如表 14 - 11 所示。

表 14 - 11　模型创建代码

```
%  ex14_04_2.m
%  developed by qiong studio
clear all; clc;

r2d = 180/pi;
d2r = pi/180;
ts = 0.005;

Lref = 3.5;
Sref = 0.10;
Mass = 700;
Jz = 500;

Vel = 0.7464 * 318;
density = 0.6975;
Q = 0.5 * density * Vel^2

mz_alpha = -0.025 * r2d;
mz_deltaz = -0.0733 * r2d;
```

续表

```
cl_alpha = 1.2454 * r2d;
cl_deltaz = 0.1336 * r2d;
mz_wz = -5.4259;


a24 = mz_alpha * Q * Sref * Lref/Jz;
a25 = mz_deltaz * Q * Sref * Lref/Jz;
a24t = a24/100;
a34 = cl_alpha * Q * Sref/(Mass * Vel);
a35 = cl_deltaz * Q * Sref/(Mass * Vel);
a22 = mz_wz * Q * Sref * Lref/Jz * Lref/Vel;


t1dott2 = a35/(a25 * a34 - a35 * a24);
t1addt2 = -a35 * (a22 + a24t)/(a25 * a34 - a35 * a24);
Km = (-a25 * a34 + a35 * a24)/(a22 * a34 + a24);
T1 = (-a35 * a24t + a25)/(a25 * a34 - a35 * a24);
Tm = 1/(-a24 - a22 * a34)^0.5;
Zeta = 0.5 * (-a22 - a24t + a34) * Tm
body1 = tf([Km * T1 Km],[Tm^2 2 * Tm * Zeta 1]);
W_pitchDot2pathangleDot1 = tf([t1dott2 t1addt2 1],[T1 1]);


mz_alpha = 0.025 * r2d;
a24 = mz_alpha * Q * Sref * Lref/Jz;
a24t = a24/100;
t1dott2 = a35/(a25 * a34 - a35 * a24);
t1addt2 = -a35 * (a22 + a24t)/(a25 * a34 - a35 * a24);
Km = (-a25 * a34 + a35 * a24)/(a22 * a34 + a24);
T1 = (-a35 * a24t + a25)/(a25 * a34 - a35 * a24);
Tm = -1/(a24 + a22 * a34)^0.5;
Zeta = -0.5 * (-a22 - a24t + a34) * Tm
body2 = tf([Km * T1 Km],[-Tm^2 2 * Tm * Zeta 1]);
W_pitchDot2pathangleDot2 = tf([t1dott2 t1addt2 1],[T1 1]);


body_zpk1 = zpk(body1);
body_zpk2 = zpk(body2)


body_d1 = c2d(body1,ts,'tustin');
body_d2 = c2d(body2,ts,'tustin');


figure('name','continue_sys zpmap')
pzmap(body1);
figure('name','continue_sys zpmap')
pzmap(body2);
body_d_zpk1 = zpk(body_d1);
body_d_zpk2 = zpk(body_d2)
```

续表

```
figure('name','discrete_sys zpmap')
pzmap(body_d1);
figure('name','discrete_sys zpmap')
pzmap(body_d2);

figure('name','body')
bode(body1,body2,0.01:0.01:100);

kw = -0.0625 * 3;
body_kw1 = feedback(body1,kw);
body_kw2 = feedback(body2,kw)

ka = -0.0055;
p1 = minreal(body_kw1 * W_pitchDot2pathangleDot1) * Vel;
p2 = minreal(body_kw2 * W_pitchDot2pathangleDot2) * Vel;
body_kw_ka1 = feedback(p1,ka);
body_kw_ka2 = feedback(p2,ka);

Kp = -0.00119; Ki = -0.01785;
Gc = tf([Kp Ki],[1 0])

w = 0.01:0.01:100;

SysOpen1 = minreal(body_kw_ka1 * Gc);
SysOpen2 = minreal(body_kw_ka2 * Gc);
zpk(SysOpen1)
zpk(SysOpen2)

figure('name','open loop')
bode(SysOpen1,SysOpen2,w);
figure('name','open loop')
nyquist(SysOpen1,SysOpen2)

[Gm,Pm,Wcg,Wcp] = margin(SysOpen1);
GmdB = 20 * log10(Gm);
[Gm2,Pm2,Wcg2,Wcp2] = margin(SysOpen2);
GmdB2 = 20 * log10(Gm2);

SysClose1 = SysOpen1/(1 + SysOpen1);
bd1 = bandwidth(SysClose1)/(2 * pi);
SysClose2 = SysOpen2/(1 + SysOpen2);
bd2 = bandwidth(SysClose2)/(2 * pi);
figure('name','close loop')
```

续表

```
bode(SysClose1,SysClose2,w);

figure('name','step')
step(SysClose1,SysClose2,0:0.01:3)

figure('name','zpmap')
pzmap(minreal(SysClose1));
figure('name','zpmap1')
pzmap(minreal(SysClose2));
close_zpk1 = zpk(SysClose1);
close_zpk2 = zpk(SysClose2);
pole(minreal(SysClose1));
pole(minreal(SysClose2));
```

（a）被控对象稳定性分析

被控对象的传递函数如下式所示，其零极点由 pzmap() 求解得到，如图 14-2 所示，由传递函数和零极点可知，两者零点相近似，而极点则完全不同，当 $a_{24} = 19.7$ 时，其极点为 -5.293 和 3.546，即被控对象不稳定。

$$
\begin{cases}
G_{\delta_z}^{\omega_z}(s)\big|_{a_{24}=-19.7} = \dfrac{-2.799s - 2.276}{0.048\,5s^2 + 0.104s + 1} = \dfrac{-57.738\,4(s + 0.813\,2)}{(s + 1.07 + \mathrm{i}4.41)(s + 1.07 - \mathrm{i}4.41)} \\[2ex]
G_{\delta_z}^{\omega_z}(s)\big|_{a_{24}=19.7} = \dfrac{-3.078s - 2.691}{0.053\,28s^2 + 0.093s - 1} = \dfrac{-57.774\,1(s + 0.874\,4)}{(s + 5.293)(s - 3.546)}
\end{cases}
$$

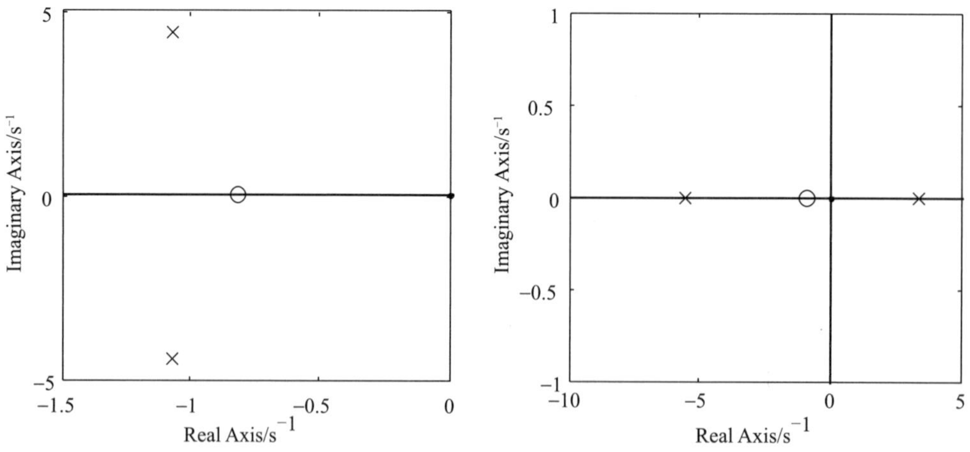

图 14-2　连续系统零极点

将被控对象离散化，其对应传递函数如下式所示，其零极点由 pzmap() 求解得到，如图 14-3 所示，由传递函数和零极点可知，两者零点相近似，而极点不同，当 $a_{24} = 19.7$ 时，其中一个极点为 1.017，故可知被控对象不稳定。

$$
\begin{cases}
\begin{aligned}
G_{\delta z}^{\omega z}(z)\big|_{a_{24}=-19.7} &= \frac{-0.143\,9z^2 - 0.000\,583\,7z + 0.143\,3}{z^2 - 1.989z + 0.989\,4} \\
&= \frac{-0.143\,9 - 0.000\,583\,7z^{-1} + 0.143\,3z^{-2}}{1 - 1.989z^{-1} + 0.989\,4z^{-2}} \\
&= \frac{-0.143\,85\,(z+1)(z-0.995\,9)}{(z-0.994\,5+0.019\,2\mathrm{i})(z-0.994\,5-0.019\,2\mathrm{i})} \\[4pt]
G_{\delta z}^{\omega z}(z)\big|_{a_{24}=19.7} &= \frac{-0.143\,9z^2 - 0.000\,628\,2z + 0.143\,3}{z^2 - 1.99z + 0.989\,4} \\
&= \frac{-0.143\,9 - 0.000\,628\,2\,z^{-1} + 0.143\,3z^{-2}}{1 - 1.99\,z^{-1} + 0.989\,4z^{-2}} \\
&= \frac{-0.143\,91\,(z+1)(z-0.995\,6)}{(z-1.017)(z-0.972\,7)}
\end{aligned}
\end{cases}
$$

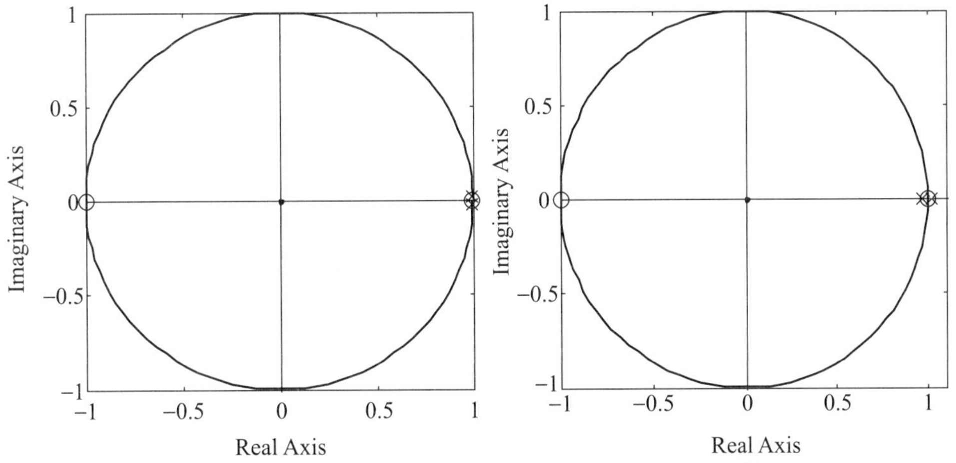

图 14 - 3　离散系统零极点

（b）单位阶跃响应

采用 step()函数即可求解得到被控对象对单位阶跃输入的响应，如图 14 - 4 所示。a_{24} = −19.7 对应的被控对象相对于单位阶跃输入的响应由于阻尼较小，故其响应振荡收敛于稳态值（−2.276），即控制对象增益，如图 14 - 4（a）所示；而 a_{24} = 19.7 对应的被控对象在单位阶跃输入的作用下，由于正根（3.546）的作用而快速发散，如图 14 - 4（b）所示。

在工程上，依据被控对象相对于单位阶跃输入作用下的响应，可分析得到被控对象的时域特性。

（c）频率特性分析

用 bode()函数即可求解得到被控对象的 bode 图，如图 14 - 5 所示，由图可知：1）a_{24} = −19.7 对应的被控对象为一个零型带零点的二阶系统，其增益为负值，即 −2.276，其零点相对于极点较小，被控对象阻尼较小，对应的二阶振荡频率为 4.54 rad/s；2）a_{24} = 19.7

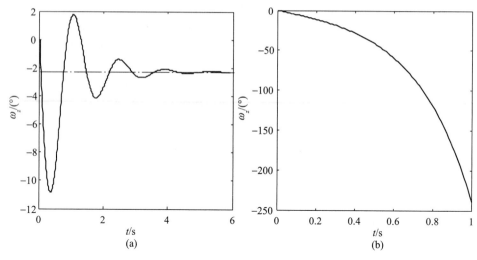

图 14 - 4　被控对象对单位舵偏的响应

对应的被控对象为一个零型带零点的二阶系统，且为非最小相位系统，其增益为正，值为 2.691 5，其零点相对于极点较小；3）两者被控对象相对于高频输入其响应一致，幅值以 -20 dB/dec 衰减，相位滞后 90°。

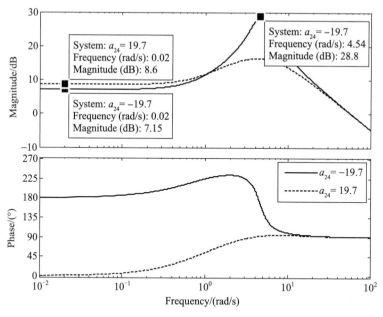

图 14 - 5　被控对象 bode 图

②控制开环回路特性分析

　　开环回路的传递函数如下式所示，由其零极点可知，两者零点相近似，而极点和增益存在一定差别。

$$
\begin{cases}
open(s)\big|_{a_{24}=-19.7} = \dfrac{-0.028\,991(s-22.14)(s+23.43)(s+15)}{s(s^2+14.53s+102.9)} \\[4mm]
open(s)\big|_{a_{24}=19.7} = \dfrac{-0.028\,991(s-22.98)(s+24.28)(s+15)}{s(s^2+14.53s+64.24)}
\end{cases}
$$

由 nyquist() 和 bode() 函数分别可得两者开环系统的 nyqiust 曲线和 bode 图，如图 14－6 和图 14－7 所示，运用 margin() 函数可得两者的相位裕度、幅值裕度和截止频率分别 79.812 8°、26.563 3 dB 与 2.232 8 rad/s 和 58.295 6°、25.0407 dB 与 3.501 3 rad/s。即可知：1) 两者系统稳定，并具有较充足的裕度，即具有较好的控制品质；2) 两者闭环系统的零点相近似，两个大零点对控制回路的影响较小，零点－15 对控制回路存在一定的影响，相对而言，其对 $a_{24}=-19.7$ 对应的系统影响较大；3) $a_{24}=-19.7$ 对应的系统其增益较小，其截止频率较低而相位裕度较大，故可知其闭环系统带宽较低，单位阶跃响应较慢；4) 相对而言，$a_{24}=-19.7$ 对应的系统相位裕度较大而截止频率较低，在理论上，还可允许控制器取较大的增益，以提高控制系统响应快速性。

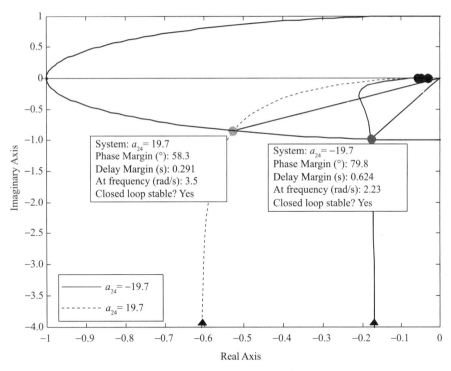

图 14－6 开环回路 nyqiust 曲线

③控制闭环回路特性分析

闭环系统的传递函数如下式所示

$$
\begin{cases}
close(s)\big|_{a_{24}=-19.7} = \dfrac{-0.029\,857(s-22.14)(s+23.43)(s+15)}{(s+2.575)(s^2+11.9s+90.2)} \\[4mm]
close(s)\big|_{a_{24}=19.7} = \dfrac{-0.029\,857(s-22.98)(s+24.28)(s+15)}{(s+8.15)(s^2+6.327s+30.67)}
\end{cases}
$$

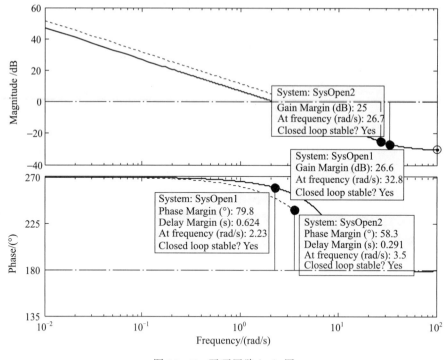

图 14 - 7　开环回路 bode 图

其零极点由 pzmap()求解得到，如图 14 - 8 所示，或由 pole()函数可得两者闭环系统的极点为 $-5.9511\pm7.40151\mathrm{i}$ 与 -2.5754，$-3.1636\pm4.54511\mathrm{i}$ 与 -8.1505，即可知：1) 两者闭环系统的零点相近似；2) 两者闭环系统极点均为负值，故两者均系统稳定；3) $a_{24}=-19.7$ 对应的闭环系统由于极点 -2.5754 的作用，其带宽较低，响应较慢。

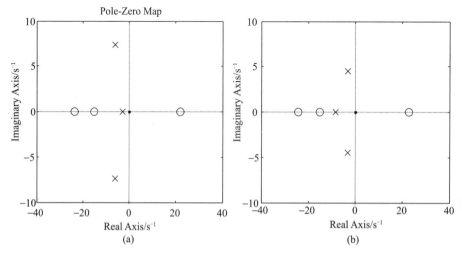

图 14 - 8　闭环系统零极点

闭环回路的 bode 图如图 14-9 所示，由图可知：1）$a_{24} = -19.7$ 对应的闭环系统的带宽为 0.45 Hz，而 $a_{24} = 19.7$ 对应的闭环系统的带宽为 0.985 2 Hz；2）$a_{24} = -19.7$ 对应的闭环系统的幅值和相位随频率变化平滑，其幅值随频率变化单调平滑，所以对应的单位阶跃响应较为缓慢而无超调量，如图 14-10 所示；3）$a_{24} = 19.7$ 对应的闭环系统的幅值和相位随频率变化平滑，其幅值随频率变化非单调平滑，在带宽频率附近，其幅值和相位变化较为快速，故对应的单位阶跃响应较快且有一定超调量。

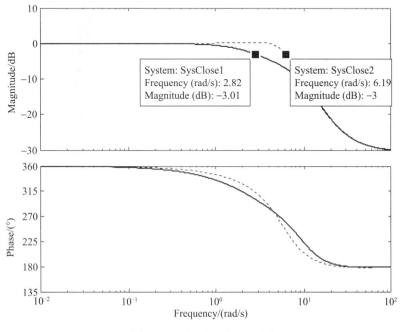

图 14-9　闭环回路 bode 图

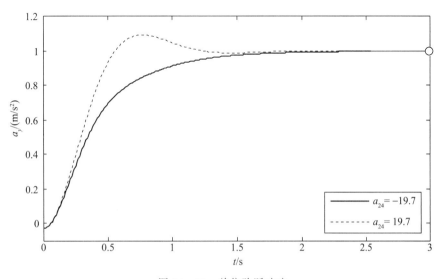

图 14-10　单位阶跃响应

（4）LTI 观测器（LTI Viewer）

控制系统工具箱提供了一个基于图形化用户界面的线性时不变系统设计及分析工具——LTI Viewer（也称为线性时不变系统浏览器），主要用于从时域和频域对系统的特性影响进行分析。

LTI Viewer 操作基于图形化用户界面，界面简单易懂，操作简便，在 MATLAB 命令窗口输入命令 ltiview，即可进入 LTI Viewer 界面，如图 14-11 所示。下面以举例的方式说明 LTI Viewer 的使用。

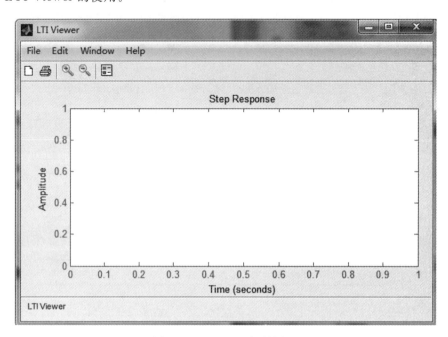

图 14-11　ltiview 初始界面

例 14-3　LTI Viewer 使用。

闭环控制回路如例 14-2 中的所示，采用 LTI Viewer 分析其特性。

解：

①启动 LTI Viewer

在 MATLAB 命令窗口输入命令 ltiview，进入 LTI Viewer 初始界面，如图 14-11 所示。

②载入控制回路或被控对象模型

点击"File"菜单，选择［Import］，弹出"Import System Data"对话框，选择"Workspace"单选框，然后在右边的"System in Workspace"编辑框里选择要分析的对象，本例选择例 14-2 运行产生的 close_zpk1 和 close_zpk2，点击"OK"按钮即可进入 LTI Viewer 界面。

③配置 LTI Viewer

点击"Edit"菜单，如图 14-12 所示，选择［Plot Configurations］，则弹出"Plot Configurations"对话框，如图 14-13 所示，可以选择 LTI Viewer 所绘制曲线的布局以及

不同绘制区域曲线的响应类型，其中响应类型主要有 Step、Impulse、Bode、Nyquist、Nichols、Pole/Zero 等，点击"Apply"按钮，则返回至 LTI Viewer 界面，如图 14 − 14 所示，在图中即可对两控制回路进行对比分析，可从其 bode 图、nyquist 图、零极点分布和单位阶跃响应分析两者的特性。用户也可以根据个人习惯对已显示的 LTI Viewer 的内容进行更改，即可从其他方面分析控制回路特性，如图 14 − 15 所示。

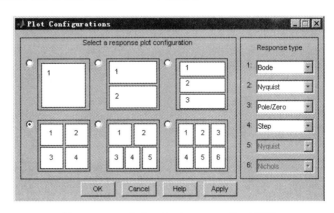

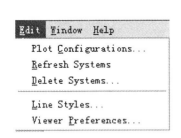

图 14 − 12　Edit 菜单　　　　　　图 14 − 13　"Plot Configurations"对话框

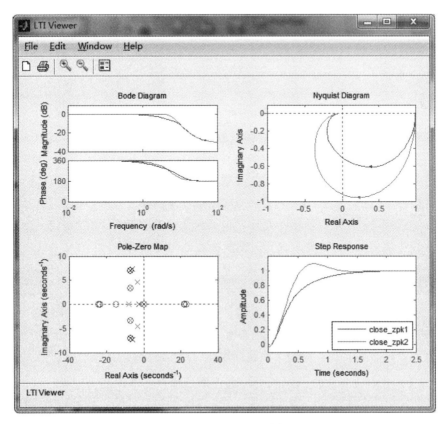

图 14 − 14　LTI Viewer 界面 1

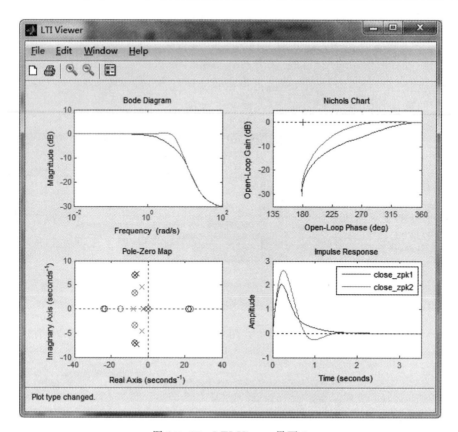

图 14′-15　LTI Viewer 界面 2

14.5.4.3　控制回路设计

控制回路设计是基于被控对象的特性，依据控制回路设计指标，确定控制回路的结构，即确定内回路反馈控制器及前向串联控制器的结构，之后再确定所选控制器的参数。

控制回路设计和控制回路分析之间的关系如图 14-1 所示，在控制回路设计的过程中总是伴随着控制回路分析。控制回路分析是在确定控制回路结构及参数之后，对控制回路的特性进行计算和评估，进一步给控制回路设计和优化提供参考，控制回路借此进一步优化，所以从这种意义上说，控制回路设计及分析是相辅相成的。

值得提醒的是，早期工程师进行控制回路设计时，大多基于所熟悉控制回路的结构和参数，控制回路结构与控制器较为简单（大多采用 PID 控制），主要采用"试凑"法。随着控制理论和算法的发展，数字计算机的发展及应用，控制回路设计也呈现多方面发展：

1）以前难以实现的控制理论现借助于数字控制均可能实现，可以开发出性能更加优异的控制器，例如自适应 PID 控制、非线性滞后-超前网络等；

2）可以依据控制理论，在被控对象和控制回路结构已确定的基础上，计算确定控制器参数。这样设计能保证控制回路的性能，避免之前采用"试凑"法设计控制回路其控制品质较差的缺陷；

3）在内回路常运用根轨迹和 bode 图确定控制器的参数，在外回路常运用 nyquist 图和 bode 图确定控制器参数；

4）在控制系统分析和设计中，线性控制系统的设计、分析与实现具有极重要的地位，虽然绝大多系统都具有非线性特性，为非线性系统，但对大多数的非线性控制系统，可以在特征点附近将其进行线性处理，再按线性控制系统进行设计和分析；

5）对于非线性特性较强的系统，基于线性系统理论的设计方法存在较大缺陷，这方面的控制理论还不是很成熟，MATLAB 控制系统工具箱提供 NCD 模块支持非线性系统控制器设计和分析；

6）对于采用传递函数表示被控对象的线性系统，常运用根轨迹法或 bode 图去设计控制回路，即系统设计借助于频率法；

7）与早期控制系统设计不同，控制系统设计也逐渐采用现代控制理论以及最优控制理论，用状态空间去描述被控对象，常运用现代控制理论去设计控制系统，即运用极点配置等方法。对于线性最优系统而言，MATLAB 控制系统工具箱也提供了相应的最优设计工具。

经典控制理论与设计可参考本书第 7 章内容，现代控制理论和最优控制理论与设计可参考本书第 11 章内容，受限于篇幅，不在本章展开介绍，本章主要介绍如何借助于 MATLAB 开展高效的控制系统设计。

控制回路设计相关的 MATLAB 函数已在 14.4.4.1 和 14.4.4.2 节中加以介绍，在本节介绍一个工程上控制回路设计常用的设计工具——单输入-单输出系统设计工具（SISO design Tool），以下简称 SISO。

SISO 是控制系统工具箱所提供的一个非常强大的基于单输入-单输出线性系统设计工具。在基于 SISO 进行控制回路设计的过程中，用户在图形界面中通过调节控制器的零点、极点或增益来观察控制回路的根轨迹图、nyquist 曲线、bode 图以及单位阶跃响应等，进而确定控制回路结构及参数，完成控制系统设计。

（1）SISO 设计工具功能

SISO 设计工具适用于单输入-单输出反馈控制系统设计，通过该工具图像界面操作，用户可以快速完成以下工作：

1）基于 bode 图分析被控对象的频域特性；

2）在分析被控对象频域特性的基础上，初步确定多回路控制系统的结构；

3）基于根轨迹方法完成多回路控制系统内回路设计，计算内回路频域特性（幅值裕度、相位裕度、截止频率以及延迟裕度）和时域特性；

4）设计前向通路控制器，计算开环回路的频域特性（幅值裕度、相位裕度、截止频率以及延迟裕度）和时域特性，计算闭环回路的带宽；

5）通过在图像界面上更改控制器增益、零极点实时优化控制回路的性能。

（2）SISO 设计工具启动

MATLAB 有多种方法启动 SISO 设计工具：

1）在 MATLAB 的命令窗口中直接输入 sisotool 命令或 rltool 命令，可以打开一个空的 SISO 设计工具，或者输入 rltool（sys）（sys 为对象传递函数），即可打开被控对象为 sys 的 SISO 设计工具，如图 14 - 16 所示；

2）在 MATLAB 窗口左下角的 Start 菜单中，单击 Toolboxs - Controlsystem 命令子菜单中 SISO Design Tool 选项。

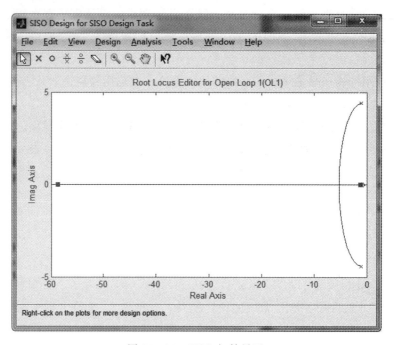

图 14 - 16　SISO 初始界面

（3）SISO 应用

SISO 是基于图形化用户界面，界面简单易懂，操作简便，基于 SISO 设计工具可以在短时间内设计出高品质的控制回路。下面以举例的方式说明 SISO 的应用。

例 14 - 4　SISO 应用。

仿真条件如例 12 - 3 所示，其中 $m_z^\alpha = -0.025$，$a_{24} = -19.7$，控制回路框图如图 12 - 52 所示，前向通路串联 PI 控制器 $G_c(s) = \dfrac{K_p s + K_i}{s}$，试应用 SISO 确定阻尼回路、增稳回路以及前向通路控制器参数的数值。

解：

①确定阻尼反馈系数

由 MATLAB 建模可知，被控对象传递函数如方程组（14 - 4）第 1 式所示。

$$\begin{cases} body1(s) = \dfrac{-2.799s - 2.276}{0.048\,48s^2 + 0.103\,8s + 1} \\[4mm] body1(s)\big|_{K_\omega = 0.187\,5} = \dfrac{-2.799s - 2.276}{0.048\,48s^2 + 0.628\,6s + 1.427} \end{cases} \tag{14 - 4}$$

运行 rltool（-body1），则阻尼回路的根轨迹如图 14 - 17 左图所示，开环 bode 图如右图所示，在编辑框里修改阻尼反馈系数或者拖动根轨迹极点即可更改阻尼回路的反馈系数 K_ω，本例考虑到所设计的控制回路兼顾气动静不稳定或气动静稳定被控对象，故取较大阻尼反馈系数，$K_\omega = 0.187\,5$，增加阻尼后被控对象如方程组（14-4）第 2 式所示，其截止频率为 12.3 rad/s，延迟裕度为 0.138 5 s，阻尼反馈系数为 1.427 5。

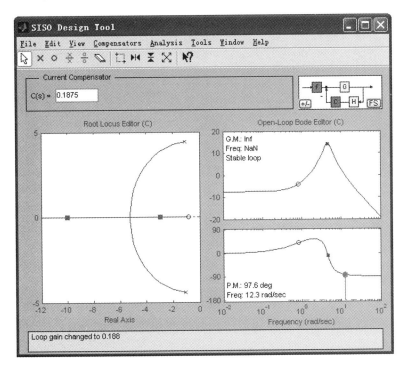

图 14-17　阻尼回路设计

②确定增稳反馈系数

根据控制回路，如图 12-52 所示，则可得增稳回路前向传递函数为

$$stability\_augment(s) = body1(s)\big|_{K_\omega = 0.187\,5} \times G_{\dot{\vartheta}}^{\dot{\vartheta}}(s) \times V$$

运行 MATLAB 语句：rltool（-stability_augment），则可得增稳回路的根轨迹如图 14-18 左图所示，开环 bode 图如图 14-18 右图所示，取增稳系数 $K_a = -0.005\,5$，其截止频率为 4.93 rad/s，增加增稳回路后被控对象如式（14-5）所示

$$plant(s)\big|_{K_\omega = -0.187\,5, Ka = -0.005\,5} = \frac{21.48s^2 + 27.86s - 11\,140}{0.881\,8s^2 + 12.81s + 90.72} \tag{14-5}$$

③确定 PI 控制器参数

在设计阻尼回路和增稳回路之后，将增加阻尼和增稳回路后的被控对象视为广义被控对象，如式（14-5）所示，将其记为 MATLAB 变量为 body_kw_ka1。

运行 rltool（-body_kw_ka1），则弹出广义被控对象的 SISO，如图 14-19 所示，在 "Current Compensator" 框内空白处双击左键，则弹出 "Edit Compensator C" 对话框，如图 14-20 所示，在相应的增益、零点和极点编辑框中输入控制器的增益、零点和极点，

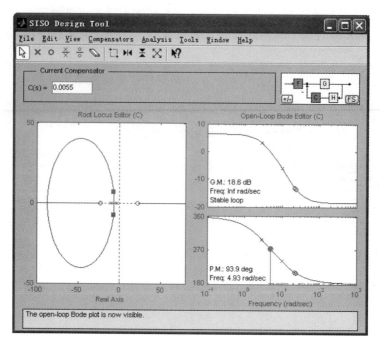

图 14-18　增稳回路设计

点击"OK"按钮则返回 SISO，用户可以更改增益或用鼠标拖拉正方形小方块即可实时改变控制器参数数值，直到所设计的控制回路其频域和时域指标满足设计指标为止，如图 14-21 所示。

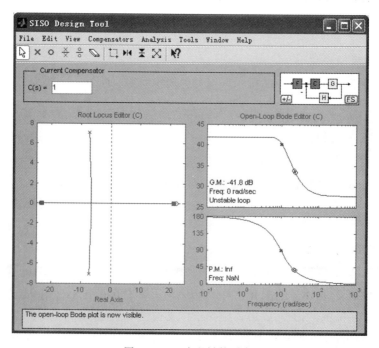

图 14-19　广义被控对象

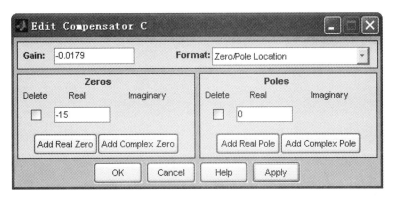

图 14 - 20　控制器参数（零点、极点及增益）

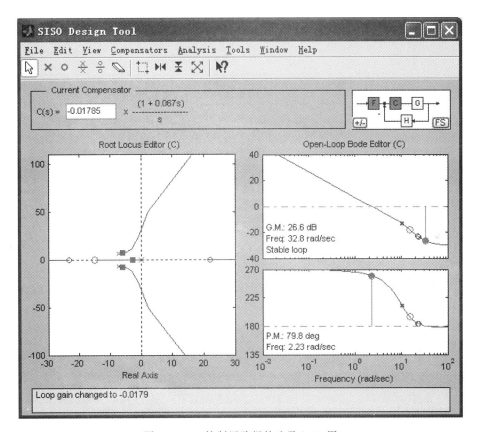

图 14 - 21　控制回路根轨迹及 bode 图

本例设计的控制器为：阻尼系数 $K_\omega = 0.187\,5$，增稳系数 $K_a = -0.005\,5$，前向通路控制器 $G_c(s) = \dfrac{-0.017\,9(s+15)}{s}$。其开环回路性能为：截止频率为 2.23 rad/s，相位裕度为 79.8°，幅值裕度为 26.6 dB，其单位阶跃响应如图 14 - 22 所示。

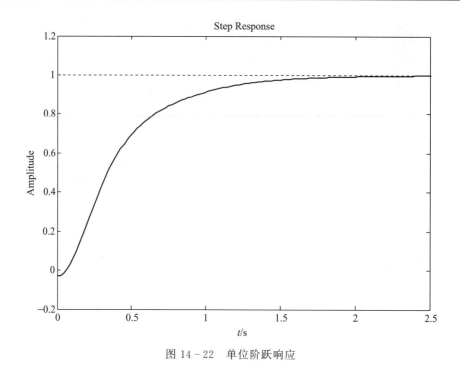

图 14 - 22　单位阶跃响应

14.6　MATLAB 图形界面设计

一个可发布的应用软件通常都需要具备一个友好的图形界面，这样用户不需要学习应用软件底层是怎样执行各种命令的，只需要经过简单的软件操作培训即可快速掌握使用方法。

可用于开发图形用户界面（Graphical User Interface，GUI）的程序语言或开发环境很多，例如 Visual C++、Java、Visual Basic、MATLAB 等，每种语言或开发环境的特点不同，其开发的图形用户界面也不同，基于 MATLAB 开发的图形用户界面侧重于用图表等方式显示结果，通常由窗、轴、工具栏、菜单、按钮、编辑框、滑动条、文本等构成一个直观的图形界面，非常适合开发科学计算等计算机辅助设计软件。

14.6.1　MATLAB 图形界面对象简介

MATLAB 图形界面对象如图 14 - 23 所示，每一个图形界面都包含屏幕和图形窗口，MATLAB 在创建每一个图形对象时，都会给该对象分配一个唯一确定的值，称其为图形对象句柄，其中计算机屏幕句柄默认为 0，图形窗口对象的句柄值为一正整数，并显示在窗口标题栏中，其他图形对象的句柄为浮点数。

图形窗口是 MATLAB 中最重要的一类图形对象，MATLAB 的一切图形图像的输出都是在图形窗口中完成的。其调用格式：

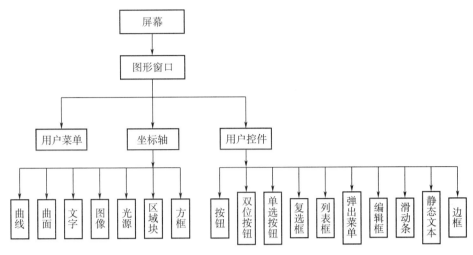

图 14 - 23　MATLAB GUI 图像对象及句柄

```
figure
figure('PropertyName',PropertyValue,…)
figure(h)
h = figure(…)
```

其中语句 1 为生成一个缺省的图形窗口；语句 2 为用户根据属性名 PropertyName 和属性值 PropertyValue 创建一个图形窗口；语句 3 将窗口句柄 h 对应的窗口设置为当前窗口；语句 4 为用户根据属性名 PropertyName 和属性值创建一个图形窗口，并返回窗口句柄。

图形对象的属性用属性名和对应属性值表示，属性名为每种对象的每个属性都规定好了名字，一般为其英文单词，要用单撇号括起来；属性值为每种属性名的取值。图形窗口对象的常用属性（除了公共属性）为：

（1）MenuBar 属性

MenuBar 属性取值是 figure（缺省值）或 none，用来控制窗口是否有菜单条，如果属性为 none，用户可使用 uimenu() 增加自定义的菜单条，如果属性为 figure，窗口保持默认的菜单条，这时也可以采用 uimenu() 在原默认的图形窗口菜单后面添加新的菜单项。

（2）Name 属性

Name 属性取值为一个字符串，缺省值为空，作为图形窗口的标题。

（3）Tag 属性

Tag 属性取值为一个字符串，作为窗口的一个标识符，即别名，程序可以通过查找 tag 的值找到对应的窗口。

（4）NumberTitle 属性

NumberTitle 属性取值为 on（缺省值）或者 off，决定是否以 "Figure No. n" 为标题前缀，这里 n 是图形窗口的序号，即句柄值。

（5）Resize 属性

Resize 属性取值为 on（缺省值）或 off，决定在窗口对象建立后可否用鼠标拖拉改变该窗口的大小。

（6）Units 属性

Units 属性的取值可以是下列字符串的任何一种：pixel（像素，缺省值），normalized（相对单位），inches（英寸），centimeters（厘米）和 points（磅）。

（7）Position 属性

Position 属性根据 Units 属性，确定窗口显示的位置及大小。

（8）Color 属性

Color 属性取值可用字符表示，也可以用三元组表示，缺省值为 [0.8 0.8 0.8]，即灰色。

（9）Pointer 属性

Pointer 属性取值为 arrow（缺省值）、crosshair、watch、topl、topr、botl、botr、circle、cross、fleur 和 custom 等。

（10）Type 属性

Type 属性表示该对象控件的类型，MATLAB 支持如下九种：Check boxes、Editable text fields、List boxes、Pop – up menus、Push buttons、Radio buttons、Sliders、Static text labels 及 Toggle buttons。

（11）UserData 属性

UserData 属性的取值为一个矩阵，缺省值为空矩阵，一般将一个图形对象有关的比较重要的数据储存在这个属性中，借此达到传送数据的作用。

（12）Visible 属性

Visible 属性取值为 on（缺省值）或 off，决定在窗口对象建立后是否可见。

（13）ButtonDownFcn 属性

ButtonDownFcn 属性取值为一个字符串，一般是某个 M 文件名或一段 MATLAB 程序，当单击该区域时，MATLAB 自动执行该程序段。

（14）CreatFcn 属性

CreatFcn 属性取值为一个字符串，一般是某个 M 文件名或一段 MATLAB 程序，当创建该对象时自动运行该程序段（类似于 C＋＋类对象的构造函数）。

（15）DeleteFcn 属性

DeleteFcn 属性取值为一个字符串，一般是某个 M 文件名或一段 MATLAB 程序。当取消该对象时自动运行该程序段（类似于 C＋＋类对象的析构函数）。

（16）键盘及鼠标响应属性

MATLAB 允许对键盘和鼠标键操作进行响应，如表 14 – 12 所示。

表 14-12　键盘及鼠标响应属性

序列	响应	操作
1	KeyPressFcn	键盘键按下响应
2	KeyReleaseFcn	键盘键释放响应
3	WindowButtonDownFcn	鼠标键按下响应
4	WindowButtonMotionFcn	鼠标移动响应
5	WindowButtonUpFcn	鼠标键释放响应

MATLAB 提供了两个重要的属性操作函数，即 set()函数和 get()函数。

①set()函数

创建对象时，需要配置各个属性，否则将会以缺省值进行创建，需要更改时，调用 set()函数即可：

set(h,'PropertyName1',PropertyValue1,'PropertyName2',PropertyValue2,…);

其中 h 为操作对象的句柄，PropertyName1 为属性名 1，PropertyValue1 为 PropertyName1 对应的属性值。

②get()函数

调用 get()函数可得到句柄对象对应属性名的属性值，即

$$V=get(h,属性名);$$

14.6.2　基于用户界面开发环境 GUIDE 开发 GUI

基于 MATLAB 开发可视化界面软件在编程上有两种方法：1）基于 M 脚本文件开发 GUI；2）基于 MATLAB 图形用户界面开发环境（Graphical User Interface Development Environment，GUIDE）开发 GUI。

基于 GUIDE 可方便创建一个图形用户界面的应用程序，给用户提供了一种友好的界面交互方式。

14.6.2.1　GUIDE 启动

在 MATLAB 主窗口中，选择 File 菜单中的 New 菜单项，再选择其中的 GUI 命令，就会显示图形用户界面的设计模板，或者在 MATLAB 指令窗中运行 guide 指令，即可弹出 "GUIDE Quick Start" 对话框，如图 14-24 图所示（不同 MATLAB 版本此对话框有所不同）。

MATLAB 为 GUI 设计一共准备了 4 种模板，分别是 Blank GUI（默认）、GUI with Uicontrols（带控件对象的 GUI 模板）、GUI with Axes and Menu（带坐标轴与菜单的 GUI 模板）与 Modal Question Dialog（带模式问话对话框的 GUI 模板），如图 14-24 所示。当选择不同的模板时，在 GUI 设计模板界面的右边会显示出与该模板对应的 GUI 图形。

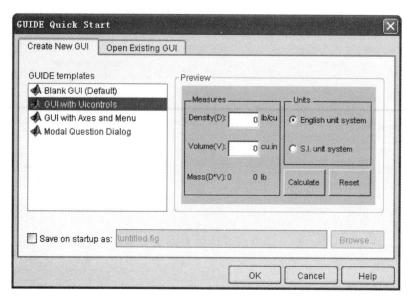

图 14 - 24　　"GUIDE Quick Start" 对话框

14.6.2.2　GUIDE 编辑界面介绍

一般选用默认的 Blank GUI 模板，单击"OK"按钮后，进入 GUIDE 编辑界面，如图 14 - 25 所示，其 GUIDE 编辑界面主要由三部分组成：1) GUIDE 控件工具栏，位于 GUIDE 编辑界面的左边，包括 Push Button、Slider、Radio Button、Check Box、Edit Text、Static Text、Popup Menu、Listbox、Toggle Button、Axes 等控件对象，它们是构成 GUIDE 的基本元素；2) GUIDE 工具栏与菜单，工具栏位于 GUIDE 编辑界面的顶部，包括 Align Objects（位置调整器）、Menu Editor（菜单编辑器）、Tab Order Editor（Tab 顺序编辑器）、M - file Editor（M 文件编辑器）、Property Inspector（属性查看器）、Object Browser（对象浏览器）和 Run 等 15 个命令按钮；菜单栏位于工具栏的上面，包括 File、Edit、View、Layout、Tools 和 Help 等 6 个菜单项；3) GUIDE 对象设计区，位于编辑界面右下部分，用户需在其上面设计所需的各种控件及图表等。

14.6.2.3　GUIDE 编辑界面基本操作

为了添加控件，可以从 GUI 设计窗口的控件工具栏中选择一个对象，然后以拖曳方式在对象设计区建立该对象，其对象创建方式方便、简单。在 GUI 设计窗口创建对象后，通过双击该对象，就会显示该对象的属性查看器，通过它可以设置该对象的属性值，进而更改得到所设计的窗口。

14.6.2.4　基于 GUIDE 创建 GUI 示例

受限于篇幅，本文以示例的方式，简单地说明基于 GUIDE 创建 GUI 的过程。

例 14 - 5　创建一个 PID 控制 GUI。

创建一个 PID 控制 GUI，其操作界面如图 14 - 26 所示，要求：1) 设计四个滑动条和四个编辑框，分别对应比例控制 Kp、积分控制 Ki、阻尼反馈控制 Kw 及增稳控制 Ka，其

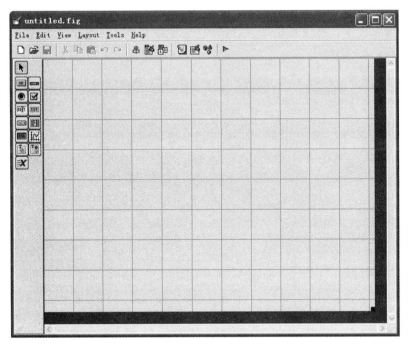

图 14 - 25　GUIDE 模板

滑动条和对应编辑框相关联；2）通过编辑框控制在 GUI 轴对象中显示曲线的时间；3）当控制参数变化时实时在 GUI 轴对象中显示控制回路的单位阶跃响应；4）基于当前的控制参数调用 Simulink 控制模型，实时运行并将结果实时显示在 GUI 的轴对象中；5）设计按钮控制 GUI 轴对象是否添加网格；6）设计按钮控制在 GUI 轴对象是否保留不同控制参数对应的 plot 曲线；7）设计按钮控制 GUI 界面尺寸大小的缩放；8）设计按钮拷贝当前图像界面。

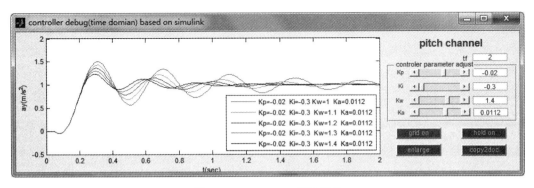

图 14 - 26　GUIDE 设计例子

解：

（1）GUIDE 启动

点击 MATLAB 桌面工具栏上的 图标按钮，选择空白模板的 GUIDE。

（2）窗口属性设置

1）设置窗口大小：拖拉 GUIDE 布局区右下角的"小黑正方块"，如图 14 - 27 所示，按要求将其调整至合适的大小。

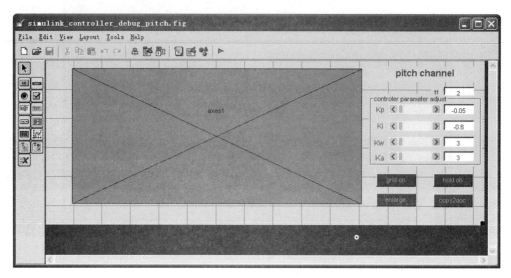

图 14 - 27　基于 GUIDE 模板

2）在 GUIDE 布局区中双击，弹出"窗口属性编辑框"，用户可以根据需要修改，一般将"Resize"属性设置为 on，将"Units"属性设置为 normalized，在"position"属性设置对话框显示的位置及尺寸。

（3）窗口设计

根据所构想的图形窗口，在窗口的不同位置，布置各种所需的控件，以创建"轴"对象为例：1）在 GUIDE 控件工具栏中点选"轴"图标，在布局区的适当位置，用鼠标拖拉出大小合适的"轴"；2）双击轴位框，在弹出的属性编辑器（Property Inspector）里设计各属性，例如背景颜色、字体大小等。

同理布置各种其他控件，例如按钮、滑动条、编辑框、静态文本、按钮等，如图 14 - 27 所示。

窗口控件布置完毕后，点击 GUIDE 工具栏按钮 ▶，即可得到图形窗口文件，本文件取名为 simulink _ controller. fig。

（4）编辑相应的 M 文件

点击工具栏中 M 文件编辑器按钮 🖹，即可弹出 M - file Editor，其文件名默认为 simulink _ controller. m。

该 M 文件由一个主函数以及相应的子函数构成，下面简单地加以介绍。

①主函数

主函数代码如下所示，一般情况下，不对此函数里的代码进行更改，可以在函数的头部增加所需的全局变量。

```
function varargout = simulink_controller(varargin)
global str_para
global rdt

gui_Singleton = 1;
gui_State = struct('gui_Name',mfilename,…
                   'gui_Singleton',    gui_Singleton,…
                   'gui_OpeningFcn',
@simulink_controller_debug_pitch_OpeningFcn,…
                   'gui_OutputFcn',
@simulink_controller_debug_pitch_OutputFcn,…
                   'gui_LayoutFcn',   [],…
                   'gui_Callback',    []);
if nargin && ischar(varargin{1})
    gui_State. gui_Callback = str2func(varargin{1});
end

if nargout
    [varargout{1:nargout}] = gui_mainfcn(gui_State,varargin{:});
else
    gui_mainfcn(gui_State,varargin{:});
end
```

② 界面启动子函数

界面启动子函数为

function simulink_controller_OpeningFcn(hObject,eventdata,handles,varargin);

此函数主要用于控制启动 GUI 时的初始状态，可在此函数中设置各种控件的初始值等，例如设置 Kp 滑动条的初始值和 Kp 编辑框的初始值，设置滑动条的范围等，其部分代码为

```
guidata(hObject,handles);

set(handles. slider_kp,'value',Kp);        % Kp 是全局变量
set(handles. edit_kp,'string',Kp);         % Kp 是全局变量
set(handles. slider_kp,'Min',varargin{5});  % 根据输入量 varargin{5} 去设置滑动条最小值
set(handles. slider_kp,'Max',varargin{6});  % 根据输入量 varargin{6} 去设置滑动条最大值
```

一般情况下，在此子函数中，还显示各种控件取初始值时对应的仿真结果，例如根据已知控制参数计算得到控制回路的单位阶跃响应，并在轴对象中显示，所以也在此子函数中增加此模块的代码。

③ 界面输出子函数

界面输出子函数为

function varargout＝simulink_controller_OutputFcn(hObject,eventdata,handles);

一般情况下，也无须对此子函数进行更改，此函数无输出。

④滑动条和编辑框回调和创建子函数

以 Kp 滑动条为例，其回调函数如下所示，此子函数响应界面上 Kp 滑动条的操作，包括：1）实时得到 Kp 的值；2）根据 Kp 的值去更改 Kp 编辑框中的值；3）根据更新的 Kp 值计算控制回路的单位阶跃响应，并实时显示在轴中；4）通过 userdata 得到当前文件路径。

```
function slider_kp_Callback(hObject,eventdata,handles)
% hObject        handle to slider_kp(see GCBO)
% eventdata   reserved — to be defined in a future version of MATLAB
% handles        structure with handles and user data(see GUIDATA)


% Hints: get(hObject,'Value')returns position of slider
% get(hObject,'Min')and get(hObject,'Max')to determine range of slider
global Kp Ki Kw Ka
…
currentPath = get(gcf,'userdata');
Kp = get(hObject,'value');
set(handles. edit_kp,'string',Kp);
…
plot_step(handles. axes1,currentPath,Ki,Kp,Kw,Ka);
```

其创建子函数代码如下所示，一般不对此代码进行更改，可根据需要更改控件的背景，也可以对其他属性进行更改。

```
function slider_kp_CreateFcn(hObject,eventdata,handles)
if isequal(get(hObject,'BackgroundColor'),get(0,'defaultUicontrolBackgroundColor'))
     set(hObject,'BackgroundColor',[.9 .9 .9]);
end
```

以 tf 时间编辑框为例，其回调函数如下所示，此子函数响应界面上 tf 编辑框的操作，用于控制在 GUI 界面轴对象的时间轴。

```
function edit_tf_Callback(hObject,eventdata,handles)
global Kp Ki Kw Ka
global grid_on_0_1
global tf0

currentPath = get(gcf,'userdata');
tf0 = str2num(get(hObject,'string'));

step = 0. 01;
```

续表

```
function edit_tf_Callback(hObject,eventdata,handles)
global Kp Ki Kw Ka
global grid_on_0_1
global tf0

currentPath = get(gcf,'userdata');
tf0 = str2num(get(hObject,'string'));

step = 0. 01;
options = simset('FixedStep',step);
timeSpan = [0,tf0];
[t,x,y] = sim(currentPath,timeSpan,options);
try
     axes(handles. axes1)
     cla;
     plot(t,y);
     if grid_on_0_1 = = 0
          grid off;
     else
          grid on
     end
     xlabel('t(sec)');
     ylabel('ay(m/s^2)');
catch on
     msgbox('pelease run the simulation first! ')
end
```

⑤按钮控件

本例界面设计四个按钮："grid on"、"hold on"、"enlarge" 和 "copy2doc" 按钮，分别对应的功能分别为：控制 GUI 轴对象是否添加或删除网格、控制 GUI 轴对象是否保留不同控制参数对应的 plot 曲线、控制 GUI 界面的缩放、拷贝当前图像界面。

以 "copy2doc" 按钮为例说明其实现的过程：

1）双击按钮，弹出 "Property Inspector"；

2）将 "Property Inspector" 里的 string 项的值 "push button" 改为 "copy2doc"；

3）将 "Property Inspector" 里的 callback 项中的回调函数改为 pushbutton _ copy _ Callback；

4）将按钮与回调函数关联：编写回调函数代码，如下所示，即可将按钮与回调函数关联。

```
function pushbutton_copy_Callback(hObject,eventdata,handles)

h = handles. figure1;
hgexport(h,'-clipboard')
open('c:\Windows\system32\clipbrd.exe')
```

点击此按钮即可拷屏当前的软件界面，可在 Word 文档里粘贴使用。

（5）GUI 程序运行

由 GUIDE 开发的 GUI 程序存为两个伴随文件，本例分别为 simulink _ controller. fig 和 simulink _ controller. m，点击运行按钮即可运行，如图 14 - 28 所示。

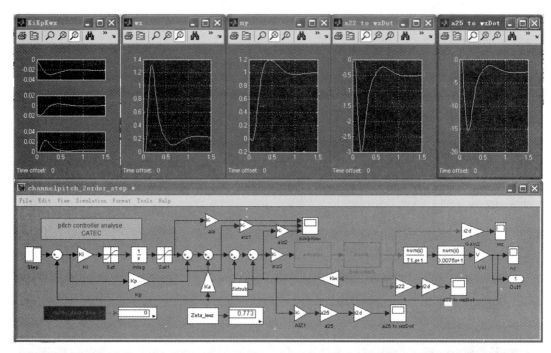

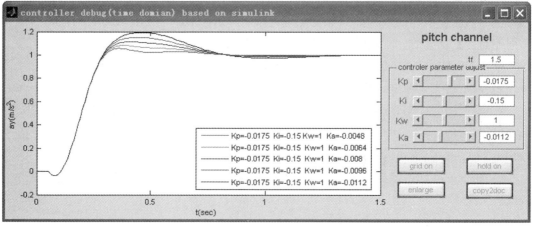

图 14 - 28　基于 GUIDE 设计的 PID 控制软件

14.6.3　基于 M 脚本文件开发 GUI

由例 14 - 5 可知，基于 GUIDE 开发 GUI 应用软件虽然简单，但是产生两个伴随文件，文件扩展名分别 .fig 和 .m 文件，其中文件扩展名为 .fig 文件包含各种控件的参数，但其代码不可读，另外，在使用过程中也常发现，产生的 .fig 文件在不同计算机操作系统或不同 MATLAB 版本使用时容易出错。

基于 M 脚本文件开发 GUI 应用程序，代码透明，更易于维护及优化，对计算机操作系统和 MATLAB 版本的依赖性更低，用户可以根据需要开发出界面更加丰富的 GUI 程序。如果需要编写较大型的 GUI 应用软件，则强烈推荐基于 M 脚本文件开发 GUI。

14.7　空地制导武器控制系统-辅助设计软件

控制系统工具箱提供了非常强大的设计及分析功能，例如直接在 MATLAB 命令行输入 step()、impulse()、nyquist()、bode()和 rlocus()可查看被控对象、开环系统或闭环系统的阶跃响应、脉冲响应、nyquist 图、bode 图和根轨迹图，即读者可以很方便且直观地进行时域和频域的分析，快速掌握其特性。即便 MATLAB 提供了如此强大的工具箱，但是仍需要设计人员学习和掌握 MATLAB 语言，而且每次使用也要花费时间编程实现。所以在工程上，可以基于 MATLAB 进行二次软件开发，避免工作大量重复开发，结合飞行控制系统的特点，在较少的人力、物力下开发出功能强大的辅助设计软件，可方便用户进行飞行控制设计。

结合空地导弹制导控制系统开发的需求，开发了空地制导武器控制系统-辅助设计软件，以下简称辅助设计软件。

辅助设计软件为飞行控制系统设计的一个极为重要的设计工具，可大幅提高控制系统设计的效率和可靠性。

本软件界面设计坚持图形用户界面（Graphical User Interface，GUI）设计原则，界面清晰、直观，方便用户使用，其软件启动界面如图 14 - 29 所示。

图 14 - 29　软件界面

14.7.1 计算机硬件和软件配置

软件可运行在台式计算机或便携式计算机，其最低配置为：

1）CPU 主频：3.2 GHz；

2）内存：1 GB；

3）硬盘：120 GB；

4）显存：512 MB；

5）显示器：≥17 英寸（台式计算机）或≥14.1 英寸（便携式计算机）。

控制系统设计辅助设计软件开发环境在通用操作平台上进行，适用于 Windows XP 或 Windows 7 操作系统。

程序主要开发环境是 MATLAB 7.0.4，其中涉及 MATLAB 程序设计，MATLAB 文件操作，MATLAB 绘图，MATLAB 数据分析与处理，MATLAB 数值积分与微分，MATLAB 外部接口技术，MATLAB 图形用户界面设计以及 Simulink 动态仿真集成环境等。

14.7.2 软件功能

辅助设计软件具有以下功能：

1）与飞行控制数值仿真程序和半实物仿真程序无缝连接，可直接对其仿真结果进行分析；

2）对型号的气动数据进行分析，并结合型号的结构质量特性以及飞行状态（飞行马赫数、高度）计算动力系数，在此基础上，建立被控对象模型；

3）根据气动参数和弹道参数自动选取重要特征点；

4）滚动通道、偏航通道及俯仰通道阻尼回路设计，在频域（根轨迹、bode 图）和时域（阶跃响应、正弦响应、脉冲响应和斜坡响应）中动态显示阻尼参数变化对阻尼回路的影响；

5）滚动通道、偏航通道及俯仰通道控制回路设计，在频域（根轨迹、bode 图）和时域（阶跃响应、正弦响应、脉冲响应和斜坡响应）中动态显示阻尼参数、增稳参数、比例参数及积分参数变化对控制回路的影响；

6）滚动通道、偏航通道及俯仰通道控制回路控制参数自动寻优，可快速找到满足相位裕度、幅值裕度、截止频率、超调量以及调节时间等频域指标和时域指标要求的控制参数集，在此基础上，利用软件自带的根轨迹图和 bode 图找出最优控制参数；

7）全弹道控制裕度复核复算，既可分析标准全弹道或气动拉偏全弹道的控制裕度，又可同时对多条不同仿真弹道进行全弹道控制裕度复核复算，在此基础上，可对某一些控制裕度较差的设计点，以图形界面的方式查看此点的飞行状态、被控对象以及控制参数，进一步从时域和频域两方面对控制回路的阻尼回路和外回路的开环和闭环的特性进行分析；

8）可视化辅助设计软件，具备良好的人机交互界面。

14.7.3　软件启动

辅助设计软件可以独立运行，也可嵌入数学仿真程序中，与仿真程序在同一个文件夹内，路径为"仿真文件夹 \ fcs _ agm \ welcome. p"，运行 welcome. p 即可启动软件，进入软件注册界面（首次使用时），如图 14 - 29 所示。

14.7.4　软件注册

辅助设计软件为一个注册后才能使用的软件，点击按钮"Login"，则弹出注册对话框，如图 14 - 30 所示，需要输入注册码才能注册使用。

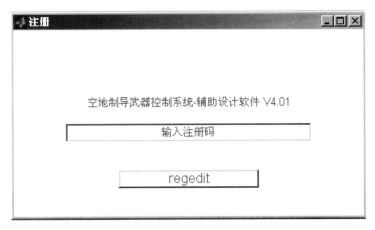

图 14 - 30　软件注册界面

本软件设计了三种注册机：1）7 天试用期版本（注册 7 天后软件自动失效）；2）30 天试用期版本；3）永久版本。下面以 7 天试用期版本为例说明注册操作，其他两个版本操作类似。

运行 7 天试用期版本注册机，如图 14 - 31 所示，点击"Generation"按钮，即可在 sn 编辑框中随机生成一个 sn 码，将其输入至"软入注册码"编辑框，点击"regedit"按钮后，软件启动界面的"Login"按钮变化为"Enter"按钮，即完成注册，获得 7 天的使用权限，点击"Enter"按钮，进入软件主界面，如图 14 - 32 所示。

14.7.5　软件主界面简介

辅助设计软件本着良好的人机交互界面的思想，只需经过简单培训即能熟练掌握使用，操作"按钮＋滑动条"和显示"轴对象＋数字"构成了软件界面最核心的元素。

（1）界面简介

点击按钮"Enter"即可进入软件设计界面，如图 14 - 33 所示，整个界面可划分为三部分：1）工具栏按钮区；2）仿真结果显示区；3）操作面板区。

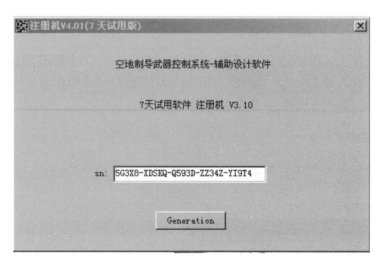

图 14 - 31　7 天试用期版本注册机

图 14 - 32　软件主界面

①工具栏按钮区

工具栏按钮区如图 14 - 34 所示，下面依次介绍各个按钮的功能：

1）按钮"traj"和"traj 3D"分别为显示仿真两维弹道和三维弹道；

2）按钮"set"对应"面板及控制参数设置"对话框；

3）按钮"roll damp"、"yaw damp"和"pitch damp"分别为滚动、偏航以及俯仰通道阻尼回路设计与分析模块；

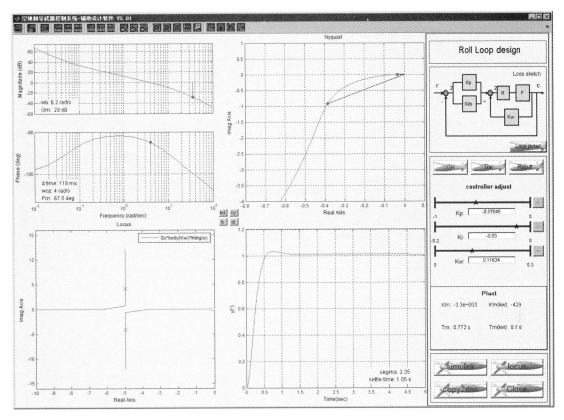

图 14-33　设计界面

4）按钮 "roll para"、"yaw para" 和 "pitch para" 分别为滚动、偏航以及俯仰通道控制回路设计与分析模块；

5）按钮 "roll"、"yaw" 和 "pitch" 分别为滚动、偏航以及俯仰通道控制回路的参数自动寻优模块；

6）按钮 "🔍"、"🔍"、"◎"、"📈" 和 "📊" 为通用操作按钮，主要是对仿真结果显示区中的曲线进行放大、缩小、恢复、轴坐标范围设置、曲线数据取点等；

7）按钮 "help"、"🖐"、"?" 和 "quit" 分别为软件操作说明、版权声明、软件开发团队介绍以及软件关闭等按钮。

图 14-34　工具栏按钮区

②仿真结果显示区

主要以数字和曲线的形式实时显示仿真结果，如图 14-35（a）所示，包括开环回路的 bode 图、nyquist 曲线、根轨迹以及闭环回路的单位阶跃响应等曲线以及开环系统裕度、闭环带宽、单位阶跃响应指标等数字。

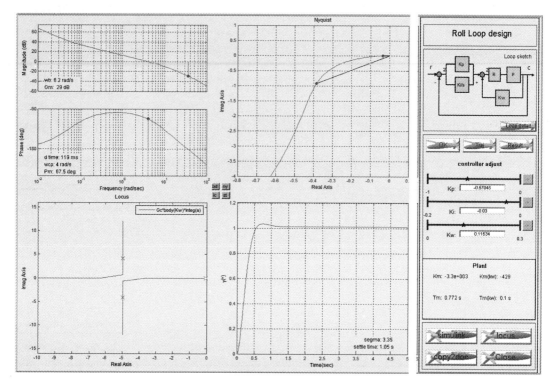

（a）仿真结果显示区　　　　　　　　　　　　　　（b）操作面板区

图 14 - 35　仿真结果显示区及操作面板区

③操作面板区

软件的操作主要在操作面板区中进行，如图 14 - 35（b）所示，不同仿真模块对应着不同的操作面板区，不过模块形式大致相同。以滚动控制回路设计与分析模块为例介绍操作面板区，从上往下依次为：1）滚动控制回路设计与分析模块标识；2）滚动控制回路框图；3）三个功能按钮，依次为按钮"Performace"、按钮"Traj"和按钮"Result"；4）控制参数调节滑动条、编辑框以及滑动条数值范围设置按钮；5）被控对象模型与加阻尼后的被控对象模型；6）四个功能按钮，依次为按钮"simulink"、按钮"locus"、按钮"copy2doc"和按钮"Close"。

（2）主界面编程实现

如上所述，辅助设计软件界面由工具栏按钮区、仿真结果显示区和操作面板区等三部分构成，由工具栏按钮区选择不同设计和分析模块，在操作面板区中进行具体的设计操作，其结果实时显示在仿真结果区。

下面以工具栏按钮区编程实现为例，简要地介绍如何基于 M 脚本文件开发 GUI。

工具栏按钮区主要涉及工具栏和工具栏按钮等两个控件。

①工具栏

工具栏是基于 window 窗口编程很重要的一个控件，其调用格式：

```
ht = uitoolbar('PropertyName1',value1,'PropertyName2',value2,…)
ht = uitoolbar(h,…)
```

语句 1 为用户根据属性名 PropertyName 和属性值 PropertyValue 在 window 窗口工具栏的位置创建一个工具栏，并返回一个句柄；语句 2 为指定的 window 窗口创建一个工具栏，并返回一个句柄。

②工具栏按钮

工具栏按钮在工具栏中创建一个按钮，其调用格式：

```
hpt = uipushtool('PropertyName1',value1,'PropertyName2',value2,…)
hpt = uipushtool(ht,…)
```

语句 1 为用户根据属性名 PropertyName 和属性值 PropertyValue 创建工具栏按钮，并返回一个句柄；语句 2 为指定的工具栏创建一个工具栏按钮，并返回一个句柄。

其中属性名 PropertyName 和属性值 PropertyValue 规定了工具栏按钮的属性及实现，其比较常见的属性如表 14 - 13 所示。

表 14 - 13　工具栏按钮属性

序列	属性	目的
1	CData	显示控件真色彩图标
2	ClickedCallback	按钮按下响应
3	Enable	控件有效或无效
4	Parent	父控件句柄
5	Separator	分隔线模式
6	Tag	用户定义标识符
7	TooltipString	控件的提示符
8	UserData	用户指定数据

其中 ClickedCallback 为工具栏按钮最重要的属性，属性值是一个 MATLAB 字符串，按钮响应通过一个回调属性实现，MATLAB 将它传给函数 eval 并在命令窗口工作空间执行。对于编程实现一般分为两种，其一，回调语句比较简单，即可在 "ClickedCallback" 其后的字符串中实现，例如 "'ClickedCallback','grid on；set(gca,'Box','on')'"，即把这串字符串传给 eval，相当于在命令窗口工作空间中执行 MATLAB 语句：

$\gg$ grid on；set(gca,'Box','on')；

即可完成按钮按下时的响应。其二，回调语句进行较复杂的操作，这时可将这些复杂的操作写成回调函数，采用回调函数实现。本辅助设计软件的工具栏按钮部分实现代码如表 14 - 14 所示。

表 14 – 14　工具栏按钮实现代码

```
function mainInterface()
% ex14_01_01.m
% developed by qiong studio

global gDialogWidth gDialogHeigh gBigFontSize gMiddleFontSize gLittleFontSize
delete(gcf);    % - delete the welcome figure

% - - - set the size of dialog and font
scr = get(0,'ScreenSize');
if scr(3) < = 1100
    gBigFontSize = 11;
    gMiddleFontSize = 9;
    gLittleFontSize = 7;
    gDialogWidth = 0.5;
    gDialogHeigh = 0.45;
else
    gBigFontSize = 15;
    gMiddleFontSize = 12;
    gLittleFontSize = 9;
    gDialogWidth = 0.35;
    gDialogHeigh = 0.3;
end
% - - - set the size of dialog and font

% - - - read data file of toolbar icon
load toolbarIcon19_19 icontraj  icontraj3d  iconSet  iconRollDamp  iconYawDamp  iconPitchDamp  iconRollFind
iconYawFind  iconPitchFind  iconRollPara  iconYawPara  iconPitchPara  iconZoomIn  iconZoomOut  iconZoomOrigin
iconAxisScope  iconDatacursor  iconhelp  iconRight  iconEdit  iconquit;
% - - - read data file of toolbar icon

% - - - main interview figure
fig_main = figure('tag','fig_main','menubar','none','Resize','on');
set(fig_main,'unit','normalized','position',[0.00,0.04,gDialogWidth,gDialogHeigh]);
set(fig_main,'Color',[0.7,0.7,0.7]);
set(fig_main,'name','空地制导武器控制系统 - 辅助设计软件 V2.10','numbertitle','off');
set(fig_main,'WindowStyle','normal');
set(0,'userdata',fig_main);
% - - - main interview figure

% - - - 1)build toolbar; 2)set icon of toolbar; 3)associate icon with corresponded callback func
uitoolbar(fig_main);
```

续表

```
uipushtool('cdata',icontraj,'ClickedCallback',{@trajFunc,gcf},'Separator','off','TooltipString','traj');
uipushtool('cdata',icontraj3d,'ClickedCallback',{@traj3d,gcf},  'Separator','on','TooltipString','3d traj');
uipushtool('cdata',iconSet,'ClickedCallback',{@set_dialog,{gcf}},  'Separator','on',
'TooltipString','setting of intermain and other thing');
uipushtool('cdata',iconRollDamp,'ClickedCallback',{@set_roll_damp,{gcf}},'Separator','on','TooltipString','roll damping
channel');
uipushtool('cdata',iconYawDamp,'ClickedCallback',{@set_yaw_damp,{gcf}},'TooltipString','yaw damping channel');
uipushtool('cdata',iconPitchDamp,'ClickedCallback',{@set_pitch_damp,{gcf}},'TooltipString','pitch damping channel');
uipushtool('cdata',iconRollPara,'ClickedCallback',{@set_roll_loop,{gcf}},'Separator','on','TooltipString','roll channel');
uipushtool('cdata',iconYawPara,'ClickedCallback',{@set_yaw_loop,{gcf}},'TooltipString','yaw channel');
uipushtool('cdata',iconPitchPara,'ClickedCallback',{@set_pitch_loop,{gcf}},'TooltipString','pitch channel');
uipushtool('cdata',iconRollFind,'ClickedCallback',{@ParaResearch_roll,gcf},'Separator','on','TooltipString','roll channel PID
design');
uipushtool('cdata',iconYawFind,'ClickedCallback',{@ParaResearch_yaw,gcf},'TooltipString','yaw channel PID design');
uipushtool('cdata',iconPitchFind,'ClickedCallback',{@ParaResearch_pitch,gcf},'TooltipString','pitch channel PID design');
uipushtool('cdata',iconZoomIn,'ClickedCallback',{@ZoomIn,gcf},'Separator','on','TooltipString','zoom in');
uipushtool('cdata',iconZoomOut,'ClickedCallback',{@ZoomOut,gcf},'TooltipString','zoom out');
uipushtool('cdata',iconZoomOrigin,'ClickedCallback',{@ZoomOrigin,gcf},'TooltipString','zoom off');
uipushtool('cdata',iconAxisScope,'ClickedCallback',{@AxisScope,gcf},'TooltipString','set the axis scope');
uipushtool('cdata',iconDatacursor,'ClickedCallback',{@DataCursor,gcf},'TooltipString','get data from curve');
uipushtool('cdata',iconhelp,'ClickedCallback',{@helpFig,gcf},'Separator','on','TooltipString','help');
uipushtool('cdata',iconRight,'ClickedCallback',{@RightFig,gcf},'TooltipString','right');
uipushtool('cdata',iconEdit,'ClickedCallback',{@EditFig,gcf},  'TooltipString','Edit number');
uipushtool('cdata',iconquit,'ClickedCallback','quit','TooltipString','exit program');
% - - - 1)build toolbar; 2)set icon of toolbar; 3)associate icon with corresponded callback func
```

14.7.6　专用按钮

软件设计了三个专用按钮，即"两维弹道""三维弹道"和"面板及控制参数设置"按钮，下面依次介绍。

（1）按钮"▉"

按钮"▉"对应仿真"两维弹道"显示功能，如图 14-36 所示，自左向右分为两部分，左侧为弹道曲线显示区，右侧为弹道显示控制面板，由四个按钮组成，第一个按钮控制左侧弹道曲线显示区中的内容，通过按钮复用的功能，即点击一下按钮会显示点击前按钮上文字提示的曲线，接着按钮上文字会变换为下一组待显示曲线的名字；第二个按钮为坐标轴颜色控制按钮，主要用于控制坐标轴的颜色，点击按钮将更换另一种颜色；第三个按钮曲线颜色控制按钮，主要用于更改弹道曲线颜色；第四个按钮为网格按钮。

该模块用来显示弹道的各飞行状态参数曲线，共绘制 6 组 36 条曲线，分别为：

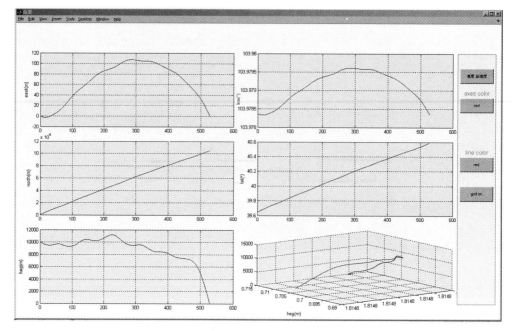

图 14 - 36　弹道二维图

1）位置曲线：东向相对位置、北向相对位置、天向相对位置、经度、纬度、高度；

2）速度和加速度曲线：东速、北速、天速、轴向加速度、法向加速度、侧向加速度；

3）姿态和速度曲线：滚动角、偏航角、俯仰角、滚动角速度、偏航角速度、俯仰角速度；

4）状态和偏曲线：攻角、侧滑角、马赫数、滚动舵偏、偏航舵偏、俯仰舵偏；

5）气动曲线：轴向力、法向力、侧向力、阻力、升力、侧力、滚动力矩、偏航力矩、俯仰力矩；

6）升阻比和其他曲线：升阻比、动压、横向自振频率、纵向固有频率、弹道倾角、弹道偏角。

（2）按钮""

按钮""对应仿真"三维弹道"动态显示功能，点击该按钮可动态显示导弹从投弹至攻击目标的姿态、速度以及位置信息，如图 14 - 37 所示。

（3）按钮""

该按钮对应"面板及控制参数设置"对话框，主要设置界面的颜色和三通道控制回路的参数上下限，如图 14 - 38 所示，相应地分为两大功能区：上部分为界面颜色设置区；下部分为三通道控制参数上下限编辑框。

界面颜色设置区分为三部分，自左向右依次为对话框颜色设置单选框、主界面颜色设置单选框及控制面板颜色设置单选框。在对应的设置单选框内选择希望的颜色即可以改变对应界面的颜色。

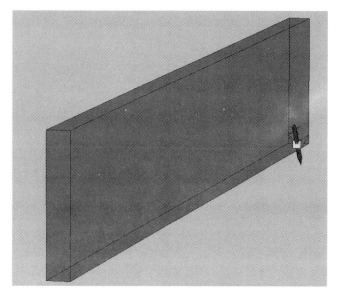

图 14 - 37　三维动态曲线

　　三通道控制参数上下限编辑框主要用于设置阻尼回路、控制回路以及控制参数寻优模块中相关控制参数的上下限。进行阻尼回路设计、控制回路设计或控制参数寻优时，以此控制参数上下限作为控制参数滑动条的上下限，基于上下限求得的均值作为相应控制参数的初始值。当所设计控制参数超出此区间范围时，则可以在该对话框中重新设置控制参数的上下限，也可以通过操作主界面控制面板中控制参数滑动条右侧的参数上下限按钮来调整控制参数的上下限。

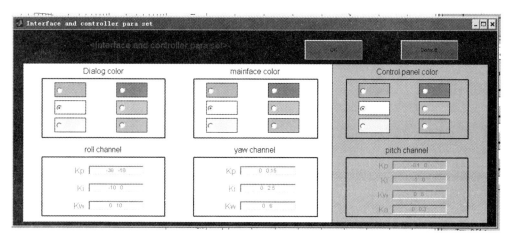

图 14 - 38　面板和控制参数设置界面

14. 7. 7　工具按钮

　　工具按钮用于辅助分析仿真结果，模拟 Matlab 图形曲线的各种操作，例如"图形曲线缩放""坐标轴范围设置"和"曲线取点"等。

（1）按钮"⊕"、"⊖"与"◎"

按钮"⊕"、"⊖"与"◎"分别对应图形曲线放大功能、缩小功能与还原功能。以放大功能为例，点击按钮"⊕"后，可对主界面显示区中的 bode 图、nyquist 图、locus 图和 step 图中的曲线进行放大操作，以放大 locus 图的曲线为例，点击鼠标左键（一直按住），拖拉鼠标即可实时选定需放大的图形曲线区域，放开左键，即可放大需放大的图形曲线，如图 14 - 39 所示，图 14 - 39（a）为原始图，图 14 - 39（b）为放大后的图。

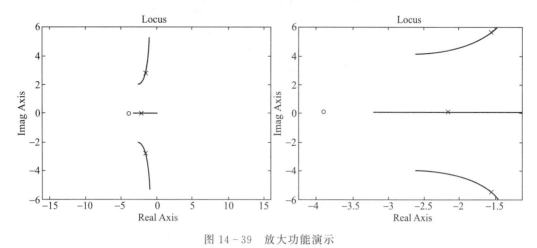

图 14 - 39　放大功能演示

（2）按钮"📈"

按钮"📈"对应轴坐标范围设置功能。点击该按钮后，则弹出对话框"axis scope set"，如图 14 - 40 所示，可通过点击单选框 bode、locus、nyquist 和 step 选择相应的图形对象进行轴坐标范围设置，以选择 bode 为例，单击单选框 bode，设置 x axis（rad/s）、y axis（dB）和 y axis（deg）的范围，点击"OK"按钮，即可根据需要设置轴坐标范围，如图 14 - 41 所示。

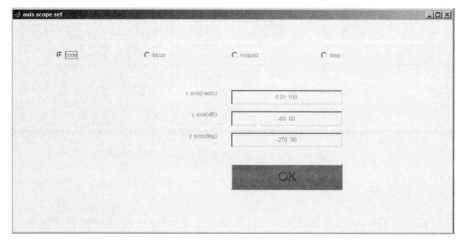

图 14 - 40　轴坐标范围设置界面

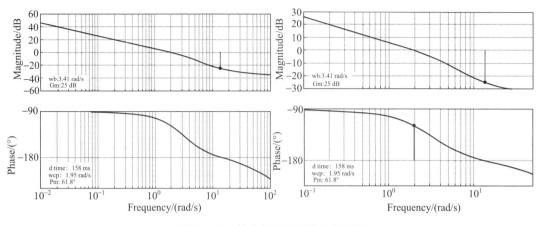

图 14 - 41　轴坐标范围设置功能演示

（3）按钮"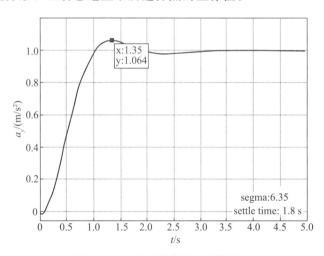"

按钮"　"对应曲线点击取值功能。点击该按钮后，则可以在 bode、locus、nyquist 和 step 图中曲线上点击鼠标左键以读取选择点的坐标值，以 step 曲线为例，如图14 - 42 所示，可以拖动正方形，以动态地显示所选择点的坐标值。

图 14 - 42　曲线数据取点功能演示

14.7.8　其他按钮

其他按钮对应普通应用软件常见的功能模块，如软件操作说明（"help"）、软件版权声明和软件关闭功能，分别对应着按钮"help"、"　"和"quit"。

（1）按钮"help"

按钮"help"对应软件的操作说明文档，点击该按钮，则弹出"操作说明"网页，如图 14 - 43 所示。

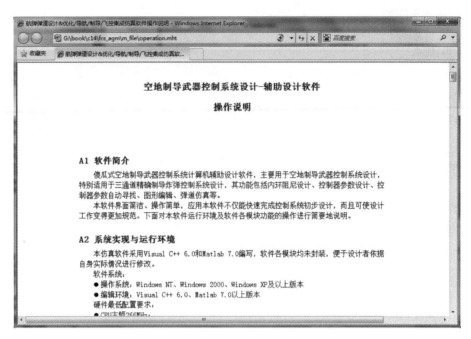

图 14-43　操作说明

（2）按钮""

按钮"⬚"对应软件的版权说明文档，点击该按钮，则弹出"软件版权声明"网页，如图 14-44 所示。

图 14-44　软件版权声明

（3）按钮 "![quit]"

按钮 "![quit]" 对应软件的退出操作，点击该按钮，则关闭软件。

14.7.9　气动数据分析功能

控制回路设计是基于被控对象，而被控对象的模型与弹体的气动参数、弹体结构质量特性以及飞行状态（飞行马赫数、高度）等参数相关，被控对象的特性在很大程度上取决于弹体的气动特性，故设计气动数据分析功能，旨在设计者快速了解被控对象的气动特性。

气动数据分析功能分为三个通道的气动数据分析模块，即滚动、偏航及俯仰控制回路气动数据分析，下面以俯仰控制回路气动数据分析为例加以演示说明。

按第 2 章介绍的方法，将气动数据进行预处理，且存为 dat 的格式，例如dzCorrect. dat，如图 14 - 45（a）所示。在此基础上，编写气动数据 dzCorrect. dat 的编排格式，存为 dat 的格式，取名为 dzCorrect _ cgf. dat，如图 14 - 45（b）所示。

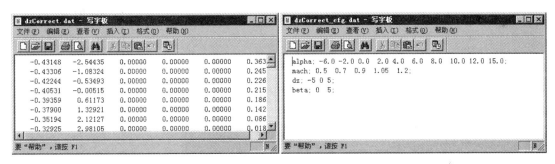

图 14 - 45　气动数据编排

俯仰控制回路气动数据分析模块集成在阻尼回路设计和控制回路设计两个相应的模块中，例如点击主界面工具栏按钮 "![pitch para]"，则弹出 "俯仰控制回路设计" 对话框，如图 14 - 46 所示，点击单选框 "earo data" 选项后，弹出俯仰通道 "气动、结构及飞行状态设置" 对话框，如图 14 - 47 所示，点击按钮 "Earo File"，弹出 "气动数据分析" 对话框，在 "file" 编辑框输入要分析的气动数据所对应的文件名（例如 dzCorrect. dat），即可显示气动数据编排以及各种气动参数，如图 14 - 48 所示。在编辑框 "mach" 和 "alpha" 输入导弹飞行速度以及攻角，点击按钮 "Compute"，则计算对应的气动参数，例如气动参数 C_y^δ、C_y^α、m_z^δ 和 m_z^α 等最大值、最小值、平均值以及飞行状态对应的值，如图 14 - 49 所示。

14.7.10　阻尼回路设计演示

该模块用来辅助设计阻尼回路，并对所设计阻尼回路的性能进行分析。

阻尼回路作为控制系统的内回路，其性能在很大程度上影响整个控制回路的控制品质，本软件可进行滚动、偏航和俯仰阻尼回路辅助设计，下面以俯仰阻尼回路为例（其他两个回路的操作大致跟俯仰阻尼回路一致）演示阻尼回路的操作。

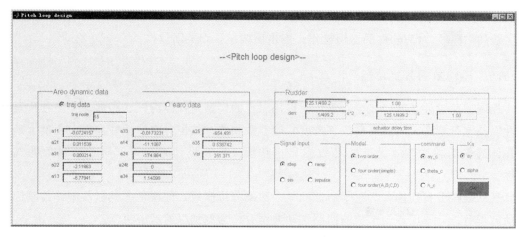

图 14 - 46　　"俯仰控制回路设计"对话框

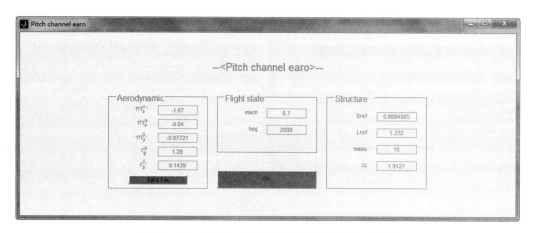

图 14 - 47　　"气动、结构及飞行状态设置"对话框

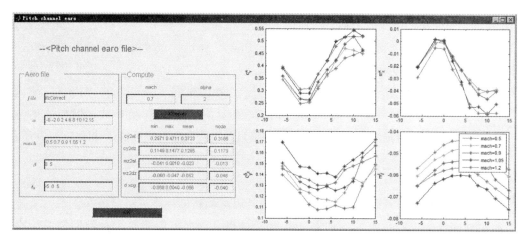

图 14 - 48　　"气动数据分析"对话框（初始）

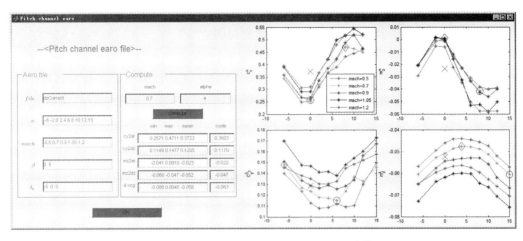

图 14 - 49　　"气动数据分析"对话框（计算）

14.7.10.1　俯仰通道阻尼回路设置对话框

　　点击主界面工具栏的按钮"pitch damp"，则弹出"俯仰通道阻尼回路设计"对话框，如图 14 - 50 所示，主要确定被控对象（表征为气动参数与动力系数）、舵机模型（传递函数和延迟环节）、测试输入信号以及模型类型，点击"OK"按钮，进入俯仰通道阻尼回路设计界面，如图 14 - 53 所示。

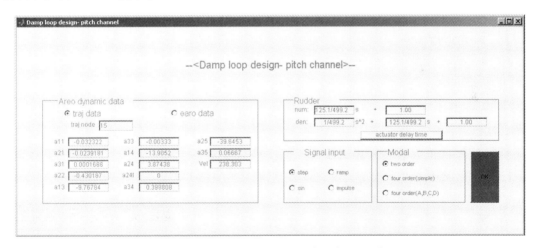

图 14 - 50　　"俯仰通道阻尼回路设计"对话框

　　该对话框的主要功能包括为选择被控对象、舵机模型、输入信号、被控对象模型。各模块框功能如下：

　　（1）被控对象选择

　　该部分主要在 Areo dynamic data 功能框内，功能为确定需分析的被控对象，有两种方式确定被控对象，方式一：直接从弹道中选取特征点的动力系数，再计算被控对象；方式二：间接由气动、结构质量特性以及飞行状态计算得到动力系数，再计算被控对象。

　　方式一操作说明：点击单选按钮"traj"，在编辑框"traj node"输入时间点，例如图中为15 s特征点，也可以输入其他时间点，修改时间点后回车即可显示相应的动力系数，由软件自行计算得到被控对象的相关参数。

　　方式二操作说明：点击单选按钮"earo data"，弹出俯仰通道气动参数对话框，如图14-51所示，输入气动参数、飞行状态和结构质量特性等参数，点击按钮"OK"后，可自动更阻尼回路设计参数设置对话框中的动力系数，如图14-50所示，其后同理由软件自行计算得到被控对象的相关参数。

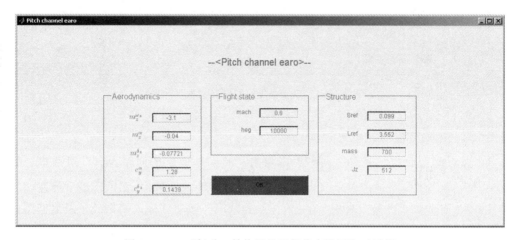

图14-51　　"气动、结构以及飞行状态设置"对话框

　　（2）舵机模型选择

　　如图14-52所示，舵机的数学模型可表示为"延迟环节＋二阶模型"，传函如下式所示，默认为二阶模型，也可以设置为一阶模型（即令 $a_1 = b_1 = 0$）。

$$rudder(s) = e^{-\tau s} \frac{a_1 s + 1}{b_1 s^2 + b_2 s + 1}$$

　　舵机延迟环节设置，可点击按钮"　actuator delay time　"，则弹出"actuatar delay time"对话框，输入延迟时间，点击"OK"按钮即可，如图14-52所示。

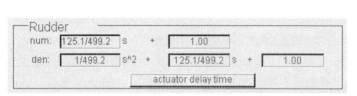
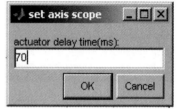

图14-52　舵机模型以及舵机模型延迟时间设置

　　（3）输入信号选择

　　该部分功能为选择分析中用到的输入信号，包括单位阶跃信号、斜坡信号、正弦信号和脉冲信号，可根据需要选择，一般选择单位阶跃信号。

（4）被控对象模型选择

可根据仿真需要选择三种被控对象模型，即二阶简化模型、四阶简化模型、四阶状态空间模型。

在确定对话框中被控对象、舵机模型、输入信号和模型类型之后，点击按钮"OK"进入设计界面，如图 14 - 53 所示，即可进行阻尼回路设计。

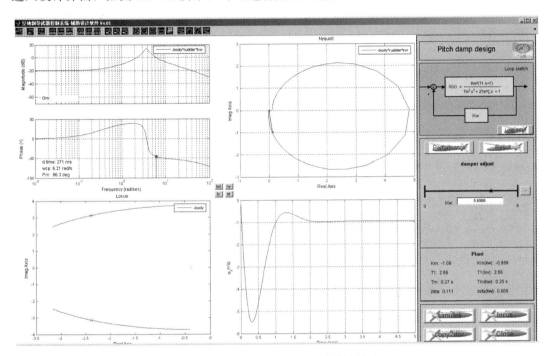

图 14 - 53　俯仰通道阻尼回路设计界面

14.7.10.2　设计界面简介

设计界面如图 14 - 53 所示，设计界面大致分为两个区，左边为仿真结果显示区，右边为操作面板区。

仿真结果显示区显示四个图形和曲线，左上图为阻尼回路的开环 bode 图，右上图为 nyquist 图，左下图为根轨迹，右下图为单位阶跃舵偏的响应曲线，在 bode 图的左下方显示开环阻尼回路的频域特性。四组曲线和相关参数都随操作面板区中阻尼反馈系数 Kw 的变化而变化，也直观反映了反馈系数对阻尼回路的影响。

操作面板区自上而下分别为阻尼回路框图、仿真指标设计及结果、参数调试区、被控对象区（plant 区）、控制按钮区（包括按钮"simulink"、按钮"locus"、按钮"copy2doc"及按钮"close"）。

（1）阻尼回路框图

该区包括两部分内容：阻尼回路框图及 simulink 仿真模块，其中按钮"loop detail"链接了阻尼回路的 simulink 仿真模块，如图 14 - 54 所示，可参看详细的阻尼回路框图，点击运行按钮，可仿真基于当前阻尼系数对应的角速度曲线。

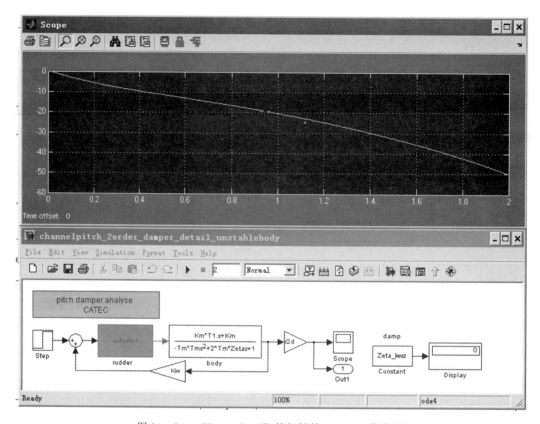

图 14 - 54　"Loop detail" 按钮链接 simulink 仿真图

（2）仿真指标设计及结果

进行仿真前需要设置阻尼回路的设计指标，仿真完成后，也需要提供详细的仿真结果。按钮"Performance"对应回路指标设置对话框，点击该按钮弹出指标设置对话框，可根据需要设置相关的指标。在控制参数调试过程中，当设计的回路满足设计指标时，按钮上的文字将由黑色字体的"Performance"变为红色字体"OK"。按钮"Result"对应回路设计结果对话框，点击该按钮弹出阻尼回路设计结果对话框，右侧显示最终的控制参数，左侧显示性能指标。

（3）参数滑动条

该区由三个控制组件组成：参数滑动条、编辑框、滑动条上下限设置按钮，其中滑动条和编辑框相关联，改变其中一个组件的值，另一个随之变化。如果参数值超出了滑动条的当前范围，则点击滑动条右边的上下限设置按钮" -» "，重新调节滑动条的参数范围。一般来说，设计者习惯选择拖动滑动条上的星号来确定合适的控制参数，拖动星号同时，与滑动条相关联的编辑框实时显示参数值。

在辅助设计阻尼回路的过程中仅需要拖动滑动条上的星号，在仿真结果显示区中的各种曲线也随之变化，图中的各种时域和频域性能参数也实时更新，设计者可以清楚的观测到参数变化对阻尼回路的影响，并最终确定合适的反馈系数。

（4）Plant 区

Plant 区显示被控对象传递函数的参数，左侧一列显示原始被控对象的参数，包括弹体增益、时间常数及阻尼等；右侧一列显示经过阻尼反馈后的被控对象参数，包括阻尼反馈后弹体的增益、时间常数及阻尼等。

（5）控制按钮区

控制按钮区主要集中了四个常见的功能按钮，包括按钮"simulink"、按钮"locus"、按钮"copy2doc"和按钮"Close"。

①按钮"simulink"

按钮"simulink"对应 simulink 仿真模块，点击按钮则弹出阻尼回路参数调试对话框（如图 1456 所示）以及配套的 simulink 仿真模块（如图 14 – 55 所示），参数调试对话框负责参数调节，分为左右两部分，左侧显示仿真结果曲线（与 simulink 仿真响应示波器的结果相同），右侧为控制面板，其中编辑框"tf"用于调整坐标轴时间轴显示的长度，控制参数滑动条"Kw"和与其相关联的编辑框用于调节控制参数 Kw，按钮"grid on"控制左侧坐标轴是否添加或去掉网格，按钮"hold on"用于控制是否保留上个控制参数对应的响应曲线，按钮"enlarge"用于控制是否将参数调试对话框放大（放大之后该按钮上的字体切换为"shrink"，点击按钮可恢复到原始状态）或缩小，按钮"copy2doc"可将仿真结果拷贝，可粘切到 word 中。

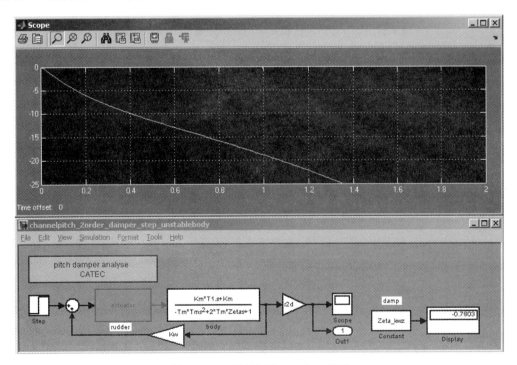

图 14 – 55　阻尼回路 simulink 框图

②按钮"locus"

按钮"Locus"对应控制回路的根轨迹模块，点击按钮将运行工具 SISO Design Tool，

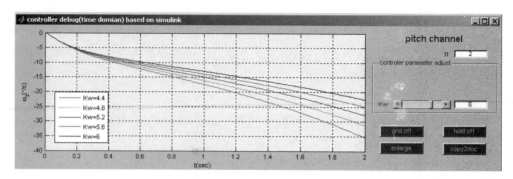

图 14 - 56　阻尼回路参数调节界面

拖动曲线上的小方块或在编辑框中输入系数来调整阻尼系数，如图 14 - 57 所示，一般情况下，可在相关菜单中开启开环 bode 图、闭环 bode 图或阶跃图等，即可以实时参看反馈系数变化时，开环回路和闭环回路的时域和频域特性变化。

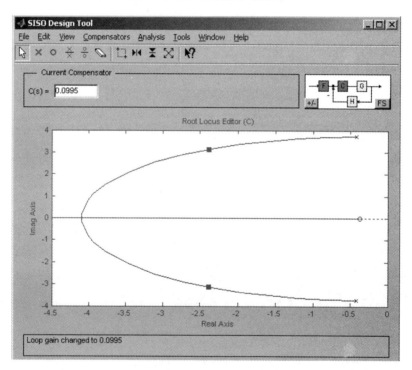

图 14 - 57　根轨迹设计工具

③按钮 "copy2doc"

按钮 "copy2doc" 对应截屏功能，点击按钮 "　copy2doc　" 将当前主界面截面，可在 Word 文档里面直接使用。

④按钮 "Close"

按钮 "close" 对应软件退出功能，点击按钮 "　Close　"，关闭软件。

14.7.10.3　操作说明

点击主界面的按钮 "Performacnce"，在弹出的对话框 "Pitch damp performance set" 中设置阻尼值和阻尼回路的延迟裕度，如图 14－58 所示，设置完毕，点击按钮 "OK"，返回至主界面，如图 14－59 所示，简单地拖动滑动条或在相关联的编辑框中输入反馈系数，开环回路的频域特性（如 bode 图、nyquist 图、根轨迹图以及截止频率、相位裕度、延迟裕度等）和时域特性（如单位舵偏阶跃响应）等随之实时变化，阻尼被控对象的参数也跟随实时变化，当阻尼回路性能满足设置指标时，主界面的各种曲线（包括开环 bode 图、nyquist 图、根轨迹图和单位舵偏阶跃响应）的颜色由蓝色变化为红色，按钮 "Performance" 变化为 "OK"，如图 14－60 所示。

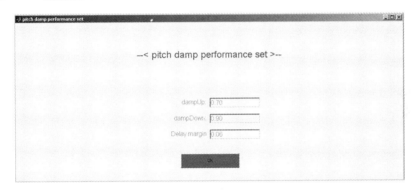

图 14－58　"Pitch damp performance set" 对话框

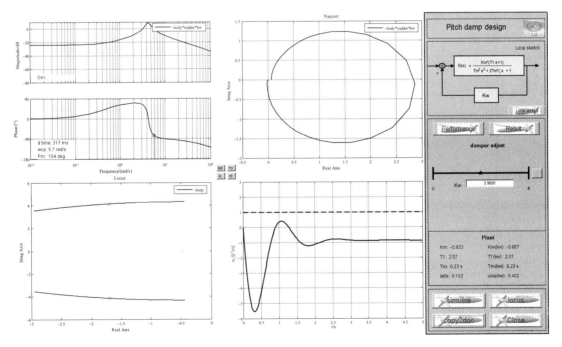

图 14－59　阻尼回路（调试前）

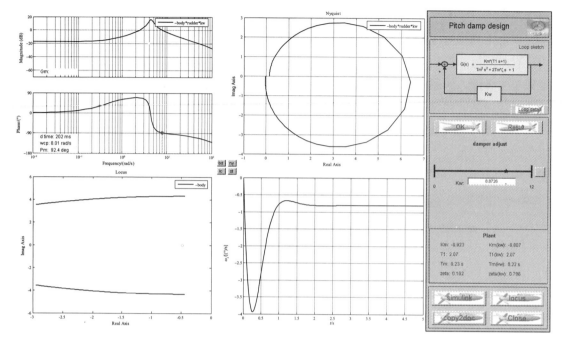

图 14 - 60　阻尼回路（调试后）

点击按钮"Result"，则弹出对话框"Pitchchannel damper simulation result"，显示阻尼回路的频域性能和阻尼反馈系数，如图 14 - 61 所示。

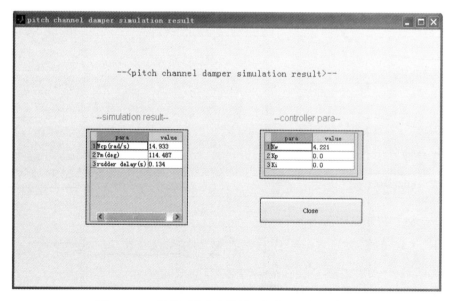

图 14 - 61　阻尼回路仿真结果（频域）和控制参数

点击主界面 bode 图图形区域，则弹出对话框"bode"，如图 14 - 62 所示，可显示无阻尼弹体 bode 特性、加阻尼后弹体 bode 特性以及开环 bode 特性，缺省状态为阻尼回路不加舵机和速率陀螺环节，用户可分别点击按钮"rudder""rate gyro"和"both"显示加舵机模块、速率陀螺模块以及加舵机和速率陀螺模块后的阻尼回路闭环 bode 图和开环 bode 图。

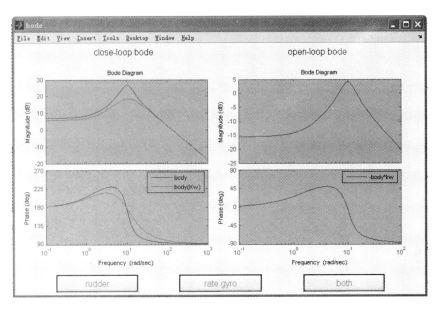

图 14 - 62　阻尼回路- bode

同理点击主界面 nyquist 图图形区域、根轨迹图图形区域和单位舵偏阶跃响应图形区域，则分别弹出对话框"nyquist"、对话框"locus"和对话框"step"，如图 14 - 63～图 14 - 65 所示。

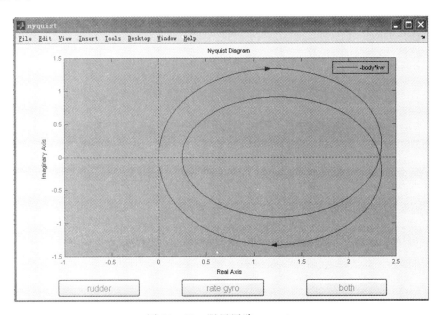

图 14 - 63　阻尼回路- nyquist

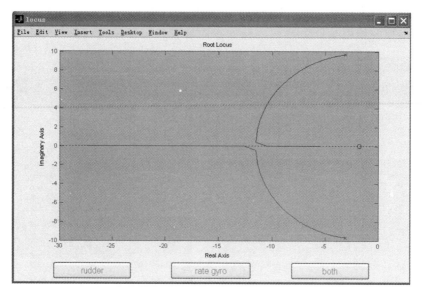

图 14 - 64　阻尼回路- locus

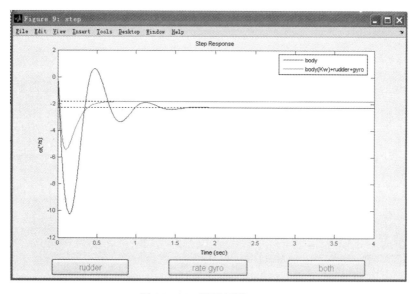

图 14 - 65　阻尼回路- step

14.7.11　控制回路设计演示

本软件设计了滚动、偏航和俯仰控制回路辅助设计模块,下面以俯仰控制回路为例(其他两个回路的操作大致跟俯仰控制回路一致)演示控制回路的操作。

14.7.11.1　俯仰控制回路设置对话框

点击主界面工具栏的按钮"",则弹出"俯仰控制回路设计"对话框,如图 14 - 66

所示，需要确定动力系数、舵机模型（传递函数和延迟环节）、测试输入信号、模型类型、制导指令类型以及增稳回路反馈状态量类型等。

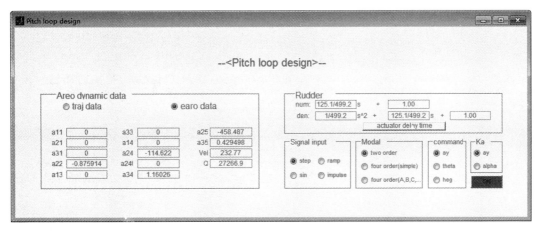

图 14 - 66　"俯仰控制回路设计"对话框

控制回路设计大多操作同阻尼回路设计模块，不同之处是增加了制导指令和增稳回路，对于制导指令，可选择过载控制回路、弹道倾角控制回路以及高度控制回路，对于增稳回路状态反馈，可选择过载反馈增稳或攻角反馈增稳，点击按钮"OK"，进入主界面，如图 14 - 68 所示。

14.7.11.2　设计界面简介

控制回路的设计界面大致同阻尼回路的设计界面，如图 14 - 68 所示。

14.7.11.3　操作说明

点击主界面的按钮"Performacnce"，弹出的对话框"Pitch loop performance set"如图 14 - 67 所示，在对话框中根据需要设置时域性能指标-阶跃响应的峰值与调节时间，设置频域指标-截止频率、幅值裕度、相位裕度与最小延迟裕度，设置完毕后点击按钮"OK"即可返回至主界面。

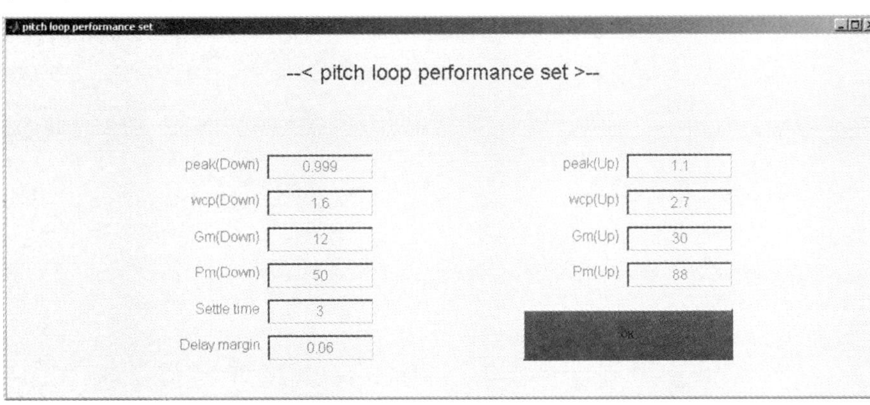

图 14 - 67　对话框"Pitch loop performance set"

（1）滑动条操作说明

简单拖动滑动条或编辑框中输入控制参数（滑动条和对应的编辑框是相关联的），开环回路的频域特性（如 bode 图、nyquist 图、根轨迹图以及截止频率、相位裕度、延迟裕度等）和闭环回路的时域特性等随之实时变化，阻尼被控对象的参数也跟随之实时变化，调整各个控制参数，当控制回路性能满足设计指标时，主界面中各种曲线（开环 bode 幅相对数曲线、nyquist 曲线、根轨迹和单位阶跃响应）的颜色由蓝色变化为红色，按钮 Performance 变化为 OK ，如图 14 - 68 所示。

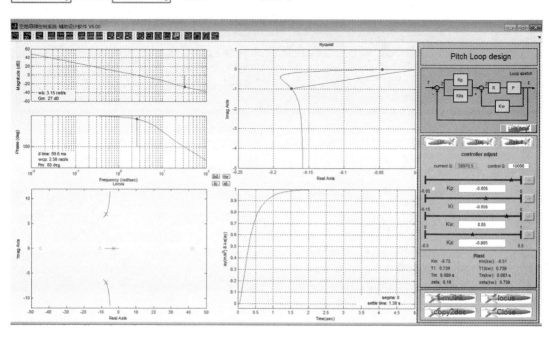

图 14 - 68　主界面

点击按钮"Result"，则弹出对话框"Pitch channel simulation result"，显示俯仰控制回路的控制参数以及相对应的频域和时域性能参数，如图 14 - 69 所示。

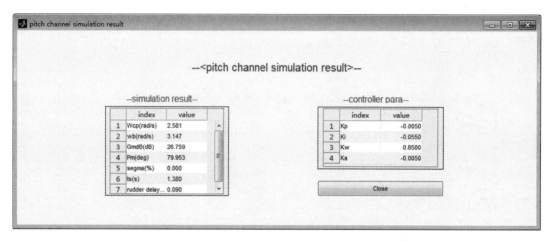

图 14 - 69　俯仰控制回路仿真结果（频域）和控制参数

（2）对比分析

用户可对 bode 图、nyquist 图、根轨迹图及单位阶跃响应进行深入分析，例如控制参数变化、舵机以及陀螺对控制回路的影响，可以进行对比分析。

点击主界面 bode 图图形区域，则弹出对话框 "bode"，如图 14-70 所示，可显示当前控制参数对应的系统开环 bode 图，也可以查看不同控制参数对控制回路的影响，即在面板操作区的控制参数编辑框内输入新的 Kp、Ki、Kw 和 Ka，点击回车键，再点击 bode 图图形区域，则弹出不同控制参数对应的开环 bode 图，方便进行对比分析。

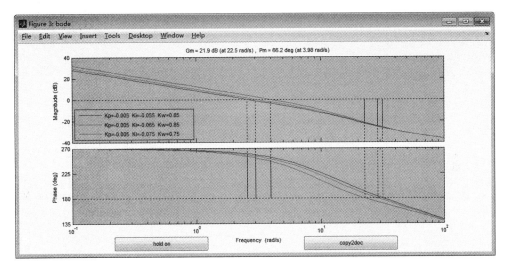

图 14-70 俯仰控制回路-bode

同理点击主界面 nyquist 图图形区域、根轨迹图图形区域和阶跃响应图形区域，则分别弹出对话框 "nyquist"、对话框 "locus" 和对话框 "step"，如图 14-71～图 14-73 所示，如果用户想了解舵机对控制回路的影响，可以点击对话框下面的按钮 "have rudder" 即可（点击按钮后，按钮上的字会切换至 "no rudder"）。

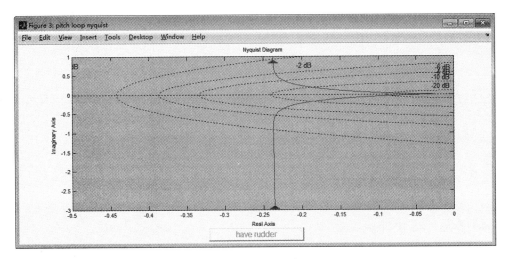

图 14-71 俯仰控制回路-nyquist

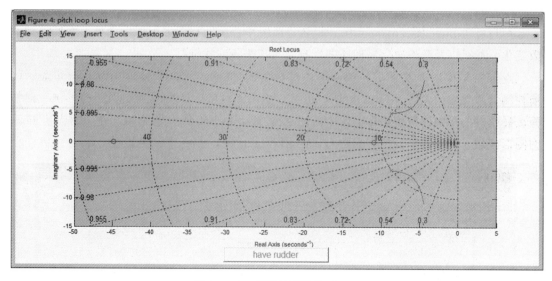

图 14 - 72　俯仰控制回路- locus

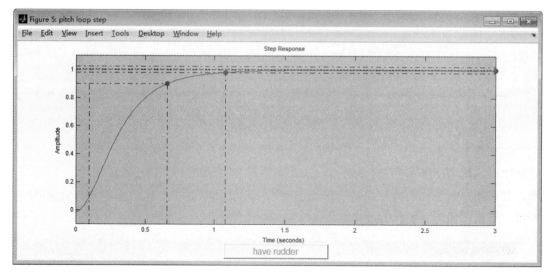

图 14 - 73　俯仰控制回路- step

（3）simulink 仿真

软件集成了具有独立功能的 simulink 仿真模块，也可以基于此仿真模块完成控制回路设计。

点击主界面的钮"simulink"按，则弹出 simulink 仿真界面，如图 14 - 74 和图 14 - 75 所示，用户只需拖动滑动条或在编辑框内直接输入控制参数，则在时域范围内动态显示控制回路中各状态量随控制参数的变化趋势，也可以很方便仿真不同控制参数对应的控制回路的性能，操作简便。

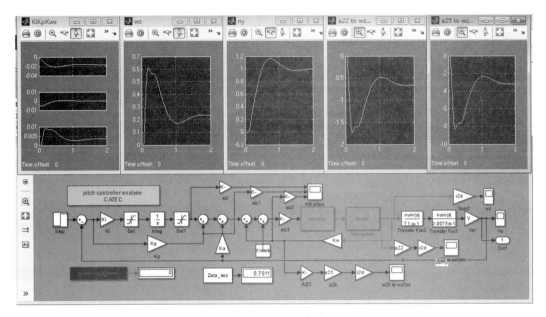

图 14 - 74　simulink 仿真界面

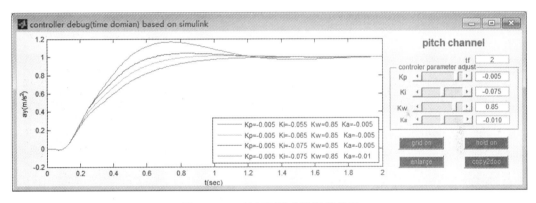

图 14 - 75　控制回路参数调节界面

14.7.12　控制参数寻优演示

控制参数寻优模块分为滚动控制回路参数寻优，偏航控制回路参数寻优和俯仰控制回路参数寻优，即在给定的参数区间内由软件自行查找满足所设定指标的控制参数集，在此基础上，可以优化控制回路的参数，最终确定控制参数。

14.7.12.1　俯仰通道参数寻优对话框

点击主界面工具栏的按钮 "　　"，则弹出对话框 "俯仰通道控制参数寻优"，如图 14 - 76 所示，设置控制回路的时域指标、频域指标以及仿真结果保存文件名，点击按钮 "OK"，进入 simulink "控制参数寻优"，如图 14 - 77 所示。

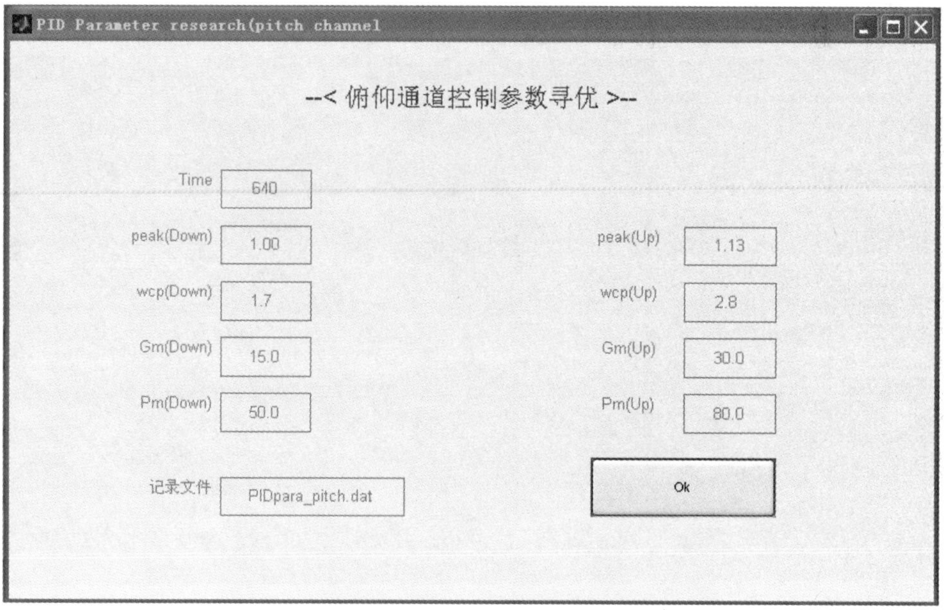

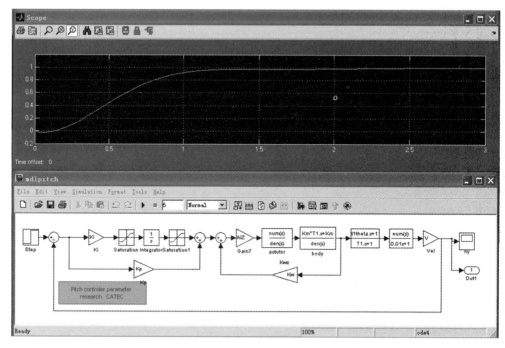

图 14-76 "俯仰通道控制参数寻优"对话框

图 14-77 控制参数寻优

14.7.12.2 参数寻优结果

控制参数寻优模块对控制参数 Kp，Ki 和 Kw 进行三维遍历，自动找到满足控制回路时域和频域性能指标的控制参数，仿真完毕弹出三个对话框：1）控制参数对话框：满足性能指标的控制参数集，如图 14 - 78 所示；2）阶跃响应对话框：满足性能指标的控制参数对应的阶跃响应，如图 14 - 79 所示；3）仿真结果对话框：显示满足性能指标的控制参数以及对应的控制回路频域和时域性能，如图 14 - 80 所示，列表框显示控制参数和相应的开环截止频率、幅值裕度、相位裕度、闭环系统调节时间、阶跃超调量和闭环带宽等，由此也可以参看不同控制参数变化引起的开环回路和闭环回路的性能变化。

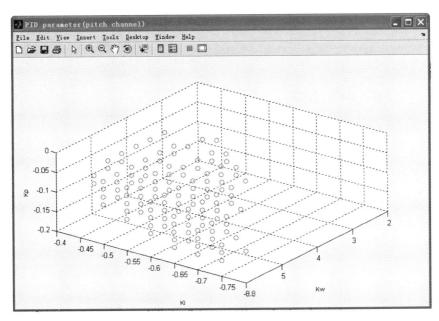

图 14 - 78　控制参数集

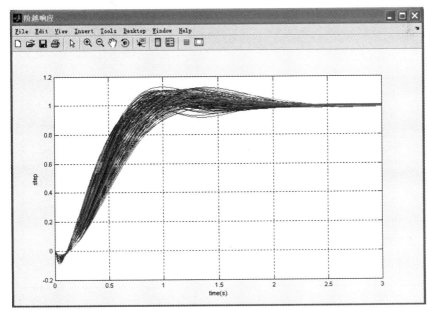

图 14 - 79　阶跃响应

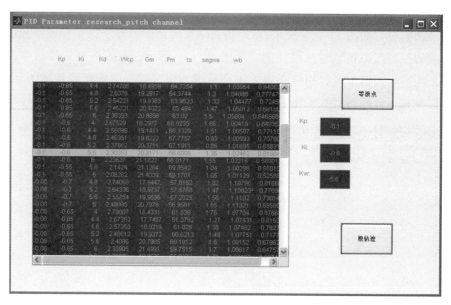

图 14-80 仿真结果

14.7.12.3 参数寻优后参数细调

在列表框中点击某一组控制参数，则在对话框的编辑框显示相应的控制参数数值，点击 " 零极点 " 按钮，软件自动计算控制器的增益、零点和极点，如图 14-81 所示，点击 " 根轨迹 " 按钮，则弹出 MATLAB 自带的根轨迹设计工具，如图 14-82 所示，用户可以在被选的控制参数基础上，细调控制参数，得到优化的控制器。

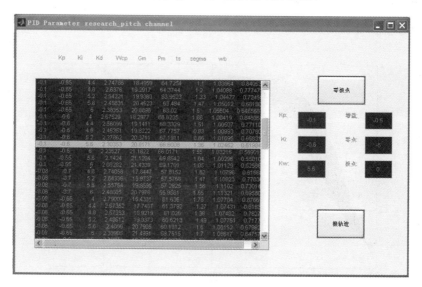

图 14-81 控制器的零极点

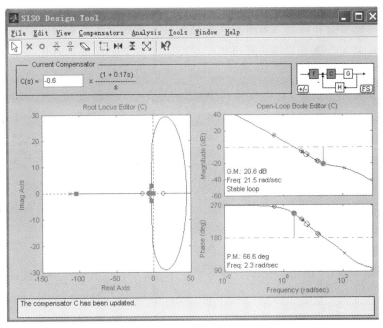

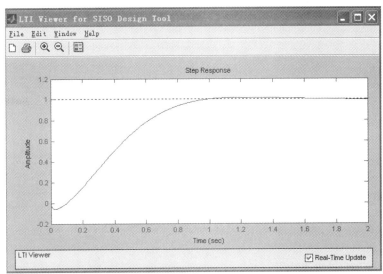

图 14 - 82　开环回路根轨迹、bode 及闭环单位阶跃响应

14.7.13　全弹道控制裕度分析

（1）全弹道控制裕度分析简介

由于导弹在飞行过程中，其飞行动压、气动特性、结构质量特性等均可能变化较大，故基于弹道中某几个特征点计算得到的控制裕度不足以代表控制系统的性能，在控制系统投入使用之前需要对控制系统在整个投弹包络内的性能进行考核。其中最为直接的方法就是计算和分析全弹道的控制裕度。

全弹道控制裕度分析是在控制回路结构以及参数已经确定的情况下，基于弹道每个时间点上的被控对象参数和控制参数计算其频域性能，进而反映整条弹道的控制裕度。

本模块可对某一个仿真弹道进行分析，也可以将多个弹道进行对比分析。多弹道对比分析可将多至四个弹道的性能曲线同时显示同一类的视图中，方便对比分析。多弹道对比分析又进一步分两种方式：1）由数学仿真依次根据不同的仿真条件（不同的投放条件，不同的气动、结构以及动力参数拉偏，不同的风场等）进行弹道仿真，计算相应弹道上的动力系数以及控制参数，进而确定每条弹道的被控对象特性以及控制回路特性，在此基础上进行比较分析；2）以某一条仿真弹道作为基准，在此基础上对各动力系数进行拉偏，得到新的被控对象参数，进而计算新被控对象对应的控制裕度，将多个弹道进行比较分析。

多弹道对比分析提供了多种对比分析，一方面可验证不同仿真条件下控制系统的适应能力，另一方面也可验证控制回路对被控对象不确定性的适应性。

（2）全弹道控制裕度分析设置说明

点击控制操作面板中按钮"Traj"，弹出"全弹道控制裕度分析"参数设置对话框，如图14-83所示，左边为"Earo dynamic deviation"区，右边为"Trajectory choose"区。

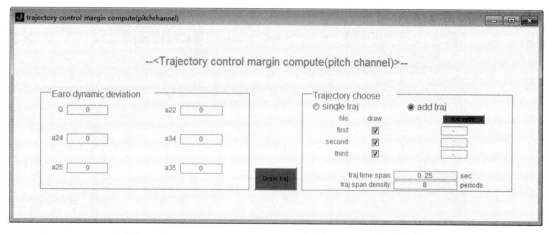

图14-83　"全弹道控制裕度分析"对话框

① "Earo dynamic deviation"区

可对动压或其中一个或多个动力系数进行拉偏，在相应的编辑框内输入拉偏量即可。

② "Trajectory choose"区

该区实现的功能包括：单弹道的控制裕度分析和多条弹道的控制裕度分析。

单选按钮"single traj"对应对最新的仿真弹道进行裕度计算和分析，点选按钮则计算最新的仿真弹道及Earo dynamic deviation区拉偏条件下弹道的裕度。

单选按钮"add traj"对应多弹道裕度裕度分析，点选按钮"add traj"则在原先已计算弹道控制裕度的基础上计算新弹道的控制裕度，并将新弹道和旧弹道进行对比分析。每次点选按钮"add traj"都会在对话框增加新的提示静态文本、勾选框以及编辑框，其中可根据提示在编辑框输出曲线的颜色或曲线类型，当完成设置后，点击按钮"Draw traj"

则计算新弹道的控制裕度，在随后的仿真结果显示时，将在已显示旧弹道的控制裕度等曲线的基础上增加新计算的弹道裕度等曲线。

为了方便操作，在该区域设置一个控制曲线颜色或类型的按钮，另外设计了两个编辑框：1）编辑框"Traj time span"用于设置所选择弹道的时间段，用户对仿真结果中某一段感兴趣时即可在此编辑框中输入时间区间；2）编辑框"Traj span density"用于设置全弹道计算的时间点间隔，用户可以在时间点间隔和计算时间之间折中选择。

（3）全弹道控制裕度分析操作说明

设置完成后即可进行全弹道控制裕度计算以及复核某点控制裕度。

①全弹道控制裕度计算

点击按钮"Draw traj"进行全弹道裕度计算，并将计算结果显示在四个对话框之内，依次为1）动力系数对话框；2）弹体传函参数对话框；3）动压、自适应系数、速度及控制参数对话框；4）控制裕度对话框。

动力系数对话框用于显示被控对象主要的动力系数随时间的变化规律，如图 14－84 所示，即为被控对象最底层的参数（注：图中实线对应气动和结构等无拉偏，虚线对象气动和结构等负拉偏，点划线对象气动和结构等正拉偏）。

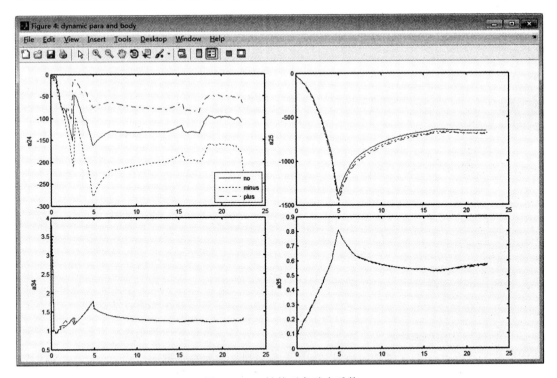

图 14－84　被控对象动力系数

弹体传函参数对话框用于显示被控对象主要的传递函数参数随时间的变化规律，如图 14－85 所示，其中可以查看弹体自身气动阻尼以及增加阻尼反馈后的阻尼，可以判断全弹道阻尼回路设计是否合理。

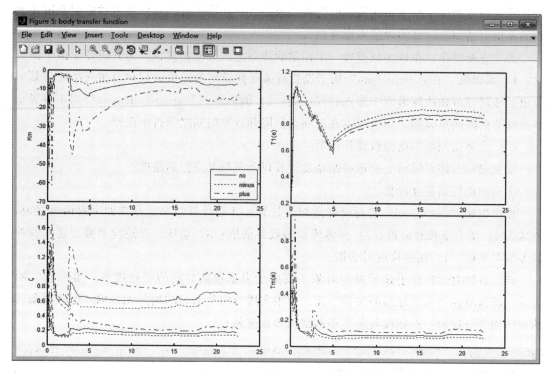

图 14－85　被控对象传递函数

自适应系数、动压、速度及控制参数对话框如图 14－86 所示，主要显示自适应系数、动压、速度及控制参数随时间的变化规律（注：图中控制参数存在跳变是因为中末姿控切换）。

控制裕度对话框如图 14－87 所示，主要给出裕度计算结果，包括：幅值裕度、相位裕度、截止频率、带宽、时间延时裕度及该通道的指令和响应，从该对话框可以简单明了地参看整个弹道的控制裕度，进而判断全弹道的控制回路设计是否合理。通常情况下，常将理想弹道、综合负拉偏弹道和综合正拉偏弹道进行对比分析，进而判断控制系统在极端拉偏条件下的性能。

②单点控制裕度复核

分析全弹道的裕度之后，可对弹道某一点的裕度进行复核，对内回路和外回路的特性进行分析。

在弹体传函参数对话框内空白处右击鼠标会弹出活动菜单，如图 14－88 所示，其中子菜单"set axis"用于设置四个 plot 对象的时间轴；子菜单"single point data"用于确定需要分析控制裕度的时间点；子菜单"single point margin analyse"用于分析所选择时间点的被控对象特性、阻尼回路特性以及控制回路特性。

点击菜单"single point margin analyse"，弹出单点控制裕度分析的参数设置对话框，如图 14－89 所示，对话框自左向右依次为 Earo dynamic deviation、traj nod 和 draw option，1）Earo dynamic deviation：该部分由两列编辑框组成，左侧一列为动力系数及偏

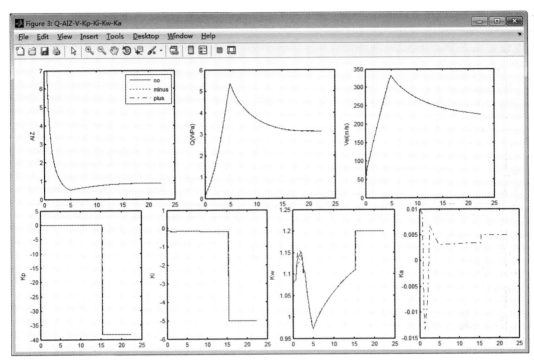

图 14-86　自适应系数、动压、速度及控制参数

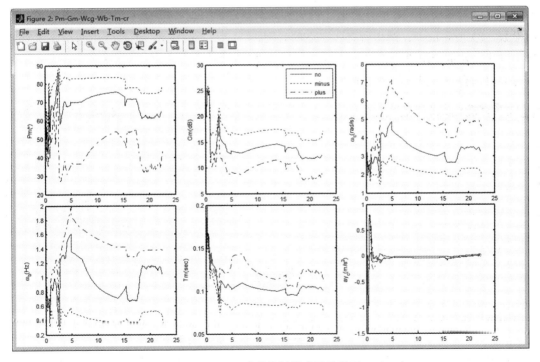

图 14-87　弹道控制裕度显示界面

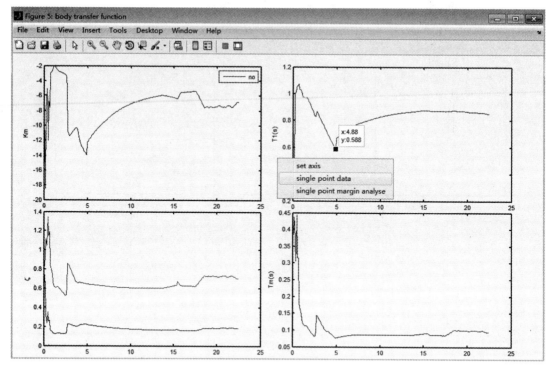

图 14－88 单点控制裕度分析

差量，可以对各动力系数进行拉偏，右侧一列为给定弹道点对应的自适应系数、速度及控制参数；2）traj node：给出所选弹道点的时间；3）draw option：该部分由两组画图对象选项组成，左侧为阻尼回路对应的裕度分析曲线，右侧为外回路对应的裕度分析曲线，用户可以根据自身习惯选择需要的曲线。

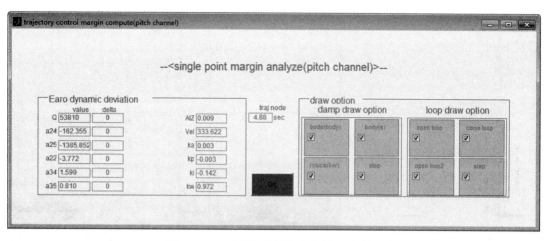

图 14－89 "单点控制裕度分析"对话框

点击按钮"OK"，则按 draw option 的选项弹出阻尼回路和控制回路的频域特性和时域响应，分别如图 14－90～图 14－91 所示。

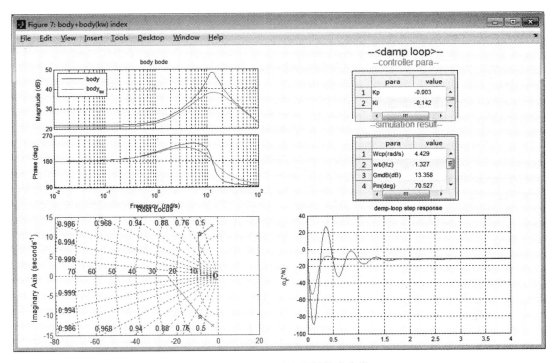

图 14 - 90 阻尼回路控制裕度曲线

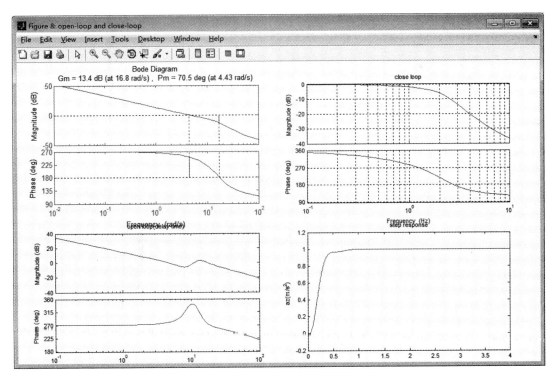

图 14 - 91 外回路控制裕度曲线

参 考 文 献

［1］ 吴智铭，张钟俊. 控制系统计算机辅助设计技术综述［J］. 自动化学报，1984.10 (2)：182－191.

［2］ 熊光楞，戴冠中，韩京清. 控制系统计算机辅助设计软件［J］. 信息与控制，1982，11 (6)：3－10.

［3］ 熊光楞，沈被娜，宋安澜. 控制系统仿真与模型转换［M］. 北京：科学出版社，1993.

［4］ 杨庶，王长青，王伟，李爱军. 基于 MATLAB 的飞行控制系统辅助设计软件的开发［J］. 测控技术，2012.31 (2)：96－98.

［5］ 陈叶芳，郑瑜. 基于经典控制理论的控制系统计算机辅助设计软件［J］. 宁波大学学报，1995.8 (4)：48－54.

［6］ 薛定宇. 控制系统仿真与计算机辅助设计［M］. 北京：机械工业出版社，2005.